中文社会科学引文索引（CSSCI）收录集刊

外国美学

International Aesthetics

第34辑　主编　高建平

中华美学学会外国美学学术委员会
中国社会科学院文学研究所文学理论研究室　编
扬州大学文学院

江苏凤凰教育出版社

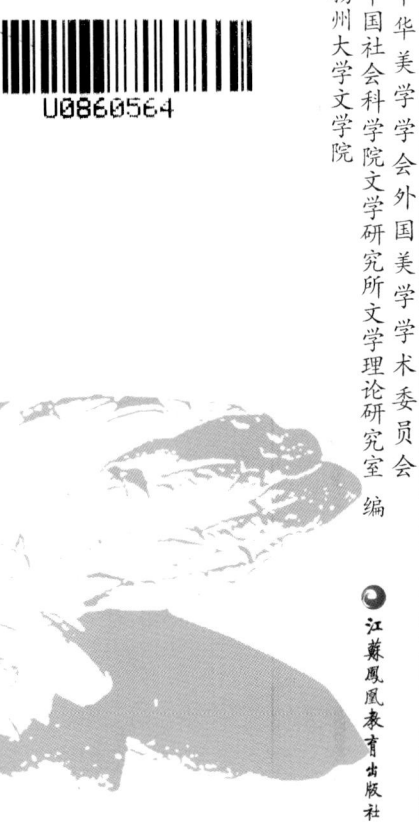

图书在版编目(CIP)数据

外国美学.第34辑/高建平主编.—南京:江苏凤凰教育出版社,2021.8
ISBN 978-7-5499-9553-0

Ⅰ.①外… Ⅱ.①高… Ⅲ.①美学—国外—丛刊
Ⅳ.①B83-55

中国版本图书馆 CIP 数据核字(2021)第 176990 号

书　　名	外国美学(第 34 辑)
主　　编	高建平
责任编辑	吴文昊
装帧设计	张金风
出版发行	江苏凤凰教育出版社(南京市湖南路 1 号 A 楼　邮编 210009)
苏教网址	http://www.1088.com.cn
照　　排	南京前锦排版服务有限公司
印　　刷	江苏中山印务有限公司(电话:0511-86917816　86917818)
厂　　址	丹阳市朝阳路 1-3 号
开　　本	787mm×1092mm　1/16
印　　张	17
版　　次	2021 年 8 月第 1 版
印　　次	2021 年 8 月第 1 次印刷
书　　号	ISBN 978-7-5499-9553-0
定　　价	56.00 元
网店地址	http://jsfhjycbs.tmall.com
公 众 号	苏教服务(微信号:jsfhjyfw)
邮购电话	025-85406265,025-85400774,短信 02585420909
盗版举报	025-83658579

苏教版图书若有印装错误可向承印厂调换
提供盗版线索者给予重奖

名誉主编　汝　信
顾　　问　叶　朗　朱立元　陈中梅　钱中文　徐恒醇　曾繁仁
　　　　　滕守尧

主　　编　高建平
副 主 编　姚文放

编　　委　丁　方　丁国旗　王一川　王　杰　王柯平　王瑞书
　　　　　尤西林　牛宏宝　史忠义　刘方喜　李心峰　沈语冰
　　　　　宋　瑾　张　法　陆　扬　陈　军　陈定家　易　英
　　　　　金惠敏　周启超　周　宪　姚文放　顾华明　徐碧辉
　　　　　高建平　曹卫东　章俊弟　梁艳萍　彭　锋

国际编委　佐佐木健一　　日本东京大学荣休教授,国际美学协会前主席
　　　　　阿列西·艾尔雅维奇(Aleš Erjavec)　斯洛文尼亚科学与人文研
　　　　　　　　　　　　　　　　　　　　　　究院研究员,国际美学协
　　　　　　　　　　　　　　　　　　　　　　会前主席
　　　　　阿诺德·贝林特(Arnold Berleant)　原美国长岛大学教授,国
　　　　　　　　　　　　　　　　　　　　　　际美学协会前主席
　　　　　柯提斯·卡特(Curtis Carter)　美国威斯康星麦魁特大学教
　　　　　　　　　　　　　　　　　　　　授,国际美学协会前主席
　　　　　理查德·舒斯特曼(Richard Shusterman)　美国佛罗里达亚特
　　　　　　　　　　　　　　　　　　　　　　　　兰大学教授
　　　　　斯蒂凡·马耶夏克(Stefan Majetschak)　德国卡塞尔大学教授
　　　　　沃尔夫冈·韦尔施(Wolfgang Welsch)　德国耶拿大学荣休教授

执行编辑　刘　卓

目 录

艺术史的理论反思

1　回归图像观看经验本身——知觉心理学视角下图像再现与现象学的相遇
　　殷曼楟

18　功能主义美学与现代设计的意义
　　梁　梅

36　从作为艺术的历史到艺术的历史性存在——克罗齐美学理论转向的深层逻辑
　　贺嘉年

亚里士多德研究

52　亚里士多德的诗学（下）
　　[英]斯蒂芬·哈利维尔　著
　　王柯平　译

74　亚里士多德《诗学》中的"诗"与"史"之争
　　崔　崑

90　试析亚里士多德《修辞术》的"置于眼前"理论
　　何博超

创伤理论与事件的诗学

103　论创伤性知识与文学研究
　　[美]杰弗里·哈特曼　著
　　杨宇静　译

131　声音的返回：克劳德·朗兹曼的《浩劫》
　　　[美]肖珊娜·费尔曼　著
　　　彭逸芳　译

161　创伤、经历与言说
　　　[美]凯茜·卡鲁斯　著
　　　李飞　译

176　事件的诗学：阿甘本与"奥斯维辛之后"命题
　　　刘欣

20世纪西方文论中的中国问题

192　跨越中西思维的间距——弗朗索瓦·于连论功效
　　　吴攸

210　雷德侯《万物》中的模件体系与中国古典艺术的创新机制
　　　杨光

阅读与评论

223　读杜威《艺术即经验》（七）
　　　高建平

235　沃尔夫冈·韦尔施：《超越美学的美学》
　　　陈敏

249　何为浪漫的绝对——述评《浪漫的律令》
　　　黄江

Contents

Reflections on Art History

1   Seeing into Experience by Revisiting the Image: Encounter of Phenomenology and Contemporary Representation of Image in the Perspective of Consciousness of Psychology
Yin Manting

18 Functionalism and the Meaning of Modern Design
Liang Mei

36 The Inner Logic of Croce's Aesthetic Turn: From History as Art to the Historical Existence of Art
He Jianian

Special Issue on Aristotle

52 Aristotle's Poetics (Ⅱ)
Stephen Halliwell
translated by Wang Keping

74 Debate between Poetics and History in Aristotle
Cui Wei

90 Theory of "Bring before the eyes" in Aristotle's *Rhetoric*
He Bochao

Theory of Trauma and Poetics of Event

103 On Traumatic Knowledge and Literary Studies
Geoffrey Hartman
translated by Yang Yujing

131 The Return of Voice: Claude Lanzmann's *Shoah*
Shoshana Felman
translated by Peng Yifang

161 Trauma, Experience and Narrative
Cathy Caruth
translated by Li Fei

176 Poetics of Event: Agamben and Thesis of "After Auschwitz"
Liu Xin

Studies on the Problematique of China in Western Literary Theory of 20th Century

192 Cross the Gap between Chinese and Western Thoughts: Francois Jullien on *l'efficacité*
Wu You

210 Lothar Ledderose's Idea of Module and Innovative Mechanism of Chinese Classical Art
Yang Guang

Reading and Reviews

223 On John Dewey's *Art as Experience* (Ⅶ)
Gao Jianping

235 Review on Wolfgan Welsch's *Undoing Aesthetics*

Chen Min

249 What is the Romantic Absolute— Review on Beiser's *The Romantic Imperative: The Concept of Early German Idealism*

Huang Jiang

艺术史的理论反思

回归图像观看经验本身
——知觉心理学视角下图像再现与现象学的相遇

殷曼楟

内容提要 知觉心理学参照系在推进当代视觉及图像研究中颇具价值。知觉心理学的间接知觉论与直接知觉论这两大范式的出现其实并非偶然现象,也非局限于单个学科的孤立现象。它与特定历史阶段的文化理解模式,与认知科学、哲学、美学与艺术理论领域的理解范式转变都存在着呼应关系。反过来说,参照知觉心理学这两大范式,回归图像观看经验这一问题本身也会得到凸显,并获得适应于当下视觉世界语境的新理解,这意味着一种新视觉性建构的尝试可能性。通过分析回归图像观看经验本身的这一问题的性质,并且借助图像再现研究与现象学图像意识研究的比较,可以看到这一尝试进程中的方向及面临的问题。

关键词 知觉心理学 吉布森 沃尔海姆 图像再现 现象学 图像意识

当代,在图像再现研究,乃至更广阔的视觉研究中引入知觉心理学这一参照系是很有价值的。其原因在于,正是在此参照系下,我们有可能意识到,"图像再现"——至少是 20 世纪下半叶以来所展开的"图像再现"争论——在很大程度上导向了图像观看经验问题。并且,知觉心理学解释范式与当代图像再现研究中的两大派别之间存在着一种理论联系。具体而言这也就是指,知觉心理学在不同时期所提供的间接知觉论与直接知觉论两大范式与图像再现论争中的符号论与知觉论之间的关系。这一点,在笔者对开启图像再现论争的贡布里希、古德曼、沃尔海姆及相关研究者理论资源的探究中便可见一斑。[①]

---

① 相关内容参见笔者其他讨论。

进而,如果我们将视野延伸至宏观的视觉及图像研究领域,我们也会在回顾中发现,知觉心理学的间接知觉论与直接知觉论这两大范式的出现其实并非偶然现象,也非局限于单个学科的孤立现象。它其实与特定历史阶段的文化理解模式,与认知科学、哲学、美学与艺术理论领域的理解范式转变都存在着呼应关系。反过来说,在宏观背景下,参照知觉心理学这两大范式,我们也能向当代视觉及图像研究提出新的问题:图像观看经验本身是什么性质的?关注此问题是否会导向新的方向?

就上述疑问而言,笔者主张的回归图像观看经验本身,是针对发展至晚近模式的视觉及图像研究而言的。之所以如此,是因为从宽泛的图像转向与视觉转向研究来看,它们在严格意义上其实需要区分出两个阶段——我们大致可以用符号论理解模式与知觉论理解模式来指代。在图像再现研究领域,这两种理解模式上的差别也体现在以古德曼与沃尔海姆为代表的不同图像再现路径中。就符号学理解模式而言,它所开辟的对语图关系的辨析,以及对视觉怀疑主义与视觉建构主义的反思都是极为深刻的。不过,需要担心的是,从该角度所强调的图像性与视觉性在一定程度上会损害"视觉"问题的复杂性。这一点结合后一种模式可以得到体现。当然,所谓的"知觉论"概念亦是一种简化了的表述,其目的是为了突出不同于符号学解释模式的视知觉本身的某些特性,这种立场主张在更具生态意识地看待视觉行为与世界之交互关系的基础上,重新审视视知觉经验本身的性质,与之相应地便会是我们看待图像之方式的改变。如果我们认真审视视觉研究的发展,并比对知觉心理学在不同发展阶段所提供的解释范式,便会意识到,符号学解释模式在更深层的理论语境上与间接知觉论有千丝万缕的联系,而图像再现研究中的"知觉论"一脉其实倾向的是直接知觉论的解释范式。只有当我们对视觉问题的复杂性有了上述把握之后,我们才有可能更清楚地定位回归"图像观看经验"本身在图像及视觉研究中的位置,并思考该问题可能导向的新方向。本篇以为,在知觉心理学两个范式的参照系下,比较图像再现研究与现象学图像研究之间的理论接近性与差异,应该能获得一些解答。

一 图像型观看传统及回归图像观看经验

参照知觉心理学框架,我们可以来澄清"图像观看经验"问题在当下与我们一般所认为的"视觉"问题有何区别。知觉心理学家吉布森指出过两种视觉性——观看视觉世界的方式与观看视野的方式。其中,观看视觉世界的方式是第一手知觉世界的方式,观看者行走于世界之中,他视觉交互的世界是全景式的、无边界的、无中心的,他不会用某种符合抽象几何空间的方式去观看。相反,观看视野的视觉方式采取的是图像型观看方式,这也是之前间接知觉论所支持的视觉经验理解模式,在其框架下是我们所熟悉的先知后看等对知觉过程的理解。正是这种观看模式一直以来左右了视科学研究、哲学、艺术等领域理解"视觉性"的方向。这导致了两个后果:其一,它让我们误解或是忽视了自身观看现实世界的视觉经验;其二,这种误解直接导致了我们误将日常/惯常视觉经验等同于图像观看经验。

在艺术领域,这体现为在模仿论、现实主义等这类图像研究传统中,观看者用"日常"视觉经验的"相似"来评判描绘的成就。因此,发现西方艺术传统一直在遵循一种图像型观看方式,该事实对于图像研究本身的意义是巨大的。莱因哈德·尼德雷(Reinhard Niederée)和迪特·海尔(Dieter Heyer)曾经追溯了其中的原因。一是由于这种思路往往关注的是现实主义绘画或是照片,而非现代主义及之后的艺术风格。二是观看者往往将对这些图画的知觉经验等同于通过一扇窗户看到某场景的经验。"这样一种图画知觉概念暗示了,由一个平面的现实主义图画所唤起的空间知觉只是一种知觉错觉……"[①]艺术传统中将图像观看经验等同于视觉世界观看经验的做法,混淆了真实世界的视觉空间与图像空间之间本质上的区别。

而在视觉研究领域,这便体现为当我们讨论视觉性时,往往不加

[①] Reinhard Niederée and Dieter Heyer, "The Dual Nature of Picture Perception: A Challenge to Current General Accounts of Visual Perception", in: Heiko Hecht, Robert Schwartz, Margaret Atherton (eds.), *Looking into Pictures: An Interdisciplinary Approach to Pictorial Space*, Massachusetts: The MIT Press, 2003, p.77.

区分地讨论日常视觉经验与图像观看经验,并且出现了以图像型观看方式来看世界的现象。这其实正是当下的视觉怀疑主义与视觉建构论批判所抨击的核心问题。这让我们意识到自身视觉性被建构的事实,但同时,这也让我们忽视了从多重维度把握自身观看现实世界能力的可能性。

就此而言,我们一直处在一个颇为尴尬的立场上:我们往往是以观看图像的方式来观看世界的——图像型观看方式建构了我们的观看模式,但我们又往往忽视了图像观看本身。这便是图像再现的研究者们所发现的第一个问题,而意识到该问题不仅有助于把握图像再现研究传统及视觉性批判立场的内在逻辑,也让我们清晰地意识到需要回归图像观看经验本身,思考是否能部分地独立于视觉问题的宽泛领域之外,来具体看待图像观看经验自身的视觉性。

回归图像观看经验本身:这不仅意味着定位问题,也意味着对问题域的挖掘,因为只要我们意识到图像观看经验本身,意识到以往图像型观看方式在我们视觉方式中的重要影响,以及吉布森所揭示的两种视觉经验的差异,我们就会在此基础上反思:这两种视觉经验究竟是何种关系?它们是如吉布森所言的那样完全分离的吗?我们是否接受图像观看经验本身被包括吉布森在内的视觉科学研究者,或被一般视觉研究者所边缘化的状况?仅以吉布森为例,他尽管是两种视觉经验之差异的提出者,但他也停留在了此处。图像经验本身并没有引起吉布森的重视,很多研究者都注意到,吉布森在其生态光学的视知觉规划中,将观看视觉世界经验看作了他所倡导的直接知觉,而将观看视野经验视为了一种间接知觉(或曰中介性知觉)。[1] 并且,吉布森并没能把看视觉世界的知觉能力拓展到看图像的知觉能力。在对待这种图像型间接知觉经验方面,他其实很大程度上接受了以往的解释模型,观看者仅是接收了一个先已接受的"结构"。并且,这种图像知觉经验与对世界的知觉经验是不兼容的。

那么,对于图像再现的研究者而言,感知图像与感知世界这两种视觉经验究竟是何种关系?该追问会导向对一幅图画的以下思考:存在

---

[1] See James E. Cutting, "Reconceiving Perceptual Space", in: Heiko Hecht, Robert Schwartz, Margaret Atherton (eds.), *Looking into Pictures: An Interdisciplinary Approach to Pictorial Space*, p.218.

于现实世界之中的一幅画是如何被观看的?此时,这幅画处在双重处境之中,它是观看者可以用日常观看方式去看的现实物;也是观看者能在其中看到图像再现对象与图像空间的图像。这种图像观看经验是吉布森理论所揭示的两种观看方式所能提醒的问题,但也是他未曾回答的问题。而在图像再现研究者那里,这则是他们无从回避的问题:"图画空间性质的传统概念是否仍然恰当,还是必须重新考虑?"①

相关疑问其实在贡布里希那里就已经被触及了,只不过贡布里希是从画家观察的角度,而非从观者观画的角度来质疑的。当贡布里希思考观看者看远景时的视觉经验时,他认为一种看视觉世界的经验与看视野的经验是可以无缝切换的。② 而从关注观者观画的角度来思考该问题的则是沃尔海姆的"看进"经验③。同样的,塞奇威克(H. A. Sedgwick)在思考观画时的视知觉双重性质时也指出了,吉布森理论尽管在此方面具有重大价值,但吉布森及其后理论在将间接知觉还原为直接知觉的可能性方面研究不足。④ 马戈利斯支持主体的阐释主动性、意向性与文化语境,他的立场尽管偏向于间接知觉论模式,但也批评了"绘画的知觉并不是对任何生态环境中的动物知觉能力和它们的可感世界(甚至人也是如此)的先建和谐的恢复!"⑤就现有的理论研究成果来看,该问题导向最重要的成果还是沃尔海姆所提出的再现性观看中"看进"双重性的方案。这也是其后图像再现研究中的核心问题:如何看待感知二维图画平面与感知图像空间的关系。以及这一关切背后所包含的这二者与感知三维现实空间的转换关系。在现实主义风格作品中,感知三维现实空间的经验与感知图像空间的经验之间的差异与联系构成了贡布里希"艺术错觉"讨论的核心。然而在面对抽

---

① "Introduction", in: Heiko Hecht, Robert Schwartz, Margaret Atherton (eds.), *Looking into Pictures: An Interdisciplinary Approach to Pictorial Space*, p. xiii.

② 参见贡布里希:《"天空是界限":苍天之穹与图画视觉》,贡布里希:《图像与眼睛》,范景中、杨思梁、徐一维、劳诚烈译,浙江摄影出版社1988年版,第200—213页。

③ 沃尔海姆的"看进"经验尽管是从维特根斯坦的"看似"观中发展而来的,但维特根斯坦的解释方案显然边缘化了对画面本身的视觉意识,其方案更接近于图像型观看方式。

④ See H. A. Sedgwick, "Relating Direct and Indirect Perception of Spatial Layout", in: Heiko Hecht, Robert Schwartz, Margaret Atherton (eds.), *Looking into Pictures: An Interdisciplinary Approach to Pictorial Space*, pp. 61 – 75.

⑤ 约瑟夫·马戈利斯:《视觉艺术哲学:感知绘画》,彼得·基维:《美学指南》,彭锋译,南京大学出版社2008年版,第187页。

象主义风格的作品时,上述思考也显然需要进一步调整。而在此情况下,上述对三方关系的思考或许会开辟出新的空间。

鉴于此,对于图像研究者来说可能更为关切的是:一幅画总是出现于视觉世界之中的,那么观看者如何应对在视觉世界中看到这幅画,以及"看见"这幅画的图像空间?依笔者之见,该问题应是真正引发图像再现研究中相关讨论的根本追问,同时这也是沃尔海姆正式提出再现性图像观看模式中的"看进"双重性的根本价值所在。也就是说,沃尔海姆在图像再现领域的重要性正在于他通过其"看进"经验彰显了这一问题。它超越了吉布森的知觉论,是对贡布里希将知觉论引入图像再现研究之后的关键推进。这种方案可以将一种生态视觉性的视知觉方案顺利地引入图像观看领域,并更有助于反思当代视觉文化社会诸种景观下的视觉经验性质,而不是仅局限在吉布森的生态光学论那样对自然环境的设想中。当然,从沃尔海姆本人的论述来看,他远远没有真正地处理好这一问题。

基于上述思考,笔者以为,回归图像观看经验本身,这会进一步推动对相关图像观看经验理解范式上的变化,这是一种从传统哲学、美学、艺术所习惯的图像型观看方式向晚近生态视觉型观看方式的拓展方向。严格来说,由于对视知觉性质存在不同理解,这两种观看方式现今仍被持不同立场的视觉研究者所选择,或是综合地看待。而且如上所见,这种图像观看方式的拓展仍正在进行之中。

据此来区分,我们可以将图像再现研究中的古德曼、马克思·瓦托夫斯基(Marx Wartofsky)、沃尔顿等人视为图像型观看方式的支持者。其实丹托、马戈利斯等人在对待绘画知觉的问题上也应归属于此类,尽管他们在强调图像意义、图像的文化性等方面时,或许更加重视图像再现中的意图性问题,但总体上,我们仍可认为这些学者是从间接知觉论的框架来理解视知觉构成的。同样,我们可以将持知觉论立场的沃尔海姆、希尔、洛佩斯视为是正在转向一种生态视觉型观看方式的研究者。之所以如此,是鉴于这些学者在对图像再现观看经验的理解中,都在不同程度,从不同侧面体现出了吉布森知觉论的影响。[①] 比如,沃尔

---

① 尽管这些人未必直接运用了吉布森的理论,但从贡布里希的图像再现问题对该领域的深远影响,从 20 世纪 70 年代之后围绕图像再现问题所发生的深刻转向,以及同期《莱昂纳多》(Leonardo)杂志上围绕吉布森知觉理论所做的讨论来看,其开辟的新问题域至少潜在地影响了这些图像再现的知觉主义者。

海姆关注到了再现性观看的"看进"双重性问题;希尔与洛佩斯从"看进"双重性所揭示的问题出发,发展了对视知觉的理解。希尔指出了图像再现系统的自然再生性特征及其与特定视觉识别模式得以形成的关系;而洛佩斯则探讨了视觉识别能力的"面识别"特征在自发获取图像信息方面的优势。这些研究都积极肯定了观看图像时,对图像表面的视觉注意力与对图像再现内容的视觉注意力之间一种更加互动、共生、统一的关系。当然,知觉论者们尽管在图像认知问题上做了不同方向的探讨,但他们对视觉与图像关系的理解基本上还是停留在了沃尔海姆所发现的同一视觉经验的视觉注意双重性这一阶段,并未真正进入一种生态视觉型观看方式的思考,甚至可以说,他们的理论还未能彻底地离开以传统的图像型观看模式来看画的方式。为了进一步思考该问题,下文我们会进入对现象学图像、视觉相关研究的讨论。具体来说,笔者以为,通过参照胡塞尔的图像意识观,我们可以更准确地定位图像再现研究中"看进"视知觉方案所倾向的视知觉方式,并看到其向生态视觉型进一步展开的可能。

二 图像再现研究与现象学图像研究的内在联系

乍提图像再现研究与现象学之间的关系,当然是相当突兀的。尤其是我们在这些学者彼此的理论中并不能看到多少对话的痕迹。就当代图像再现研究领域而言,尽管人们讨论认知问题与视知觉问题时会常常使用"现象的"或"现象学"一词,但其实多数研究并没有理论上的对话,而只是主张一种现象学意义上的观看,这其中尤其值得关注的看法是将沃尔海姆所提出的"看进"经验视为一种具有现象学意义的观看方式。这些讨论常常只关注现象本身而未涉及其后更深刻的方法论与研究范式的内容。甚至于,试图在影响了图像再现研究的吉布森直接知觉论与现象学之间发现因果关系也是徒劳的。从与其理论上相接近的胡塞尔"图像意识"观与梅洛-庞蒂的知觉及视觉相关观点来看,胡塞尔在20世纪初就提出了对图像意识的现象学理解,并且从其"图像意识"观的巨大影响来看,知觉心理学中的问题意识有可能是受到了他的启发。而梅洛-庞蒂早期的《知觉现象学》写于1945年,其中尽管明显借鉴了神经科学的研究成果,并部分地体现出他接近直接知觉论的立场,但他主要回应批评的还是格式塔心理学以及之前的知觉理论传统。① 而吉布森在1950年出版的代表性著作《视觉世界的知觉》(*The Perception of the Visual World*)中也未显示出曾受到现象学的影响。因此总体上,笔者认为,当知觉心理学发展至20世纪中叶,当它在贡布里希的积极研究下影响至图像再现研究领域时,排除理论框架上的显著差异,在有关图像与视知觉的理解上,图像再现研究与现象学中的视觉研究至少是殊途同归地面向了一个问题。反过来说,这种殊途同归现象本身也足以让我们意识到当英美、欧陆传统在此时不约而同地发生了近似转向时,这其中应该意味着某种更深刻的范式转型。因此,为了进一步思考图像观看经验及其向生态视觉型观看方式转向的可能性,现象学的图像与视觉研究思路便可提供一种有益的参照。

沿着关注图像观看经验本身性质,乃至发现再现型观看在图像意识方面的特征这个方向一路考察,其思路的推进都体现出与现象学视域下的视觉经验解释框架的接近性。因此,我们会看到一些研究者从不同角度考虑了现象学方法对图像再现视知觉研究的助益之处。洛茨(Christian Lotz)指出,丹托等分析美学家在理解视知觉的真正本质方面是不够的,而海德格尔、伽达默尔和梅洛-庞蒂观点会有帮助。作者支持了视觉语境支持下的视知觉理解模式,认为对知觉核心过程的自然主义理解只是一种理想化结构。② 豪沃思(J. M. Howarth)在对沃尔海姆论文集《生命线程》(*The Thread of Life*)作评时,比较了沃尔海姆所主张的主观性(subjectivity)与现象学中意向性(intentionality)之间的区别,以及沃尔海姆从精神分析角度对现象(phenomenon)与主观性的理解。③ 而豪沃思在他对该书的评论中,也

---

① 布罗赫斯特对梅洛-庞蒂具身化经验与脑科学、神经美学的关系做了较为详细的辨析,并认为,这两种路径是数字技术时代研究艺术表演实践最有价值的理论。See Sue Broadhurst, "Merleau-Ponty and Neuroaesthetics: Two Approaches to Performance and Technology", in: *Digital Creativity*, Vol. 23, Issue 3-4, 2012, pp. 225-238. 因篇幅所限,有关梅洛-庞蒂的讨论另有单篇讨论。

② See Christian Lotz, "The Historicity of the Eye: A Phenomenological Defense of the Culturalist Conception of Perception." in: *Phänomenologische Forschungen*, 2009, p. 80.

③ J. M. Howarth, "Review: The Thread of Life. by Richard Wollheim", in: *The Philosophical Quarterly*, Vol. 37, No. 146, 1987, pp. 114-116.

同样注意到了其理论的上述问题。①

除了对视觉经验讨论中主观性的关注,更有价值的是一些研究者留意到了沃尔海姆"看进"经验与现象学的内在接近。海科·赫特(Heiko Hecht)在他们收录的有关图像观看经验的讨论文集《观察图画:一种对图画空间的跨学科路径》中着力关注了沃尔海姆"看进"双重性理论及相关发展,而在尼德雷与海尔对图像知觉的双重本质讨论中,他们也有意识地分析了这种视知觉心理学与吉布森、胡塞尔的关系,并认为这些学者都意识到了图像知觉的这种双重性质。② 约翰·库尔维克(John Kulvicki)在梳理"描绘"的发展线索时,指出了胡塞尔的早期著作《幻想、图像意识和回忆》(*Phantasy, Image Consciousness, and Memory*)对图像意识的认识对沃尔海姆的潜在影响,尽管没有相关的确切证据,但他们二人在对图像观看经验的理解上是方向接近的。③

近年,保罗·克劳瑟(Paul Crowther)的研究中同时综合了上述两种讨论方向,比较有意识地讨论了分析美学在艺术及视觉研究方面的未来发展与现象学路径对此的启发。在他看来,在当代视觉艺术研究中,分析美学与现象学都有着特殊的贡献,而现象学思路有助于将视觉艺术与人类深层存在因素结合在一起。当然,他集中讨论的是沃尔海姆的理论与现象学的接近之处:沃尔海姆提供了一种接近于现象学方案的观察方式。就克劳瑟看来,这体现在两个方面,一是沃尔海姆的图像表现理论具有主观性特征,而这与意向性有一定关系;二是沃尔海姆再现性观看的"看进"方案。尽管他承认沃尔海姆在此方向上的探讨不够深入,④却仍有重要的发展潜力,而现象学学者的理论在

---

① J. M. Howarth, "Review: The Thread of Life. by Richard Wollheim", in: *The Philosophical Quarterly*, Vol. 37, No. 146, 1987, pp. 114 – 116.

② See Reinhard Niederée and Dieter Heyer, "The Dual Nature of Picture Perception: A Challenge to Current General Accounts of Visual Perception", in: Heiko Hecht, Robert Schwartz, Margaret Atherton (eds.), *Looking into Pictures: An Interdisciplinary Approach to Pictorial Space*, pp. 77 – 98.

③ See John Kulvicki, "Depiction", in: Michael Kelly (ed.), *Encyclopedia of Aesthetics*. 2nd edition, Vol. 2, New York: Oxford University Press, 2014, pp. 322 – 326.

④ 克劳瑟认为沃尔海姆的"看进"方案更适于解释具象艺术的视觉经验,尽管他也尝试发展该理论来解释抽象艺术,但沃尔海姆限于思路,仍是从一种提供"深度"的角度来阐释,这体现了他"看进"方案的弱点。

此方向上有着重要推动意义。①

上述就图像再现与现象学研究之间的内在关联性所做的探索对于笔者有两点启发：首先，沃尔海姆的"看进"经验作为一种接近于现象学意义上的观察方式，主要是由于他发现了再现性观看的视觉注意双重性。同时，这种知觉双重性在构成上是嵌入了观看者的主观性的。其二，对沃尔海姆与胡塞尔的相关理论加以比较是一种可行之路。并且，在比较基础上，如果同时参照梅洛-庞蒂的视觉观对胡塞尔"图像意识"的发展，我们可以看到一条在图像型观看方式向生态视觉型观看方式发展的可能路径。结合这两点，笔者以为可以较好地定位以沃尔海姆为代表的图像再现知觉论研究在发展进程中的位置：他既处于一个转折点上，但又仍停留在图像型观看方式之中。

三 "看进"与图像意识

沃尔海姆的"看进"经验强调，在一个单一视觉经验中同时存在着对图画画面的意识与对图画再现内容的意识，并且这二者在感知上不可分割、互相促进。鉴于上述背景，笔者以为，沃尔海姆"看进"可以视为是促成走向一种生态视觉型观看方式的起点，但在沃尔海姆这里乃是尚未实现的状态。这一点可以通过其"看进"经验与胡塞尔的"图像意识"之间的比较来发现。

洛茨在讨论现象学方法与分析美学时，注意到了沃尔海姆"看进"观与胡塞尔的"图像意识"在上述所强调的这两点上极为接近："正如沃尔海姆和胡塞尔所显示的那样，图画是由作为材料的图画-物与在图画-物中所看到的东西之间的冲突来定义的，如果图画-物和图画对象之间的冲突消失，图画意识就会崩溃。例如，如果我在电影院不再意识到图画对象被投影到屏幕上，那么我将从图画意识转变为正常的视觉意识。"②洛茨是有道理的，沃尔海姆对再现性观看的视知觉理解

---

① See Paul Crowther, *Phenomenologies of Art and Vision: A Post-Analytic Turn*, New York: Bloomsbury Academic, 2013, chapter one and two, pp. 9 – 44.

② Christian Lotz, "The Historicity of the Eye: A Phenomenological Defense of the Culturalist Conception of Perception." in: *Phänomenologische Forschungen*, 2009, p. 89.

相当近似于胡塞尔所说的图像意识结构及内在关系,甚至他们在如何定位这种图像意识方面也颇为接近。不过,他们二者对这种视觉经验的性质仍有着根本差异,而这种根本性质上的差异或许推动了沃尔海姆在通往生态视觉型观看方式上更进了一步。

首先,虽然没有明确的文字表明沃尔海姆是在胡塞尔"图像意识"的启发下构思了"看进"经验的双重结构,但这两位学者的理解上却呈现出极为相似的一面。对于胡塞尔的图像意识结构,倪梁康教授做过很好的总结。图像意识是复合性的,"图像事物""图像客体""图像主题"这三者共同构成了图像意识的三种客体,这又带来了图像意识中的三种立义。①"图像意识"中对图像事物的知觉其实与沃尔海姆所说的视觉经验中对物理/构型维度的画布媒介的注意力是一致的。而在很大程度上,图像意识中对"图像主题"的意识也与沃尔海姆从图像/识别维度看到画中对象也有很大的一致性。并且沃尔海姆"看进"经验也同样包含了主观性的因素。"对应于一次行动的每一次描述是一个想法,而如果指导人的行动的是相应的思想,那么在某种描述下,一次行动是有意图的。当一个想法既导致和构成它的特征时,它指导了一次行动。"②尽管"看进"经验中并未提及图像客体,但结合在图像观看过程中,心象往往会投射于图画,引导观看者在画中看到某再现对象。就此而言,"看进"经验与"图像意识"的结构便可称得上是极接近的。

其二,在理解图像意识结构的内在关系上,他们也具有一致性。尽管沃尔海姆的"看进"经验是从维特根斯坦的"看似"发展而来,而我们也难以确定他是不是受到了胡塞尔的启发。但沃尔海姆对"看进"经验双重性关系的理解与胡塞尔对图像意识中三个立义之间关系的理解也相当接近。甚至于胡塞尔在讨论图像意识时,已经出现了极为接近于"看进"的用法,尽管这样的表述只是零星出现。在讨论对图像的观察时,胡塞尔谈到了观看"描绘的图像"的特征,他使用了类似表述:

---

① 倪梁康:《图像意识的现象学》,《南京大学学报》2001年第1期。
② Richard Wollheim, *Painting as an Art*, Princeton: Princeton University Press, 1987, p. 18.

描绘的图像不是直观图示,或不仅是直观图示,而是本质上或同时是原型的一个记号、一个符号。这种"同时"自然不表示一种时间意义上的"同时"。因为这两个功能是连续的相互作用建立的,然而它们又是在共存的情况下相互抑制的。无论是谁在其中看见了(sees-in),他就不会看到超出这些的东西;无论是谁在图像中寻找并看到主题,他都不能在这么做的同时也看到,并从外部寻求它。但任何在看进(seeing-in)的行动中感到不满意的人,他肯定能四处寻找一个更好的图像或一个不同的直观呈现。[①]

结合胡塞尔在分析图像意识中的三种立义之关系的见解,我们可以看到三点:一则,对图像事物的意识是图像意识的基础,是图像意识中的知觉因素;二则,对图像事物即画布媒介的知觉往往被视觉注意力所忽略,观看者意识到的视觉经验便是上述引文中所描述的经验;三则,注意到图画物质表面与注意到图画主题是彼此冲突的,意识到其中之一便会"抑制"另一种注意力。这被胡塞尔称为充满内在张力的"冲突的意识",这种冲突的意识往往发生在图像事物、图像客体与图像主题之间,观看者的注意力或是一时偏于此,或是一时偏于彼,而忽视其他。但是它们共同构成了图像意识,且不会有一方被彻底取消,否则这就不称其为"图像意识"了。

其三,"图像意识"与"看进"经验都处在从图像型观看方式向生态视觉型观看方式转变的过程中。这一判断是指,一方面,这两位学者在很大程度上都仍是采取了一种图像型观看方式;但另一方面,他们的方案都体现了转向生态视觉型观看方式的方向,但他们各自所发展的程度却有不同。

无论是在对胡塞尔图像意识的评论中,还是在对沃尔海姆"看进"经验的评论中,都有不少学者指出他们的分析更适用于西方传统的现实主义绘画风格,而不太适于分析抽象主义等非具象性特征的绘画风格。其原因在于,他们所设想的图像观看经验都很大程度上依赖于图像事物与图像客体、图像主题,或是图像的构型维度与识别维度的相

[①] Edmund Husserl, *Phantasy, Image Consciousness, and Memory* (1898 – 1925), Part of the Edmund Husserl Collected Works book series, vol. 11, translated by John B. Brough, Berlin: Springer, 2005, p.57.

似性,不管这种"相似"在什么意义上实现,但观看者能在图像中看到某再现对象,都依赖于这种相似性。

究其原因,我们可以认为,一种间接知觉论的观看模式在其中起了作用。或者说,吉布森所指出的传统艺术、美学、哲学、知觉心理学领域主导性的观看视野的观看模式起了作用。

在胡塞尔这里,尽管他注意到了以往一直被忽视的对图像事物的意识,并意识到对图像事物的意识是整个图像意识的基础,但从他对图像意识的定位来看,在他解释从图画中看到某物这一过程时,想象仍是核心要素。在胡塞尔这里,图像意识是区别于知觉的。在知觉过程中,观看者意识到对象的事实存在,它呈现(presentation)在意识中,有着现实对象支撑,并带有最底层的意向性。而图像意识则是再现(re-presentation)的一种直观形式,它包含了多重意识。图像意识较之于记忆、幻想、想象等更接近于知觉形式,但它又是结合了知觉与想象的复合经验。所以很多学者都认同所谓图像意识更是一种想象行为,它与现实的那个事物并无直接关系,而图像主题并不等同于真实事物。"这个意义上的想象或图像意识所具有的共同特征就在于它所构造的不是事物本身,而是关于事物的图像。从这个角度来说,想象只是一种感知的变异或衍生:感知构造起事物本身,而想象则构造起关于事物的图像。……而狭义上的'图像意识'之所以属于想象,乃是因为它本身是一种借助于图像(图片、绘画、电影等等手段)而进行的想象行为。"[①]图像意识中视知觉与想象相互渗透,有些类似于知觉经验,但并非就是一个知觉经验,也就是说,观看者就像正常感知了那事物一样,但他实际上并没感知到。它不是知觉,它是知觉、想象、记忆等因素共同构成的复合意识。所谓图像意识中的"看进"现象,只是意味着观看者在图画中看到了那个对象,而不是如看符号性图示那样,看到了外在于图像描绘的对象。胡塞尔对图像意识与符号意识这样区分性的理解,意味着感知图像事物尽管是图像意识基础要素,但这仍淡化了感知图像事物的这部分意识可能起到的更能动的作用,以及将图像本身视为视觉世界构成重要部分的重要性。

如果沿着胡塞尔对图像意识结构的理解方向,那么,当观看者在图画中看到某物时,这更多的是一种意向投射于二维平面的过程,同

---

① 倪梁康:《图像意识的现象学》,《南京大学学报》2001年第1期。

时心象的心理预期以想象的方式赋予感觉刺激以意义。这样看来,"图像意识"便颇符合一种典型的间接知觉论的理解模式。① 对此,我们可以在倪梁康教授的一个脚注中看到含蓄的暗示。"胡塞尔以后部分地放弃了对意识活动的这种解释模式。但他认为用这个模式来说明感知性的意识活动仍然是合适的。实际上,当今心理学的实验已经对这个模式做了量化的证明。"② 总体说来,国内从此角度来考察图像意识的研究是较少的,不过杨庆峰的回应也指向了同样的方向。他认为胡塞尔把图像意识的核心放在了想象上,忽视了知觉与想象之间的区别。而这种将知觉归于想象的做法是与笛卡尔的理论有关的。"根据笛卡尔的传统,想象与知觉相关,想象总是与经验物相关。如此,我们就可以理解胡塞尔的图像意识概念之所以对这种内在的、基于想象的图像有效,很大程度上是笛卡尔的缘故。我们可以推测,在想象上,他太多地受到笛卡尔的影响,认为想象是不在场事物的当下化。如此,图像意识就隶属于想象行为了。"③ 结合前些章节中对间接知觉论与启蒙以来的哲学传统的关系来看,我们可以认为,胡塞尔的图像意识还是在一种间接知觉论的框架下来理解图像观看经验的。

当然,胡塞尔的图像意识也体现了超越间接知觉论框架之处。他肯定了有关图像事物的意识的存在并给予其基础的地位。同时,他也发现了图像意识的不同层面,尤其是对图像事物的意识与其他意识的内在张力。并且,当胡塞尔谈到原本意识与非原本意识的关系时,这也体现出图像意识是通过观察图像事物所提供的视觉信息之间的关系,并赋予意义来实现的。这也是图像意识与笛卡尔式的概念投射模式不同之处。

较之于胡塞尔,沃尔海姆的"看进"经验固然颇类似于"图像意识",不过他在将"看进"视为一个单一经验的强调中似乎有意无意地丰富了对"视知觉"性质的理解,从而拓展了视知觉能力与世界可能发生的诸种关系模式。

---

① 只不过胡塞尔认为这是种图像意识,而非视知觉。
② 倪梁康:《图像意识的现象学》,《南京大学学报》2001年第1期。
③ 杨庆峰:《论图像意识的特征、逻辑基础及局限》,《南京社会科学》2011年第1期。

四 "看进"经验与一种生态型视觉性的可能性

"看进"经验不同于图像意识之处,在于其特别强调了这是一个单一的视觉经验,笔者以为用知觉系统这样的性质更易于去理解它。它既包括了对视觉信息中不变性因素的直观获取——这样才会令双眼对媒介的注意力推动对图像再现内容的注意力,也包容了种种意图的投射。结合贡布里希及图像再现研究者们对吉布森的批评——即吉布森将"视觉世界"与"视野"的不同观看方式分离,并忽视了图像观看经验来看,沃尔海姆恰恰是通过提出"看进"经验,提供了整合"视觉世界"观看方式与"视野"观看方式的一种途径。因为这种方案其实包容并综合了这两者,而这也的确适合于图像观看。这对于将观察自然环境拓展至观看环境中的图画来说,显然颇为重要。当然,这对于一种景观/图像情境下的生态视觉型观看方式转向也同样重要。

所谓整合上述两种观看方式,回到"看进"经验上来看,尽管沃尔海姆未曾提及吉布森的影响,但他所发现的这种视知觉双重性的价值恰恰在参照了吉布森对视觉世界经验与视野经验的认识后可以彰显出来。从图像的存在方式来说,这种视觉经验正是面对了图像既处于视觉世界之中,但又作为一幅有其图像空间的绘画的双重存在状态。而从视知觉经验来说,实现了这种知觉意识的观看方式在一定程度上已经摆脱了先在概念、观念投射的影响,回到了一种直观的、前概念的观察图画的方法。并且,这种观看方式是兼容性的,它既允许观看者看到世界之中的物质本身,又允许观看者将自身的各种主观理解、观念、想象等投射在画面之上。也就是说,对图画媒介的视觉注意为观察视觉环境之中的图像提供了条件。这两者的综合使得一种画家—图画—观看者之间的视觉沟通成为可能。画家通过特定风格与组织媒介的方式表达出某种意义,干预了观看者在视觉世界中的知觉方式与审美认知,而观看者可以通过观画获得信息,不依赖于先在预设与图式投射,通过单纯观察画面来发现这部分意义。其真正重要性在于知觉双重性的两个方面在绘画中以某种方式实现了相互调解,并改变了所再现事态的性质,以及我们与对象、世界之间的认知关系。①

在此种观看方案下,图像的描绘图式可以唤起二维平面之外的意义,这不是通过提供对象的轮廓,而是通过呈现画面不同信息之间的关系实现的。在此理解之下,一方面,"看进"方案将知觉探索包括图像在内的世界纳入了知觉系统的分析综合过程;另一方面,这也丰富了知觉系统进化发展,随世界而调整的可能性。当然,这也因而或许更易于适应当下的景观世界,甚至数字浸入式景观环境。同时,因为不是所有的画都是引起平面/空间的双重感知(这种适用于传统的视错觉画),在抽象画中,画面意识至少提供了让我们看到超出二维平面的内容。

更进一步推想,如果观看者能够回到吉布森所说的与这个世界接触的最初视觉状态,意识到早已被习惯、观念投射所遮蔽的视知觉经验时,那么观看者也可以拓展至与图画,甚至与其他界面接触的视觉状态。因为知觉系统的基础机能若是一致的,并且它可以随与环境的接触而持续调整。那么,观看者的知觉系统也有应对图像、景观及数字时代的调适能力。这样,我们或可推想一个超越了吉布森基于观察自然环境所做的视觉性预设。在笔者看来,这也是图像观看经验一方面获得关注,另一方面又能回归在视觉世界中被考察的契机。这是沃尔海姆的"看进"经验所提供的启发。当然,若是要深入考察图画如何置于视觉世界被触达的知觉方案,"看进"观还是不足的,沃尔海姆及其后的知觉主义者或是停留在对"看进"双重性的描述与修正,或是在分析视觉注意的这两方面彼此关系时,仍是将图像放在了一个对象化的位置上。对于图像再现的二维/三维空间的争论,并未真正开启将图像置于视觉世界之中的考察方式,从而显现了他们在分析非具象绘画时的无力。

鉴于此,笔者以为,沃尔海姆尽管在很大程度上助推了图像型观看方式向生态视觉型观看方式的转变,但他仍是在图像型观看方式的框架内观察,以某种对象式的立场考察这种知觉经验,这一点在洛佩斯对视觉识别的"面识别"分析中也有体现。而就此问题而言,梅洛-庞蒂对知觉、视觉、图画及行动者的考察路径可推进我们有关走向一

---

① See Paul Crowther, *Phenomenologies of Art and Vision: A Post-Analytic Turn*, chapter one and two, pp. 9 – 44.

种生态视觉性的思考。实际上，恰恰是通过在知觉心理学所提供的参照系下考察梅洛-庞蒂的视觉经验与绘画本体论的相关见解对胡塞尔的"图像意识"观的发展，我们能更深入地看到一种新的理解图像观看经验的方式对于开启一种更具开放性的生态型视觉性具有何种意义。

【本文为国家社科基金项目"分析美学视域下的图像再现转向视觉再现研究"（批准号 15BZX126）阶段性成果】

（作者单位：南京大学哲学系、南京大学艺术学院、
南京大学当代智能哲学与人类未来研究中心）

学术编辑：李永胜

功能主义美学与现代设计的意义

梁 梅

内容提要 人类社会进入工业时代后,工业技术被用在日用品的生产上,新的生产方式和新材料带来了日用品在造型和装饰上的革命,也意味着我们必须改进对人造物美观的传统看法。现代设计的造型由其功能所决定,产品在形式上以突出使用功能为特点,由此形成的功能主义美学成了现代设计美学的核心。功能主义美学认为,物品因为符合功能需求,呈现出符合形式美法则的造型,从而具备了审美价值。从美学意义上讲,一个完全满足了功能的物品,自然也会是美的。这一现代设计观顺应了时代的发展,为现代工业产品的美学评价提供了标准,它所包含的社会责任感和道德伦理价值对人类文明的进步做出了重大贡献。功能主义美学的现代设计给社会和民生问题提供了解决方式,既反映了经济现实,也体现了一种文化抱负。

关键词 现代设计 功能主义 美学

在传统美学中,审美活动是与现实拉开距离的,审美愉悦是非功利的。功能主义美学与日常生活及用品联系密切,在传统的哲学美学中鲜有讨论。[1] 在设计美学的现代化进程中,功能主义美学不仅帮助设计师找到了适应机械化生产的设计原则,为工业产品提供了审美评价的理论依据,也使设计在工业生产的时代背景下完成了从古典风格到现代风格的蜕变。更为重要的是,功能主义美学的产品诚实可靠地、高效地满足了普通人的生活需求,让普通人享受到了工业文明的成果,成了提升人们生活品质的重要方式,为人类文明做出了重大贡献。

---

[1] 格林·帕森斯、艾伦·卡尔松:《功能之美——以善立美:环境美学新视野》,薛富兴译,河南大学出版社 2015 年版,第 12 页。

自 18 世纪始，工业革命即开始在欧洲各国展开，人类社会由此进入工业时代。与人类日常生活有关的设计，诸如建筑、日用品等，在生产方式和形式上都因此发生了巨大的变化。工业时代为建筑带来了最为重要的新材料——钢、钢筋混凝土和玻璃，材料的改变导致新结构和新形式的出现。通过采用钢铁材料改变建筑的结构和承重方式，新的建筑设计开始脱离古典建筑特定的柱式和既定的规则，宣告了其形式上的自由和美学上的新追求。与此同时，日用品也开始采用机器生产，随着生产机械的普及、不断改进，标准化、批量化的产品很难再表达设计师的艺术个性，传统的装饰手法也难以在机器的生产过程中运用。技术的进步，尤其是新材料和新工艺的出现，意味着我们必须不断改进对人造物美观的看法，包含在日用品中的美学意义也需要重新解读。在一个被技术改变的世界里，"我们必须要认识到，所谓美学并非是简单的视觉诉求，而是在技术与社会的框架限制下，对使用者提出的所有需求，进行恰当的、合理的协调和平衡。设计师必须要成功地将能够协调各种需求的要素整合起来，这些需求不仅来自个体消费者，也来自社会群体，包括他们的理性、感性及情感需求。"[1]机器生产的新方式、产品的新形式冲击了人们以造型和装饰来判断美的传统美学思想，由此也呼吁新的美学观念对此做出回应。

从对机器生产的接受，到设计和制作出符合机器生产的产品及对机械化产品如何在美学上进行评价，在欧洲经历了一个时间和观念改变的过程。在这一过程中，英国出现了以复兴手工艺为目的的工艺美术运动，随后遍及欧洲的新艺术运动试图把新技术、新材料与装饰结合起来，然后便是全面拥抱现代技术的德国工业联盟和包豪斯设计学校，经过了半个多世纪后，现代设计的观念、形式和美学评价才逐渐发展成熟。现代设计的功能主义美学思想是顺应时代而产生的，就像德国现代设计的先驱者之一建筑师瓦尔特·格罗皮乌斯（Walter Gropius，1883—1969）所理解的那样："由于明确的目的不仅存在于日用品制造中，而且存在于机器、汽车和工厂建筑的结构之中，这些都仅仅是服务于某种单纯的用途的，美学价值已经开始脱离形式与色彩的统一，和绝对的优雅。仅仅提高产品质量已经不能有效地赢得国际竞

---

[1] 理查德·布坎南、维克多·马格林编：《发现设计——设计研究探讨》，周丹丹、刘存译，江苏美术出版社 2010 年版，第 23 页。

争——一个在技术方面很完美的产品,如果它要保持在同类产品中的优势,就必须在形式中渗入知识的成分。所以,整个工业现在都面临一个任务,就是要把自己提升到严肃的美学问题上来。"[1]在面对机械化生产和工业化产品时,功能主义美学观做出了及时的回应和符合时代的价值判断。

一、产品的实用性与功能美

突出产品实用性的功能主义美学是现代设计美学的核心,强调了现代设计主要以功能作为美学价值的评价主旨。《功能之美》一书的作者认为功能之美的基本观念是:"一物之功能与其审美特征有机相关,换言之,一物之审美特性源于其功能,或某些与其功能紧密相关之物,诸如其意图、用途或目的。"[2]功能是日用品使用价值的属性,强调功能主义美学思想的设计,是指产品的造型由其功能所决定,产品在形式上以突出使用功能为特点。从美学意义上讲,意味着一个完全满足其功能的物品,自然也是美的。也就是说,按照实用要求设计的物品,因为满足了功能需求从而也获得了符合形式美法则的造型,因此也具备了审美价值。在传统观念中,实用功能和美观形式被认为是优秀日用品不可或缺的两个组成部分。在古典设计美学中,作为功能的部分并不是美学关注的对象,造型和装饰才属于审美范畴。现代设计的功能主义美学思想剔除了古典设计的形式美和装饰美,提倡具有良好功能的产品就是其美学价值的体现。

在产品的形式与功能关系中,功能主义美学肯定了功能的主导地位,形式成了次要的因素。这一最重要的观点来自美国著名的建筑师路易斯·亨利·沙利文(Louis H. Sullivan, 1856—1924)。他注意到,生活中所有的东西都是功能的表现形式,每一种功能都创造了它自己的形式。在他1892年发表的《建筑中的装饰》一文中,沙利文针对设

---

[1] 汉诺-沃尔特·克鲁夫特:《建筑理论史——从维特鲁威到现在》,王贵祥译,中国建筑工业出版社2005年版,第276页。
[2] 格林·帕森斯、艾伦·卡尔松:《功能之美——以善立美:环境美学新视野》,薛富兴译,河南大学出版社2015年版,第2页。

计的形式和功能问题,提出了"形式追随功能"(form follows function)的设计原则。他认为,世界上一切事物都是"形式永远追随功能,这是规律",因此,建筑应该从内而外地设计,相似功能的空间在结构上具有一致性。他的观点明确了功能与形式之间的主从关系。"形式追随功能"意味着评价现代设计优劣的标准是功能第一,形式第二。对于沙利文来说,功能的概念在建筑中居于中心地位,建筑的功能即决定了它的结构与形式。他对功能主义的强调建立在美国民主政治的大背景之上,他认为美国本土风格的建筑应该是:"一种特定的功能,朝气蓬勃的民主政治,在寻找一种特定的表现形式,而民主的建筑,无疑会找到自己特有的形式。"①美国政治上民主体制的建立,也促使这个国家的建筑师和设计师从欧洲模式和古典设计笼罩的阴影中走出来。这个年轻的民主国家正处在一个历史发展的新时期,因此在观念上也渴望摆脱欧洲古典主义美学追求的风格。"形式追随功能"的观点无疑对工业产品的设计具有重要的指导作用,对新的设计美学观念的形成产生了直接的影响。

为了应对工业化生产的现实,1907年,德国率先成立了"德国工业联盟",试图通过主动接受工业化的生产,寻求产品在一种美学上的革新。联盟的宣言明确表达了"反对任何装饰,主张标准化和批量化生产"的观点,大力宣传和主张功能主义。德国工业联盟的核心人物,建筑师彼得·贝伦斯(Peter Behrens,1868—1940)成了这一观点的实践者,也设计了这一时期最为经典的批量化、标准化的功能主义产品。1907年,贝伦斯受聘成为德国通用电气公司(AEG)的设计师和顾问。AEG公司是当时德国最著名的电气公司之一,公司采用了美国的生产模式,使用了最新的机器和合理化的组织生产方式,为工厂生产发电机、涡轮机、变压器和马达,并生产电灯泡、电风扇、电水壶、气温表和加热器等家用产品。贝伦斯几乎承担了该公司的所有设计项目,包括厂房、电器、标志、海报及产品说明书等。1912年,德国工业联盟出版了第一期年鉴,书中介绍了贝伦斯为德国AEG公司设计的厂房、电灯和电风扇等。通过这些新产品的造型可以看出新的设计风格正在形成,其特点是突出功能,外形简洁大方,去掉了装饰,完全脱离了传

---

① 汉诺-沃尔特·克鲁夫特:《建筑理论史——从维特鲁威到现在》,王贵祥译,中国建筑工业出版社2005年版,第267页。

统手工艺产品的特征,呈现出新的美学特点。他为 AEG 公司设计的透平机车间,被称为当时最漂亮的工业建筑,也是早期现代功能主义建筑的经典。透平机车间采用了清晰可见的钢架结构,侧墙采用了宽大的玻璃,拐角处的石材既起到了巨大的支撑作用,同时又增加了视觉上的稳定感。建筑各部分比例匀称,玻璃和钢结构减少了其视觉上庞大的体积感,又为车间提供了良好的采光和宽阔的室内空间。新的结构形式让透平机车间获得了简洁、整体、朴素、全新的外观效果。

格罗皮乌斯和他创办的包豪斯设计学校是德国工业联盟思想的继承者。1911 年,他和建筑师汉斯·迈耶(Hannes Meyer,1889—1954)开始设计阿尔弗雷德的法古斯工厂,1913 年开始动工建设,这座建筑被看作是现代建筑中第一个成熟的作品。法古斯工厂比彼得·贝伦斯的透平机车间又向前迈进了一步,主体建筑已经呈现出崭新的现代形式,充满了给人启迪的建筑新思想,呈现出更为开放的美学态度。整个建筑的立面以玻璃为主,从大楼的第一层开始,就采用了玻璃把整个建筑和楼梯都包围起来,这在建筑史上是对新的工业材料的全新尝试。在格罗皮乌斯的建筑中,由于采用了钢与玻璃,室内外的空间变得通透,空气和光线可以自由地出入,具有良好的实用功能,造型也形成了新的建筑面貌。1925 年,格罗皮乌斯设计的德骚包豪斯新校舍体现了成熟和稳定的现代建筑风格,在美学特征上也超越了当时试图与之媲美的所有作品。校舍于 1926 年落成,这是一组令人印象深刻的综合建筑群,包括教室、车间、办公室、宿舍、食堂、礼堂、体育馆和教师宿舍等,一条公共街道的天桥把建筑群连接起来,穿过天桥底下是一条大道,道路两侧布置着通往建筑的出入口。校舍引人注目的外观来自车间建筑三层高的玻璃幕墙,其他建筑则是没有任何装饰的白墙,墙面开着条形的采光大窗。学生宿舍的建筑外墙上,有突出的带有管状栏杆的小阳台。建筑外观体现着功能性和实用性,无论平面布局还是外观造型都表达了现代建筑的新理念。建筑主体采用了预制件拼装,大量采用了玻璃幕墙结构,没有任何装饰。建筑的室内设计、家具设计和用品设计都由包豪斯的老师和学生设计,在包豪斯自己的工厂制作,体现出与建筑同样的设计原则。教学楼、学生宿舍、食堂和礼堂等建筑之间都用可以防风避雨的走廊连接,学生的学习、生活和交流所需要的功能空间都包含在建筑群之中,因此,包豪斯校舍又为非常密切的社区精神和团队精神,以及师生之间、学生之间的交流合作提供非常便利的功能空间。与此同时，包豪斯设计学校开始了采用现代材料、以批量生产为目的、具有现代主义特征的工业产品教育，为功能主义产品的造型奠定了基础，确立了现代设计以功能为前提的造型风格和美学思想。

在理解功能主义美学时，人们很容易把设计的功能价值与美学价值等同起来，但功能主义美学应该被理解为对功能的强调，并不是对形式美的否定和去除。功能主义美学的美是因为物品符合功能目的之后，在造型上恰好契合了形式美的法则，并不能简单地理解为"实用即美"。对功能主义美学的理解应该有两个层面。首先，能够满足人们需求功能的物品是美的；在满足功能需求的同时，在造型上符合形式美的法则的物品是美的。如果某件产品既能够满足实用功能，同时又符合形式美的法则，那一定是成功的设计。李泽厚在《略论艺术种类》一文中说："现代健康的倾向是，注意尽量服从、适应和利用物品本身的功能、结构来作形式上的审美处理，重视物质材料本身的质料美、结构美，尽量避免做出不必要的雕饰、造作。"①这一观点是帮助我们客观理解功能主义美学的有价值的观点。因此，体现了功能主义美学观的产品，在设计上符合机器批量化、标准化的生产方式，去掉了装饰，降低了成本，价格能够为大众所接受。同时，在对待材料、结构，选择造型、色彩和采用技术等方面，能够表现出建立在功能价值之上的审美价值。

二、机器美学与技术美学

功能主义美学是工业化和机器时代的产物，因此与机器和技术有密切的关系，机器美学和技术美学成了其重要的内容。机器美学就是突出产品的工业化机器生产的特点，体现从材料到生产过程最后到成品中的工业化特征，以及技术、材料和生产方式在产品形式上留下的痕迹。信奉机器美学的人认为，这种新的工业美学可以将机器产品的技术功能与人们需求的视觉美感协调起来。对于需要这些产品的大众来说，这些批量生产的、价格便宜的功能性产品，其实用性可以让那

---

① 李泽厚：《美学论集》，上海文艺出版社1980年版，第392页。

些具有鉴赏力的消费者忽视它们的其他缺陷。在工业化早期,机器美学引领了技术在美学层面上的特征,设计通过形式颂扬了这种美学所依托的标准化、批量化生产技术和工具理性。20 世纪 50 年代后,现代设计的机器美学风格赢得了国际性的胜利,并形成了流行的国际主义风格,简洁、理性的功能主义设计美学成了主流。随着技术的不断完善和精确,技术对设计形式的影响越来越大,机器美学发展成技术美学。技术美学产品体现了人类在技术领域所取得的新成就,不仅具备先进的功能,还有非常炫酷的外观造型,至今在产品设计中长盛不衰,被许多设计师和消费者追捧。

机器美学和技术美学把工业技术对产品的形式影响作为审美对象,其美学思想受到了未来主义、包豪斯的影响。在工业化早期,面对机械化的时代潮流,许多有前瞻眼光的学者和设计师开始从美学上接受机器。未来主义作为一个艺术流派首先拥抱机械时代,颂扬了机器的速度、进步、自由和动力,赞美了机器所带来的速度和美感。1909 年 2 月 20 日,未来主义的代表人物、意大利诗人菲利波·托马索·马里内蒂(Filipo Tommaso Marinetti, 1876—1944)的《未来主义宣言》刊登在《费加罗报》上,宣言表明了马里内蒂对未来主义思想和社会立场的界定,并针对不同的美学和文化问题阐明了未来主义的观点。经过了工业革命之后,他已经感受到自文艺复兴以来就一直毫无变化的那种陈旧的、局限于传统的技术,正在被一种新的技术所超越,汽车和有轨电车正在改变人们的生活方式和城市的模式。这种技术对社会鲜明而根本的变革激发了未来主义思潮,马里内蒂在宣言中写道:"我们宣布宏伟的世界被一种新的美——'速度之美'所丰富,赛车上引擎罩下悬挂的排气管如同蟒蛇吞吐着火舌——呼啸奔驰的跑车,如同机枪扫射发出嗒嗒的响声,比萨莫特拉雷斯的胜利女神还要美。"①未来主义把技术看作是一种全新的文化元素和美学特征,马里内蒂甚至认为"审美应直接与用途相对应,它在今天和庄严肃穆的皇宫和大理石的基座完全没有关系……我们要用雄伟的机车、盘旋的隧道、铁甲舰、鱼雷艇、安托万特的飞机和疾驰的赛车的那种完全纯熟和明确的未来主

---

① 大卫·瑞兹曼:《现代设计史》,若澜达-昂、李昶等译,中国人民大学出版社 2007 年版,第 175 页。

义美学观抵制它们。"①在未来主义的观点里,一种符合时代的新美学正在随着机器的轰鸣声呼啸而来。

未来主义已经开始接受并创造出一种与传统建筑全然不同的建筑形式。1914年7月,一篇被命名为《未来主义建筑宣言》的文章,表达了未来主义建筑设计和建筑美学的观点:"现代建筑的问题不是要重新安排线条的问题,不是为门窗寻找新模具、新横梁的问题,也不是用女像柱、蜂窝和辙叉代替列柱、壁柱和枕梁的问题,它也不是该不该保留清水砖立面或用不用石头装饰或石灰涂抹立面的问题;一句话,它和新旧建筑之间明确的形式差异都没有关系。它是要在健全的规划上确立新的建筑结构,要充分利用所有的科技成果,要爽利地调整我们所有习惯和精神需要,要拒绝一切沉重、奇怪和使我们讨厌的东西(传统、风格、审美、比例等等),要在现代生活的具体环境中独辟蹊径地确立新的形式、新的线条、新的存在理由,并且在我们的感知中确立它的具有美学价值的方案。这样的建筑不可能臣服于任何历史法则。它必须像我们全新的精神状态,还有我们在历史上的新时段一样也是全新的","新的建筑是经过冷静计算,但勇猛大胆和朴素简单的建筑,是钢筋混凝土、钢铁、玻璃、纺织纤维和所有那些可替代木头、石头和砖块的材料的建筑,它就是为了获得最大限度的轻巧和张力"。②虽然未来主义的建筑仅是一些停留在纸上的草图和方案,并没有多少建造在大地上,但这篇未来主义的建筑宣言像一篇伟大的预言,预示了20世纪现代建筑的主流审美观念。

在产品设计领域,现代设计早期的代表人物亨利·凡·德·威尔德(Henry van de Velde,1863—1957)在1894到1900年间的演讲中表示,相信机器可以创造一种新型的美,他说:"美一旦指挥了机器的铁臂,这些铁臂有力地飞舞就会创造美。"他甚至预言:"显然,机器终将挽回它们导致的一切不幸,并弥补它们助长的所有暴行……它们不分青红皂白地生产美和丑。但它们一旦被美所掌握,就会用强有力的铁臂来生产美。"③他把工程师和勘测员放在与建筑师平等的地位,认为设计是功能、结构、材料与装饰的有机统一体。支持这一观点

---

① 雷纳·班纳姆:《第一机械时代的理论与设计》,丁亚雷、张筱鹰译,江苏美术出版社2009年版,第150页。
② 同上,第155—158页。
③ 万书元:《当代西方建筑美学》,东南大学出版社2001年版,第326页。

的有德国现代工业设计的奠基人赫尔曼·穆特修斯（Hermann Muthesius,1861—1927），他是德国工业联盟的主要发起者，积极倡导标准化、批量化的生产方式，提倡合理、贴切、完美而纯粹的实用精神。明确提出"机器美学"这一概念的是荷兰风格派的代表、设计师凡·杜斯伯格（Van Doesburg）。1921年，他在一个题为"风格的意志"的讲座中，首先提出了"机器美学"的概念："最广义地讲，文化意味着自然的独立性，如果这么说是正确的，那么就不用怀疑，机器正是站在我们文化的风格意志的最前沿……因此，我们时代的精神和实际需要就是在建设性的感官中实现的。机器的诸多新可能性已经创造了一种属于我们时代的审美表达，我曾经称之为'机器美学'。"①

真正把"机器美学"的观念运用在建筑设计中的是瑞士著名建筑师勒·柯布西耶（Le Corbusier,1887—1965）。1922年1月，在柯布西耶与弗朗索瓦·茹尔丹合作出版的《新精神》学术刊物上，他们讨论了古典主义经典永恒的美学与现代工程之间的关系。然后，柯布西耶把他在《新精神》上发表的文章结集，以《走向新建筑》为名出版，这是20世纪最具影响的建筑著作之一。在书中，他探讨了新技术对建筑和日用品设计的影响，指出了产品和建筑批量化生产的趋势，他提出了他最为重要的观点："住宅是居住的机器（machine for living）。"他对住宅的定义剔除了建筑所包含的历史、社会、经济和情感因素，把建筑当成了一个只是提供居住功能的理性产品。他还认为住宅也像机器一样，可以大批量生产，生产住宅应当像生产福特T型车一样，可以标准化、批量化。他从美学上指出："如果我们从思想和感情上清除了关于住宅的固定观念，如果我们批判和客观地看这个问题，我们就会认识到，住宅其实就是工具，批量生产的住宅同样健康（并合乎道德），也像陪伴我们存在的劳动工具和设备一样美丽动人。"②瑞典建筑师汉斯·迈耶表达了同样的观点，认为如果以一种理想化的、基本的语汇来进行设计，住宅就会变成一种机器。1928年，他在一篇题为《建造》的论文中表明了他的国际主义和功能主义设计立场："建造不是一个美学

---

① 雷纳·班纳姆：《第一机械时代的理论与设计》，丁亚雷、张筱鹰译，江苏美术出版社2009年版，第234页。

② 同上，第310页。

过程。未来住宅的基本形式,不仅是一种居住的机器,而且,还是一种服务于精神与物质需求的生物仪器……建造仅仅是一个组合的过程——社会、技术、经济和心理学的组合。"[1]事实证明,这种组合变成了一种新的美学形式。

即使在城市规划设计方面,设计师们认为要实现城市的高效运转,不仅个体房屋要转换为理性机器,整个城市也要如此。无序管理的城市房地产市场制造出混乱的空间状态,使新的生产技术和消费模式的潜能无法全部发挥出来。与"住宅是居住的机器"的说法一致,勒·柯布西耶提出了"城镇是一种工具"的观点。他在国际现代建筑学会里提出,要通过城市规划来让人们重视机械化运动的重要性,让城市变得系统化。现代主义者在打造这种高效有序城市时采用的美学原则,和他们应用在小规模住宅中的原则类似,即开放性、流动性和功能性。开放而界定清晰的空间是现代主义城市规划中的一个首要原则,并且以汽车作为规划主导,分隔空间的往往是宽阔的高架快速路。以功能作为空间规划的城市建立了一种平等的居住体系,建筑均统一在一种朴素、经济和批量化的方正造型的机器美学的特点之下,所有住宅在美学上都是平等的。在机器美学观念的设计中,现代都市将资本主义社会持续存在的阶级不平等隐藏在统一的美学表面之下。

在技术美学的概念里,还包括了材料和结构的美,因为技术发展出现了许多新材料,如钢材、玻璃和塑料等。随着这些材料在建筑、产品里的使用,人们逐渐认识到这些材料所具备的优良特性,如采光好、耐寒、耐晒、抗压、有弹性和韧性等,而且成本低,其良好的功能引导了人们从美学角度来接受。技术也带来了建筑和产品在结构上的变化,采用新材料所达到的特殊的结构肌理,形成了富有节奏和韵律的独特美感。20 世纪 30 年代到 50 年代流行的流线型,可以说是机器美学的产物。流线型被认为是美国对设计风格的贡献,开始用在汽车设计上,以减少汽车行驶遇到的空气阻力,提高汽车的速度。随后,流线型成了一种风格,被用在了各种产品的设计上,大到火车机车、汽车、写字台,小到收音机、打火机、铅笔刀等,都设计成非常流畅圆滑的造型。

---

[1] 汉诺-沃尔特·克鲁夫特:《建筑理论史——从维特鲁威到现在》,王贵祥译,中国建筑工业出版社 2005 年版,第 289 页。

人们不仅把流线型看成是一种风格,而且还将之看成是一个与科学、工业和商业时代相得益彰的形式,成了一种隐喻着抱负和进步的视觉形象,表达了人们对一个代表了发展和进步的机器时代的憧憬和向往。流线型作为一种设计的美学风格,成为了速度、进步及技术进步的象征,至今仍然影响着设计的造型。

功能主义美学建立在实用和良好的功能之上,而在工业时代,这种功能的实现都是通过技术来支撑的,因此,很多时候,对功能的赞美其实就是对技术的赞美,技术美学可以说是对技术产品在形态上的美学认同。技术性的东西之所以成为一种美的事物,这是人对技术性人造物的审美经验,从生理舒适上升到审美愉悦的复杂过程。在工业时代,各种技术造就的器物是人类物质力量的扩展,同时也是为适应人的生理机能而设计的,技术所形成的功能形式变成了具有美感的形式。能够满足良好功能的技术性产品,其合理的功能结构所呈现的形式,是体现了功能本质意义的合规律、合目的的形式。

三、功能主义美学的形式表达

正如罗杰·斯克鲁顿在《建筑美学》一书中所说:"在功能主义思潮的后面,最强大的动力就是反对应用多余的或无用的装饰。"[①]对装饰的去除,不仅是生产方式和材料的变革,还被提升到美学层面上来思考,因为古典装饰风格的建筑和产品不再能够表达工业新时代的美学成就。与装饰有关的美学思想和保守、落后、浪费甚至不道德等观念联系起来,对装饰的推崇和运用被看作既是观念上的不开化,也是对劳动力和物资的浪费,简直和罪恶相等同。

沙利文在《建筑中的装饰》一文中提出了一个观点,即建筑可以不需要装饰,仅仅通过体量与比例本身而达成一种视觉美感。他认为装饰是一种智力的奢侈,也是一种美学上的滞后:"我要说如果我们能在一段时期里完全禁止使用装饰,那将对我们的审美很有好处,因为我

[①] 罗杰·斯克鲁顿:《建筑美学》,刘先觉译,中国建筑工业出版社 2003 年版,第 116 页。

们的思想将被完全集中于更好塑造建筑的形态以及建筑裸露的美。"①他认为装饰不仅不能增加建筑的美,还会破坏建筑的统一性。他甚至提议颁布一个临时禁令,禁止建筑的一切装饰,因为它们打破了功能、形式、材料以及表现之间的有机联系。②奥地利建筑师阿道夫·卢斯(Adolf Loos,1870—1933)主张建筑和实用艺术应去除一切装饰,认为装饰是恶习的残余。"一个民族的标准越低,它所采用的装饰就越多得令人厌烦。从造型中发现美而不依赖装饰获得美,这是人类所企求的目标。"1908年,他发表了一篇题为《装饰与罪恶》的文章,犹如向传统的建筑美学投下了一颗重磅炸弹,把沙利文的观点推到了一个极端。他主张建筑以实用为主,"建筑不是依靠装饰而是以形体自身之美为美",进而提出"装饰就是罪恶"的观点。他在文中写道:"装饰是对劳动力的浪费,因此也是对健康的浪费……今天,它还意味着浪费材料和浪费资金……现代人,具有现代观念的人,不需要装饰,换句话说,他们痛恨装饰。"③他为装饰列出了三重罪:一是装饰是原始的、未经开化的人类或是心智不全的儿童行为,是不发达人类阶段的表现;二是在当时初期工业化情况下,生产带有装饰的产品,其价格反而低于造型简洁的产品,浪费了制造工人的劳动,而且并未给他们带来更多的收入;三是过度装饰造成了极大的资源浪费。无论是从技术上还是道德上,他都憎恶任何浪费现象。他是最早采取剥离装饰的手段,真正将形式简化,并且把简洁作为一种固有的美来评价建筑的人。

去掉装饰后,设计只剩下了基本的结构,几何形就成了功能主义设计风格的经典造型。勒·柯布西耶是对功能主义和简洁几何造型设计思想有重要贡献的人,他赞同秩序、协调和精确的制造方法,认为功能的理想化也会导致建筑的美学化。他把建筑看作是工程美学和经济法则的表现,建筑可以带人们走进与宇宙法则的和谐之中。他赞美简单的几何形体,认为几何形式是基本的、经济的,同时也是美的形式。在他的美学观点里,矩形成了建筑最理想的造型。勒·柯布西耶发展了新的建筑形式,这是一种建立在现代柱式和横梁上的矩形。他

---

① 中央美术学院设计学院史论部编译:《设计真言:西方现代设计思想经典文选》,江苏美术出版社2010年版,第125页。

② 汉诺-沃尔特·克鲁夫特:《建筑理论史——从维特鲁威到现在》,王贵祥译,中国建筑工业出版社2005版,第365页。

③ 托马斯·哈福:《设计》,梁梅译,黑龙江美术出版社2001年版,第39页。

的建筑设计确立了现代建筑的基本形式和美学特征,在技术层面上,都是采用的框架结构,墙体采用了轻型材料,有大面积的玻璃幕墙、平屋顶和架空层。在美学形式上,它们都是非常简单的立方体,水平式的屋顶,没有檐口,墙体上的门窗布局是采用简单的几何方式完成的。他最有影响力的作品萨伏伊别墅,主体接近方形,白色的墙面上是连续的带窗。卧室、浴室均被布置在像方盒子一样的住宅体块中。勒·柯布西耶还将城市规划看作是功能主义和几何学的产物,他把城市按居住、工作、娱乐和交往功能加以区分,城市规划成为平面规划的基础,市中心、交通网络都是按几何学原理规划的。在他的观念里,城市已经变成了由全能建筑师创造的几何模式,他作品的成功,在于他在美学价值和现代技术之间建立了联系。

著名现代建筑师路德维希·密斯·凡·德·罗(Ludwig Mies Van der Rohe,1886—1969)是"新建筑运动"的代表人物,他早期的文章赞成"形式追随材料"的观点,把工业化的过程看作是依赖于新材料发明的过程。密斯致力于从美学上表达工业社会的技术性特征,为技术美学在建筑上的运用和普及做出了重大贡献。20世纪30年代末期,他移民美国,进入以技术结构著名的阿默工程学院(后改名为伊利诺伊理工大学,即IIT),传授建筑中的技术表现手法。1958年完工的西格拉姆大厦是密斯呈现其现代建筑美学思想的完美之作,也成为之后数十年大企业总部大楼的建筑样板。西格拉姆大厦呈现出稳固、对称的结构,其布局体现出完美的轴对称性。大厦看上去就是一个巨大的方形盒子,所有的结构和楼层都被褐色的玻璃幕墙掩盖起来,封闭式的建筑表皮将室内与整个世界隔离开来。密斯打造的那些钢架玻璃幕墙的摩天大楼,在建筑领域开拓了现代美学模式,这种模式的流行引发了建筑设计的国际主义风格。这种风格建立在功能主义和理性主义理念之上,提倡美应当把功能及建筑手段(如材料与结构)结合起来,认为建筑的美在于空间的容量与体量在组合构图中的比例和表现。密斯强调了大批量生产的意义,提出了时代精神、技术和设计表现的问题。他最重要的观点是"少即多"(less is more),进一步把现代设计原则推向更为简洁的方向。"少即多"并不是把产品设计粗放地简单化,而是摒弃多余的装饰,减少无关紧要的设计元素,提倡一种精致简朴的美。"少即多"强调了美存在于朴素简单的高雅之中,设计应该通过高效的方式创造问题解决的方法。"少即多"受到许多信奉现代主义设计美学的人的喜爱，并由此发展出极简主义美学。从"形式追随功能"到"装饰就是罪恶"，再到"少即多"，设计在观念和形式上完成了现代主义的蜕变，也从理论和形式上确立了功能主义、理性主义和几何形的设计原则。

在新的生产方式中，功能主义美学实际上调和了机器生产与传统美学品质之间的冲突，采用简单的几何造型表现出技术美的特征。20世纪50年代，德国乌尔姆高等造型学院继承了德国工业联盟和包豪斯的现代设计思想。担任第一任校长的马克斯·比尔（Max Bill，1908—1994）是艺术家、建筑师和设计师，曾经在德骚的包豪斯学校学习过两年，深受包豪斯功能主义设计理念的影响。他在教学方法、课程设置和行政管理上都延续了包豪斯的传统。在1950年发表的一篇文章里，马克斯·比尔解释了"功能就是美"这一思想里包含的美学原则。学院阐述的功能主义风格基于简单的矩形造型和有节制的色彩装饰，强调了系统设计的观念，并通过教育过程本身来培养有社会意识的设计师。乌尔姆在教学中去掉了艺术类课程，在设计中排除了艺术元素，提出"科学和技术"相结合的设计方法，把现代设计带到了更加理性的高度。通过与一些著名企业的合作，学院的理性主义设计思想在产品中得以实现。学院的教师和产品设计师迪特·拉姆斯（Dieter Rams，1932—　）和汉斯·古戈洛特（Hans Gugelot，1920—1965）长期担任一些著名公司的顾问设计师，如博朗（Braun）公司和柯达（Kodak）等，他们为公司开发了一系列电器产品，这些产品去掉了所有的装饰元素，只是简单的几何造型，遵循了"功能追随形式"的设计原则，视觉效果极为理性。在功能主义设计原则之下，设计师把电吹风、电动剃须刀、音响、电视等机械或电子元件装进平整的黑色、灰色或白色的几何形塑料盒子里，如矩形、方形和圆柱形，有时候还是球形。在他们设计的产品中，简约的几何形与现代工业之间建立起了广泛的联系，其简朴实用的技术美学风格反映了一种更为高效、充实、现代的生活节奏和时代精神。

简而言之，功能主义美学设计遵循的是"去装饰理论"和"减少原则"，也被称为"去装饰的功能主义"原则。这种原则认为，一旦功能在设计中被合理地呈现，物品的美学价值就自然而然地产生了，就没有必要为了所谓的"美"再添加装饰了。也就是说，如果一件物品采用了适宜的材料、恰当的造型，并且满足了其功能需求，就不再需要从其他方面去考虑它的美学价值了,因为它本身已经具备了美的要素。去掉装饰的"减少原则"是因为要适合机器生产,因此在形式上往往采用简洁的几何形,这也成为功能主义美学观点中设计的经典造型。除了形式外,功能主义美学的设计尊重产品构成的结构特征,不再采用古典主义的方式试图把结构通过装饰掩盖起来。诚实成了现代设计的品德,不仅包括诚实地解决问题,也包括忠实于原材料,让每一种原材料保持其本色,突出原材料的自身魅力,欣赏其独特的美感。

四、功能主义美学和现代设计的意义

功能主义美学是现代设计师开拓的一种新的美学观念,以此来支撑和验证他们在技术前提下的工作方案,从而促进产业的理性化创造和生产。现代设计师为具有机器和技术特征的美学的出现给予了现实层面和意识形态上的理由:一方面,针对标准化、批量化的机器生产方式,需要简单朴素的造型;另一方面,机器美学不仅是对产业理性化的迎合,同时也从意识形态上认为产业理性化是一切社会问题的解决方案。现代设计注重建造有意义的秩序,通过大批量生产低成本的产品,为大多数人提供基本的物质生活需求。在现代设计朴素的造型和开放式空间上,不仅有适应机器生产方式的客观要求,也有美学层面和伦理维度的深层考虑,是设计师选择的对时代精神的表达方式。

作为现代审美的功能主义是共通的美学理念,机器消除了阶级之间的界限。在功能主义美学背景之下,现代设计体现出来的是为普罗大众服务的思想,以为普通人服务为目标。著名的韦奇伍德(Wedgwood)公司是英国高级瓷器的代名词,在英国的制造与设计领域,韦奇伍德比任何东西都更能代表传统和品位,以及上层社会和尊贵地位。购买韦奇伍德的产品是一种身份的标志,生活品质的象征意义成了最为重要的内容。进入工业时代后,公司的创办人乔赛亚·韦奇伍德在公司首先尝试批量化生产,他们通过两条生产线,一条仍然生产传统经典的瓷器,另一条则批量化生产普通人可以负担得起的陶瓷产品。公司通过分工合作进行生产,并且在全国建立了新的销售系统销售他们的产品。工业化的生产方式让大众能够购买品质上乘的陶瓷产品,享受到这种产品带来的生活方式。对于一个过去仅是社会精英进出的场合来说,新一代的消费者不久就有可能通过这些时尚产品感受这样的圈子。随后,艺术家们也开始参与到工厂的生产,大量的类似设计继续把精英时尚的风格带入到大众市场。

  功能主义美学在现代设计中的出现,除了从技术的角度理解外,还有文化理念对设计演变的深刻影响。设计史学者克莱夫·迪尔诺特谈到现代主义时说:"事实上,一个人,当他将设计的意义视为一种理想时就是现代主义的。"①现代主义设计是一种乌托邦式的理想主义,有意识地、理性地关注设计的社会职能。它并不仅仅是通过品质优良的产品把普通人带入上层社会的生活方式中,其最大的贡献是为大众提供了满足生活所需的日用品,使设计成为人人都能享受的艺术。正如英国工艺美术运动的发起人威廉·莫里斯所说的那样:"我不愿意艺术只为少数人效劳,仅仅为了少数人的教育和自由。""要不是人人都能享受艺术,那艺术跟我们究竟有什么关系?"他认为真正的艺术必须是"为人民所创造,又为人民服务的,对于创造者和使用者来说都是一种乐趣"。在他的观念里,一个普通人的住房成了建筑师设计思想有价值的对象,一把椅子或一个花瓶也是设计师可以发挥想象力的地方。因此在他的观念里,重新确立日用品的价值首先是社会问题,然后才是设计问题。他对艺术的认识把设计和美学带到更为广阔的社会科学领域,设计和艺术成了道德和社会责任感的体现。威廉·莫里斯的观点被包豪斯的创始人瓦尔特·格罗皮乌斯继承,他创办包豪斯设计学校的目的,就是要改变那种设计只为少数人服务的状况,让设计关注大众,为大多数人的生活提供便利。他从美学上肯定了现代建筑的形式,他认为:"'新建筑'将自己的墙面像屏幕一样拉开来了,迎进来充足的新鲜空气、光线和日照。现在'新建筑'不是用厚实的基础将建筑物重重地植入土内,而是让其轻盈而稳定地立在地面上;在形象上它不采取模仿何种风格样式,也不作装饰点缀,只是采取简洁和线条分明的设计,每一个局部都自然融合到综合的体积的整体

---

① 维克多·马格林:《设计问题——历史、理论、批评》,柳沙、张朵朵等译,中国建筑工业出版社 2010 年版,第 221 页。

中去。这样的美观效果是同样符合我们物质方面和心理方面的需求的。"①包豪斯的第二任校长汉斯·迈耶提出设计师应该为民众服务,是民众团体的服务者。1928年,他接任了格罗皮乌斯的工作,他一上任就把学院的建筑部改为"楼房部"(building department),将教学重点放在建造效率和解决技术问题上。现代设计的先驱者成了"社会良心",他们为普通居民建造了大量低造价住宅,提供了更高的生活标准和更全面的社会服务。自启蒙运动后,建筑师和设计师就承担了社会变革的重担,在现代建筑大师勒·柯布西耶理想主义的观点里,他把自己看作是一位通过建筑来挽救这个世界的殉道者。无论是造型、技术还是材料,现代设计都秉承了设计服务大众的人道思想,这也是其美学思想中所包含的最有价值的一方面。

在工业时代来临之际,功能主义美学为现代产品的美学评价提供了标准。而功能主义美学中所包含的伦理因素,体现了设计在一个民主时代对社会的责任。当功能主义风格的设计具备了美学维度的同时,既反映了当时的经济现实,也体现了一种文化抱负。罗宾·金罗斯对包豪斯简洁的信笺设计的理解,是认为其体现的是现代主义的信念:"这种简化的形式、减少要素的理念明显不是出于风格变化的需要,而是来源于最有说服力的一种需要——节省劳力、时间和金钱,以及改善信息交流。"②这种样式平实、朴素的产品展现了新时代所创造的新的社会秩序,体现出人们对平等和民主的追求。功能主义美学观的设计是一种技术先进、精确而中立的风格,以功能的优劣作为评价标准,因而具有一种普世的价值观。在工业文明时代,科学和艺术也应该是普适性的,西方最主流的现代建筑师和设计师都认为,努力赋予建筑和设计以民族特性是荒唐可笑的。倡导功能主义美学信念的现代设计师,尊重科学和理性,希望将日光和新鲜的空气传递给公众,其指导原则是公众的利益,而不是上帝的荣光和国家的权威。希腊历史学家和剧作家色诺芬在《回忆录》里提及苏格拉底曾经说:"所有东西能很好地符合其用途时,都是善的和美的;所有东西未能很好地符

---

① 奚传绩编:《设计艺术经典论著选读》,东南大学出版社2006年版,第145页。
② 维克多·马格林:《设计问题——历史、理论、批评》,柳沙、张朵朵等译,中国建筑工业出版社2010年版,第131页。

合其用途时,都是恶的和丑的。"①功能主义美学中的"功能"可以在更高的层次上理解为"善",如果我们将功能主义美学理解为以"善"立足的美学,这种美学的革命性意义便体现出来了。因为信奉功能主义美学的设计师认为,他们的设计可以革新人们的日常生活,通过诚实和理性的设计,表达永恒的普遍真理,在物质的层面上实现平等、公平和民主的理想。

任何观念都是时代的产物,也都有时代的局限性。功能主义美学倡导的是一种理性的美,在强调适合机器生产的形式和满足需求的功能之外,往往剔除了人们的感情因素,其最重要的问题是对形式美和情感的忽视。在功能主义美学指导下的现代设计产品,也常常呈现出冷漠、单调和乏味的气质,让人无法在日常生活中获得情感慰藉和满足。进入后现代以后,一味强调功能的产品,因为缺乏人情味,其冷冰冰的形式和色彩成为被人诟病的重要原因。但在这些理性产品的背后,是试图把世界变得更加美好的现代主义设计的理想和愿望,威廉·斯莫克在《包豪斯理想》一书的前言中写道:"我对'现代'怀有特别的情愫,因为它致力于做好的倾向。而'后现代'没有这种倾向。"②功能主义美学的现代设计具备诚实、慷慨和理性的性格特征,试图通过技术让人们的生活变得更美好,这正是现代主义设计和功能主义美学的意义所在。

(作者单位:中国社会科学院哲学所美学室)
学术编辑:张 冰

---

① 格林·帕森斯、艾伦·卡尔松:《功能之美——以善立美:环境美学新视野》,薛富兴译,河南大学出版社 2015 年版,第 2 页。
② 威廉·斯莫克:《包豪斯理想》,周明瑞译,山东画报出版社 2010 年版,第 5 页。

从作为艺术的历史到艺术的历史性存在
——克罗齐美学理论转向的深层逻辑

贺嘉年

内容提要 对艺术与历史关系的阐释构成了克罗齐美学理论转向的深层逻辑。克罗齐早年将人类知识区分成作为逻辑的科学与作为直观的艺术两种模式,并将历史纳入艺术概念之下。但克罗齐将"可能性"与"真实性"作为区分艺术与历史的依据隐含矛盾,这个矛盾的本质是二元论与精神一元论的对立。从《美学原理》到《逻辑学》,克罗齐尝试从语言学角度,将历史定义为综合了直观与逻辑的"个别判断",艺术与历史呈现出一种相互制约、相互依存的关系。但是《逻辑学》中隐含两种对"历史与哲学同一"命题的相悖性解释,这表明此时克罗齐对历史的定义依然含混不清。在此之后,克罗齐逐渐清除二元论与康德主义的残余,建立起精神一元论体系。在《美学纲要》《历史学的理论与实践》等作品中,克罗齐改造了黑格尔对世界历史与艺术关系的论述,终于走向精神与历史、历史与哲学、艺术与艺术史的同一,形成了"历史-美学"的批评观。克罗齐对艺术与历史关系的探讨,对审美自律性、艺术的创作与接受、艺术史等问题的关注,对于今天的美学研究依然具有重要的启示。

关键词 艺术 历史 哲学 克罗齐

艺术与历史在克罗齐的哲学体系中占据核心地位。美国历史学家海登·怀特曾指出,克罗齐意图将艺术确立为一切认知的基础,成为人类各种精神活动(哲学的、科学的、历史学的)之最初环节,但其终极目的则是使史学摆脱在艺术与科学之间模棱两可的位置,尽管此举并不成功。质言之,克罗齐的美学理论渗透着一种"历史意识"

(historical consciousness)。① 近年来,国内外不少研究者关注到克罗齐后期美学思想的发展变化,如"直观"概念的演变、艺术的抒情本质、诗与文学的划分等等。但是,从艺术与历史关系的角度考查克罗齐美学的文献并不多见。本文认为,艺术与历史的关系既是克罗齐学术思想的一个核心议题,也是其美学理论转向的深层逻辑,这是因为:第一,就思想渊源来看,克罗齐一生转益多师,他受到维柯、德·桑克蒂斯、康德、黑格尔等人的影响,尤其是在构建理论体系时吸收并改造前辈的历史哲学,他的第一篇哲学论文就旨在回应当时学界"历史知识认识论地位"之争。第二,就其思想进程来看,克罗齐年轻时以那不勒斯史研究而闻名,并通过思考历史本质而走向哲学研究,最终提出"历史与哲学的同一";在这一过程中,克罗齐对艺术与历史的定义是动态变化的,这种变化折射出克罗齐对一些哲学根本问题的独特看法。第三,就其思想的转向来看,克罗齐美学理论的变化与他对艺术与历史关系的思考是内在一致的。因此,厘清克罗齐关于艺术与历史关系的看法,将有助于我们把握克罗齐美学和哲学的全貌,并理解其美学理论转向的深层义涵。

一 历史的艺术性本质

克罗齐早年凭借那不勒斯史研究出名,但他真正介入历史和美学领域还要追溯到 1893 年《涵盖在普遍艺术概念之下的历史》的发表。克罗齐将其视作自己的第一次哲学研究,旨在反对自然科学对历史与艺术的介入,从而"维护被风靡一时的实证主义视为快感的艺术的严肃性与理论性,并否认历史是区别于美学与智性的第三种精神形式"②。这篇文献中,克罗齐首次回应了当时史学界流行的历史科学性质问题。其实关于"历史是科学还是艺术"这一问题,在 19 世纪末德国哲学界已探讨多次,形成了以文德尔班和狄尔泰为代表的两种观

---

① Hayden White, *Metahistory: The Historical Imagination in Nineteenth-Century Europe*, Baltimore: The Johns Hopkins University Press, 1973, p. 388.

② Benedetto Croce, *Logic as the Science of the Pure Concept*, trans. by Douglas Ainslie, London: Macmillan and Co. Limited, 1917, p. 327.

点。文德尔班将科学划分为"规律科学"和"事件科学",前者探讨普遍规律,即一般意义上的科学,后者则描述个别事实,即历史学。① 这种分类方式间接承认了存在一种关于"个体知识"的科学。然而,个体作为一种转瞬即逝,只能被知觉所经验的对象,如何构成具有稳定性与普遍性的知识?为了解决这个问题,文德尔班又将历史知识划入"价值世界"领域,从而与科学所研究的"事实世界"相对。历史学不是对个体的理性思考与编排,而是以某种方式直观其价值。② 文德尔班的矛盾在于,他首先将历史划入科学领域,但为了解释个体知识何以可能,他不得不搬出"事实世界"和"价值世界"的二分,又将历史从科学中剔除了。狄尔泰则声称,真正的历史是对自身的"内在体验"(erlebins),这种自身成其所是的方式与从外部理解自身是完全不同的,因而历史与科学的差异在于对象,而非目的与手段。然而自身如果想要被理解,就必须借助"心理学"研究不同哲学家的心理结构。科林伍德指出,狄尔泰的"心理学"本质上还是一种自然科学的产物,普遍性只有通过自然科学方法才能加以理解,这本质上又复归于实证主义。③

发源于德国哲学界的这场争论对克罗齐的影响是深远的。克罗齐站在文德尔班和狄尔泰的基础上,将历史知识性质论证的基础从科学悄悄置换为艺术。他指出,在探讨历史学本质时,历史学家通常从一个过于狭隘的艺术概念和过于宽泛的科学概念入手,然而这三个概念都不甚精确且相互矛盾。他首先声称,思维对于对象的处理不是科学的就是艺术的。当特殊性被纳入普遍性之下时,其结果就是科学;当特殊性被如其所是地表现时,其结果就是艺术。这种对知识的二分法,可以看出克罗齐一以贯之的反实证主义态度,因为实证主义将一切人类真知都视作科学性的,然而人的认识并不仅仅试图把握普遍,它也可以通过常识、习惯与日常生活而把握实在,克罗齐将这些能力都视作精神的认识能力。

克罗齐借助对认识的二分,破解了知识与理性、逻辑、普遍性的绝

---

① 文德尔班:《历史与自然科学》,王复编译,洪谦主编:《西方现代资产阶级哲学论著选辑》,商务印书馆1964年版,第56页。

② 文德尔班:《哲学史教程》,罗达仁译,商务印书馆1987年版,第927页。

③ R. G. Collingwood, *The Idea of History*, London: Oxford University Press, 1946, p. 174.

对对应关系,强调人类对实在的多样性把握方式。这种二分法受到维柯和鲍姆加登美学思想的双重影响。一方面,克罗齐继承了维柯将认识划分为形而上学与诗性能力的观点,形而上学能力"把精神从感官中抽象出来,将具体事物提升至普遍性",而诗性能力则要"使精神完全沉浸在感官并深入细节之中"。① 另一方面,克罗齐肯定鲍姆加登将美学范畴视为感性认识(cognitio sensitiva)并先于逻辑学而生的观点,但克罗齐指出,鲍姆加登将诗与逻辑视作把握绝对性的两种方式,所谓的"绝对"依然是形而上学的真理。② 克罗齐并不承认有所谓的形而上学真理,他试图在逻辑真理之外寻找另一种"艺术真理",从而解决文德尔班遗留的"个体知识何以可能"难题。1909年的《纯粹直观与艺术的抒情特质》、1918年的《美学表现的总体性》都是对这一问题的补充与发展,不过那时克罗齐理论的哲学根基已经与1893年大不相同了。

　　在对认识二分的基础上,克罗齐将以往的艺术定义归结为四类,并分别对其进行批判:感性主义、生命主义美学将美简化为一种快感,实质上是将美从知识领域驱逐出去;理性主义将美与真、善联系并等同起来,这就取消了审美自律性;以赫尔巴特、齐默尔曼为代表的形式主义认为,美由无条件的、令人愉快的形式关系构成,他们试图将产生美的形式关系概括为有限的种类,这种形式关系源自经验而非先天,因而是一种"人为建构的、完全没有结果的洞察力",而对形式关系的过分强调也导致艺术内容的缺失。黑格尔美学则坚持一种"具体的观念论"(concrete idealism),把美视为理念的感性显现。克罗齐将黑格尔的定义改造成对"一个既定内容的表现","艺术是对实在的充分表现"。现实事物一旦进入艺术世界,就会剥离其目的性,变成一种纯粹而完满的表现,作品的艺术性仅仅取决于作品对其表现的完满程度。而历史的本质,就是表现出在时间中不断发展的人类事件,因而历史也属于一种艺术活动。普遍艺术和作为特殊艺术的历史之间的区别仅在于,前者既涵盖了对真实发生事件的表现,也包含了对可能

---

① Benedetto Croce, "History Brought Under the General Concept of Art", in: Brian. P. Copenhaver and Rebecca Copenhaver, (ed.), *From Kant to Croce: Modern Philosophy in Italy, 1800–1950*, Toronto: University of Toronto Press, 2012, p. 494.

② Benedetto Croce, *Philosophy · Poetry · History*, trans. by Cecil Sprigge, London: Oxford University Press, 1966, p. 445.

发生之事的表现,而后者只是对真实发生事件的表现。

克罗齐在这篇论文中使用的"表现"(expression),已经非常接近《美学原理》中的"直观"(intuition)。我们不妨看一下《美学原理》的开篇:"认识有两种形式:要么是直观认识,要么是逻辑认识;要么是依靠想象力的认识,要么是依靠理解力的认识;要么是个体的知识,要么是关于宇宙的知识;关于个别事物的知识或者关于不同事物之间关系的知识。事实上,知识要么是意象,要么是概念。"①表现即感性印象(内容)被形式化的过程。更重要的是,克罗齐早在1893年就注意到"表现"是具备符号形式的:"如果我们走到相反的极端,考查数学命题或哲学概念——它们是思维最精妙、最抽象的产物——我们就会发现,这些东西只有在言语和其他表现方式中体现出来,才成为审美的对象。"②这一论断在1902年出版的《美学原理》中得到回应与发展。

二 艺术和历史的内容与界限

当历史被纳入普遍艺术概念之后,克罗齐所面临的问题是:如何从严格意义上区分"一般艺术"和"特殊的历史的艺术"?乍看之下,克罗齐对艺术与历史关系的论述,和亚里士多德的《诗学》如出一辙,但实际上两人对艺术本质的理解截然不同。亚里士多德说,诗描述可能发生之事,历史记述已经发生之事;诗反映出事物的普遍性,而历史则记载具体事件;诗是对一个完整行动的模仿,而历史则记载某一时期内的所有事件。"诗"本质上是一种模仿,诗利用必然性或可然性组织情节,从而高于生活。亚里士多德只谈到史诗属于模仿的艺术,而历史只能算对行动与事件的记载,他并未承认历史也是一种模仿,因而历史和艺术本质上并不相同。③ 克罗齐则是从认识论角度审视艺术,他认为科学与艺术知识之间的差异在于其对实在的把握方式,即形

---

① Benedetto Croce, *Aesthetic as Science of Expression and General Linguistic*, trans. by Douglas Ainslie, London: Macmillan and Co. Limited, 1909, p. 1.
② Benedetto Croce, "History Brought Under the General Concept of Art", in: Brian. P. Copenhaverand Rebecca Copenhaver, (ed.), *From Kant to Croce: Modern Philosophy in Italy*, 1800-1950, p. 489.
③ 亚里士多德:《诗学》,陈中梅译,商务印书馆2014年版,第163页。

式;而在艺术知识内部,狭义艺术与历史知识的差异则在于其表现的对象。

克罗齐进一步强调,科学与艺术的内容都是一切存在之物,只不过科学"设法将每个单一的显现还原为它在其中有其位置的范畴",而艺术则在具体的生活世界中,"根据它自身所处的各种环境来圈定(circumscribe)、限制(limit)其表现对象"[①]。也就是说,艺术与科学面临的对象都是实在全体,只不过艺术会对实在进行"圈定"和"限制",类似一种提炼加工、选择性表现的过程。由此衍生出两个问题:第一,艺术是如何圈定、限制其表现对象的,即艺术应该表现什么样的内容;第二,在艺术内容中,如何区分"可能发生之事"和"实际发生之事",即对于可能性与真实性的定义。

对于第一个问题,克罗齐认为美学的内容是"趣味"(interest),即任何使人为之感兴趣的东西,它无所谓理论与实践、情感与思想、所知与未知,毋宁说它就是人类感兴趣的整个世界。这种趣味从特殊性到普遍性逐渐提升,趣味越是普遍化,其美学价值也就越大。最普遍的趣味是人之为人的内容,其次是特定种族、国家、宗教成员和与人相关的内容,再往下是特定阶级或集团的成员内容,等等,直到那些仅仅与作为个体的人相关的内容。克罗齐所说的"趣味"带有非常浓厚的人文主义色彩,何兆武先生将"趣味"翻译为"关怀",就是强调人作为历史性存在对自身生存的关切,历史就是活生生的人的创造。[②] 这种说法和《历史学的理论与实际》中"精神与历史同一说"异曲同工,精神的自身就是历史,在历史存在的每一个瞬间都是历史的创造者,并且也是以往全部历史的结果。尽管此时克罗齐尚未完全构建起自己的精神哲学体系,但是"历史是活生生的人的创作"这一观点,在《涵盖在普遍艺术之下的历史》《美学原理》乃至《历史学的理论与实际》中都是一脉相承的。

然而,在艺术与历史的划界问题上,克罗齐的论述是隐含矛盾的。他首先声称,普遍艺术既涵盖了对真实发生事件的表现,也包含了对

---

① Benedetto Croce, "History Brought Under the General Concept of Art", in: Brian. P. Copenhaver and Rebecca Copenhaver, (ed.), *From Kant to Croce: Modern Philosophy in Italy*, 1800–1950, p. 498.

② 何兆武、陈启能:《当代西方史学理论》,上海社会科学院出版社 2003 年版,第 141 页。

可能发生之事的表现。随后他又说历史是寻找、表现客观真实的东西,由此推断,狭义的艺术概念就只能是对"可能性"的表现,这显然是违背常理的,艺术作品难道只能虚构而不能摹写现实吗?对历史事件的生动叙写何以不是艺术作品呢?如果我们承认,狭义艺术作品既可以表现可能性,也可以表现真实性,那么这个"狭义艺术"和克罗齐所谓的"普遍艺术"之间就没有区别了。早在1897年,克罗齐的好友金帝莱(Gentile)就曾在给友人的书信中指出这一问题:既然艺术和历史在形式上都是表现具体,那么它们之间的差异仅在于表现的对象或内容,即可能发生之事与真实发生之事。艺术与历史之间就不是后者涵盖于(subordinate)前者,而体现为一种协调性关系(coordination),二者既有重合,也有相异之处。① 我们认为,这一问题的根源在于,克罗齐此时对艺术的定义并不是统一的。当克罗齐极力论证历史的艺术性本质时,"艺术"指的是与逻辑相对的直观认识,而当他在论述"艺术与历史关系"时,"艺术"则指代狭义的、一般意义上的具体艺术活动。这样看来,克罗齐实际上主张狭义艺术和历史都是人类对实在的非概念性把握,他们都属于一种特殊的认识方式,这种认识方式既可以表现可能事件,也可以表现发生过的事件,因而是狭义艺术和历史的共性而非差异。克罗齐把二者的共性视为差异,自然会产生逻辑谬误。进一步讲,将"可能发生"与"真实发生"对立起来,这本身就是可疑的,我们以什么标准确定一个事件是"真实发生"的?我们在什么意义上区分"可能"与"真实"?如果狭义艺术与历史之间的差异不在于"可能发生"与"真实发生",那我们将依据什么将二者区分开来?

上述问题构成了1900年出版的《美学原理》的内在逻辑。克罗齐首先在《美学原理》开篇改造了康德的先验感性论,将先前的"表现"概念扩展为表现与直观的统一,确立并强调了艺术与历史作为认识能力所具备的共同特性。克罗齐的直观类似于德语的"anschauung"已经是学界所达成的共识,在整个认识论的光谱上,克罗齐把"直观"放在感受(sensation)、印象(impression)和知觉(apperception)之间,这一点与康德类似。康德强调,直观只有在对象被给予我们时才能发生,这种被对象刺激从而获得表象的能力就是感性,因而直观永远只能是

---

① Benedetto Croce, *Poetry and Literature: an Introduction to its Criticism and History*, trans. by Giovanni Gullace, Carbondale: Southern Illinois UP, 1981, p. xxi.

感性的。另一方面,直观又通过知性被思维,从知性中产生概念。① 然而,康德的直观具备时间和空间两种先天形式,而克罗齐认为这种先天形式还带有理性的残余,是一种"复杂的理性的建构"。我们可以寻找到与时空无关的直观,纵使直观内含时间与空间,那也是借事后回想才知觉其为有。因而时空是一种质料而非形式。这样,克罗齐将时间与空间从直观的先天形式改造为直观的后天内容,从而彻底将直观划归到非概念领域,直观与表现本质上同一。直观不管实在与非实在,不管空间与时间的形成,因为这些都是后起的概念。

将直观中的先天形式完全剔除,从而保证直观是纯粹的非概念性认识,这是区分艺术与历史的一项重要的预备工作。在此基础上,克罗齐初步建构了精神哲学的图式。简言之,他将直观与逻辑从共时性的对立观念转化为历时性的精神生展过程,这样,逻辑对直观是一种真包含的关系,他将直观、逻辑、经济、道德作为精神活动的"度"(degree)来处理,历史与艺术、可能性与真实性在直观阶段根本不存在差异,只有进入逻辑阶段,精神才能分辨出可能性与真实性。然而克罗齐强调,我们并不能借助纯粹逻辑来区分什么是真实,什么是想象与可能,我们与真实实在并不是一种认识关系,而是对真实的"体验"与"记忆",历史之所以区别于狭义艺术,就在于前者是依据记忆产生的,后者只是纯粹的幻想(pure imagination)。如果不是刻意作假,人类的记忆永远是自明性的,这种记忆源自人类的普遍共识,即"常识"(good sense),具有常识的人对历史总是抱有信任态度,而这种信任是不能用科学方法证明的。克罗齐所谓的"记忆"并不是理性的独断,它毋宁说是通过生命本身的体验而获得的一种确定性。但不论是艺术的"趣味"还是历史的"常识",其背后都预设了一种抽象普遍的人性观念,凡"人"所有,则我无所不有,只要拥有这种人之为人的特质,个人的记忆就是真实可靠的,个人记忆就同时是集体记忆的一部分,个体的历史也是人类历史的一部分。克罗齐并未说明这种普遍人性何以可能,也无意去说明它。他只是强调,"常识"是区别于科学真理的另一种真实,是一种联结个体历史与集体历史、个体性与普遍性的媒介物。我们对历史真实的判定不能以逻辑作为根据。

如果照此说法,克罗齐就不可避免地陷入精神一元论。因为历史

---

① 康德:《纯粹理性批判》,李秋零译,中国人民大学出版社2011年版,第52页。

表现真实发生之事，真实发生之事就是自明性的人类记忆，它是过去发生的具体的史实的总和。克罗齐承认凡历史上发生的事件都是真实的，它既包括物理的实在，也包含精神的人的实在，二者都通过记忆呈现于思维中，记忆层层累积，不断发展增生，这个过程就是人创造自己的历史。历史就是诸直观的有序编排，是直观在时间中的更迭递嬗："诸多直观或表象先后承续，后者兴起，前者消逝，相继不息。连我们所忘记的直观仍以某种方式留存于精神中。"①

克罗齐的这番论述非但没有划清艺术与历史的界限，甚至让二者的关系更加矛盾与混乱。他一方面坚称，在诸多直观中可证明为实际存在的就是历史的直观，只作为可能的、想象的东西出现的就是狭义的艺术直观；另一方面，他又将"实际存在"界定为过去发生过的所有史实，这个史实包含精神与物质的实在，这些发生过的事件总和被称为历史。历史表现实际存在，实际存在就是历史，这无疑是一种循环论证。另外，依照克罗齐对"实际存在"的定义，所谓"可能发生的事"也是一种实际存在。朱光潜先生在翻译《美学原理》时早就关注到这个问题，他在注释中说："凡是发生过的都是实在的，幻想还是在心里发生过的事实，所以有它的实在性；历史记录已经发生的事实，所以一个人的生命史也要包含他的幻想在内。"②这样，艺术与历史的区分依然是含混不清的。

我们认为，产生上述矛盾的根源在于，克罗齐此时正处于从二元论向精神一元论转换的过渡阶段，这导致他在很多问题上都显得游移不定。依照《美学原理》的定义，直观是将感受、印象形式化的过程，这个过程和表现是同一的。M. E. 莫斯认为，"表现"实际上就是"作为对象（意象或情感）出现在意识当中"③（着重号系引者所加），这就间接承认知识具备客观的物质来源，康德所谓的"物自体"问题依然存在。事实上，克罗齐自己也承认，1902 年的直观概念带有"自然主义，或者说

---

① Benedetto Croce, *Aesthetic as Science of Expression and General Linguistic*, pp. 156－157.
② 克罗齐：《美学原理》，朱光潜译，商务印书馆 2012 年版，第 33 页。
③ M. E. Moss, *Benedetto Croce Reconsidered: Truth and Error in Theories of Art, Literature, and History*, Hanover: University Press of New England, 1987, p. 24.

康德主义的残余"。① 如果我们在二元论的基础上进一步演绎,"可能性"与"实在性"就可以还原为观念与实在,艺术就是观念性的,历史就是物质性的,这种推论恐怕克罗齐本人都不能认同。于是,克罗齐不得不否认物自体存在,直观的材料、内容就只能来自精神世界和精神活动,它们是精神活动产生的感受、情绪等。只要是精神这个唯一实在的产物,就必定是真实的。在这一意义上,所谓的"历史"就成了精神世界的活动本身,艺术倒变成精神活动中的环节之一,从属于历史了。

总而言之,1902年的《美学原理》是克罗齐精神哲学的一个转捩点,在此之前,他将历史与艺术视作一种认识能力,并将历史置入普遍的艺术概念之下;在写作过程中,克罗齐逐渐构建起其他精神形式与美学的体系性联系,并思考关于实在的一般性概念②;在此之后,他逐渐坚持精神的绝对一元论,走向精神与历史、历史与哲学的同一,艺术作为精神活动的环节之一,被置入历史概念之下。

三 走向艺术的历史性存在

尽管在《美学原理》之后,克罗齐更多关注的是历史知识与哲学之间的联系,但他依然坚持历史是以特殊性与具体性对实在的把握,因而历史总是与艺术保持着暧昧不清的关系,这一问题经由《逻辑学》的演绎,直到《历史学的理论与实践》才算正式解决。

克罗齐在《美学原理》的结论部分提出"语言学与美学的统一"命题,任何美学问题本质上都是语言学问题,反之亦然。这意味着语言不仅是直观的形式,也是我们理解历史叙事的一种模型。早在1893年,克罗齐就指出历史只进行"叙述"(narrate),叙述运用的是特殊的语言符号,因而历史也是一种语言形式的直观。语言实体和直观一样浑融不分,语言就是表现本身,我们能做的就是诉说出每一个个别的语言实体,从而在既有的作为个别语言实体的总和之上添砖加瓦,克

---

① Benedetto Croce, *An Autobiography*, trans. by R. G. Collingwood, London: Oxford University Press, 1927, p. 95.

② Benedetto Croce, *An Autobiography*, p. 67.

罗齐从不承认那种抽象的、对语言实体进行逻辑划分的语言学或话语规则,所谓的词性、句法都是我们破坏了唯一语言实体后所制造的抽象物。① 因而只有一种不断创生的历史性句法,这种句法或规则不抽象于历史本身,它毋宁就是生成的历史存在本身,而1909年出版的《逻辑学》就是这种语言观的进一步发展。克罗齐将历史定义为"个别判断"(individual judgement)②,因为任何一个历史知识都可以视为一个命题,如"恺撒跨过卢比孔河""拿破仑进军波兰""昨天我摔倒了",这些命题都可以看成主词与宾词的结合。其中主词永远是对此时此刻"这一个"的把握,即一种直观、个别;宾词是一种逻辑抽象的普遍性,即逻辑、判断。历史知识是对诸多直观的编排、整合,一方面它以诸多直观作为其内容,另一方面它又蕴含逻辑,因而是一种个别判断,即对于个别实在的具体性把握。

从历史的直观性出发,克罗齐得出了"历史与哲学同一"的命题。他首先将哲学的对象视为纯粹概念(pure concept),纯粹概念是一种"定义判断"(judgment of definition)。每一个定义都是由具体的个人所做出,都是对呈现在他面前的具体问题的回答,因此,定义判断与个体判断是一致的。既然历史是个别判断,哲学是定义判断,那么哲学与历史是同一的,而艺术只能作为纯粹直观存在,历史是对纯粹直观的逻辑化处理。但在《逻辑学》后文中,克罗齐给出历史与哲学同一性的另一种解释:任何哲学思维都建基于前人的思想成果之上,蕴含了前人的思想成果,从这一意义上说,历史与哲学同一。克罗齐前后两处对"历史"的定义显然是不同的,在第一个命题"定义判断与个体判断同一"中,"历史"是一种介乎艺术与哲学(逻辑学)之间的知识形态,这和《美学原理》中的结论是一致的;后一个命题"哲学是历史的哲学"中,历史是"哲学",或者说"逻辑学"本身的形式,也是所有精神活动的限定性,它毋宁说就是精神发展过程本身,"历史"就不是特定的知识形态,而扩大到整个精神界了。彭刚先生曾指出,将定义判断等同于个别判断显然是可疑的,知识不一定就是历史知识,只有在第二种论证中,历史与哲学的同一性才说得通,但此时"历史"的概念就发生变

---

① Benedetto Croce, *Aesthetic as Science of Expression and General Linguistic*, p. 240.
② Benedetto Croce, *Logic as the Science of the Pure Concept*, p. 261.

化了。① 后一种说法本质上就是《历史学的理论与实践》中所谓的精神一元论。

通过上文梳理我们发现,克罗齐对历史、艺术、哲学三者的定义一直是游移不定的,他自己也意识到,将历史视作艺术与逻辑的中间物似乎并不能成立,于是克罗齐最终于1915年《历史学的理论与实践》中正式确立了精神一元论哲学,唯有在精神一元论的基础上,历史与哲学才完成了真正的同一:"思想永远思维着历史,思维着与实在界同一的历史,思想之外别无其他,因为自然的东西一旦被确认为某种客体时就变成了神话,它以它的现实性表明,它就是人类的精神本身。"②

克罗齐的"精神",是在对黑格尔哲学,尤其是对历史与哲学关系改造的基础上建立起来的。1906年发表的《黑格尔哲学中的活东西与死东西》,可以视作对"精神"及其发展方式的一般性说明。简言之,"精神"就是且仅仅是人类的思维本身,凡进入人类思维对象的就是精神。克罗齐将"精神"严格限定在人的领域,从根本上否定了任何低于人的(物自体界)或超越人的(理念)精神。在克罗齐看来,个体的所思所想、他的理论与实践活动复合成他的精神全体,在此之外别无其他精神。而克罗齐对黑格尔辩证法的改造,就是紧密围绕着精神的"真实性"问题展开的。他认为黑格尔正确把握住了辩证法中概念的差异对立与互相转化,概念之间的矛盾差异导致向第三个概念的逻辑综合,即"具体的普遍"。然而在黑格尔那里,先前的任何一个概念相对于"具体的普遍",都是一种片面性、虚假性,也就是说只有在合题中,概念才迎来自己的现实性:"它(概念的三一体)在它之外有两种抽象作用,两种非现实的幽灵,那种互相分离的有与无,因此,它们的联合并非由于斗争,却由于共同的空虚。"③在克罗齐看来,这是黑格尔对哲学与历史关系的最大误解:黑格尔不是要揭示历史的现在如何,而是要把精神统一中的各种活动多样性的发生史揭示出来,他更看重精神是如何演绎并完成自身的。主客体由于自己的本性而自我客观化,但

---

① 彭刚:《精神、自由与历史——克罗齐历史哲学研究》,清华大学出版社1999年版,第22页。
② Benedetto Croce, *History: Its Theory and Practice*, trans. by Douglas Ainslie, London: Ballantyne and Co. Limited, 1923, p.133.
③ Benedetto Croce, *What is Living and What is Dead of the Philosophy of Hegel*, trans. by Douglas Ainslie, London: Macmillan and Co. Limited, 1915, p.26.

它战胜了一切客观性走回来，而且每一次都将自身表现为更高级的潜能，直到把所有的潜势完全显露之后，作为一个战胜了一切事物的主体呈现出来。依照黑格尔的观点，精神发展在任何阶段，相比绝对精神本身而言，就是片面和虚假的化身，而且具有向下一环节过渡的必然性，所谓的艺术、逻辑、经济、伦理都是片面的，只有那实现了的绝对精神才是现实性本身。而克罗齐则力图证明，精神发展的任意一个环节均有自身的真实性，诸环节之间是可以后者包含前者的，但并不存在向更高级精神转化的必然性。真实性就蕴藏于此时此刻的历史创造中，一旦它超越了人类自身，就变成虚假之物，变成所谓"超验论概念"（transcendental conception）的"历史哲学"，而这是克罗齐在《历史学的理论与实践》中所极力反对的，他所研究的唯一对象就是作为人类历史的精神本身。海登·怀特认为，克罗齐所谓的"精神"无法以唯物主义或唯心主义加以衡量，而是处于物质与思维的中间状态，人们正是在这一地带创造自己的历史。① 哲学家 H. W. 卡尔则认为，克罗齐拒绝任何形式的目的论与形而上学，他对历史与哲学理论源自对文学艺术的思考，因而其思想带有浓厚的人本主义色彩。② 如果精神是唯一实在，那么历史与艺术之间的"真实性"与"可能性"的区别就不存在了，因为这种分类方式的前提是观念与实在的二分："我们应该明确的是，这种结论（历史与哲学的同一，引者注）要以废除观念和实在的二元论为前提，废除理性的真理（vérités de raison）和事实的真理（vérités de fait）的二元论。"③艺术作为人类的精神现象之一，正式被纳入历史的领域之下，艺术是一种精神的历史性存在方式，是精神四度关系的第一环节。

行文至此，我们基本厘清了克罗齐理论体系转向的内在逻辑。在精神一元论的基础之上，克罗齐吸收了前后期美学思想的精华，于 1936 年正式提出"历史-美学"（Historic-Aesthetic）的批评观。克罗齐首先将艺术等同于"纯诗"，纯诗是情感与意象的完满表现；历史本身不外在于诗，它就是诗的存在形式；纯诗在表现个体情感的同时克服

---

① Hayden White, *Metahistory: The Historical Imagination in Nineteenth-Century Europe*, p. 388.

② H. Wildon Carr, *The Philosophy of Benedetto Croce: The Problem of Art and History*, London: Macmillan and Co. Limited, 1917, p. 22.

③ Benedetto Croce, *History: Its Theory and Practice*, p. 61.

自身的片面性,走向普遍性的人类情感际遇。意大利克罗齐研究专家乔万尼·格拉西(Giovanni Gullace)认为,克罗齐后期美学理论中的变化绝不是对早期理论的偏离,而只是在"诗"这一主题框架之下的变体。① 基于克罗齐美学理论转向的连续性,我们认为,"历史-美学"的批评观具有如下四层内涵。

首先,克罗齐将美学纳入精神哲学框架中,美学与哲学、科学、伦理之间界限清晰又互相联系,从而保证美学的相对独立性。艺术是纯粹直观的完满表现,评价艺术不应该动用逻辑、经济、伦理因素,而只应该考虑其表现的程度是否完满,这就捍卫了艺术的自律性。

其次,艺术的自律性不意味着它与其他精神活动绝缘。从艺术内容的来源上看,艺术直观必然以杂多为质料,克罗齐否认了康德意义上提供杂多的物自体,所谓的杂多质料就是情感与意象的融合,而情感则源自个体的实践活动(经济、道德),因此艺术不可能只是纯粹形式上的直观,而必然与其他精神环节发生联系:"(在艺术发展过程中)最后一项再次成为第一项,但不是原来的第一项,而是他本身戴上了概念的多样性和精确性……循环的看法不是一种永远平滑的旋转,而是真正在哲学意义上关于进步的看法,是精神永远增生的看法,是精神中现实的看法。"②克罗齐特别强调,我们固然需要艺术自律,但如果仅仅站在精神活动发展的一个孤立的阶段看艺术,那就无法把握艺术的真理,反倒使艺术沦为一种消闲的"美文"(belles-lettres)。③ 而从内容本身来说,艺术表现具有"宇宙性"(cosmic)和"总体性"(totality):"一切纯粹的艺术表现都同时是他自己又是普遍性……诗人的每一句话,他幻想的每一个创造都有整个人类的命运、希望、痛苦、欢乐、荣华与悲哀,都有现实生活的全部场景。"④具体的审美意象表征着人类普遍的精神活动,透过个别意象可以窥见精神不断创生的历史。

第三,克罗齐将艺术从共时性的直观转化为历史性的存在,对作

---

① Benedetto Croce, *Poetry and Literature: an Introduction to its Criticism and History*, p. lx.
② Benedetto Croce, *The Essence of Aesthetics*, trans. by Douglas Ainslie, London: William Heinemann, 1921, p. 79.
③ Benedetto Croce, *The Defence of Poetry*, trans. by E. F. Carritt, London: Clarendon Press, 1933, p. 28.
④ 克罗齐:《美学纲要》,韩邦凯、罗芃译,外国文学出版社1956年版,第318页。

品的鉴赏、批评、再创造构成其存在的重要环节,这就带有鲜明的接受美学色彩。从受众角度来看,鉴赏者通过运用实践性的技术手段回忆、再造艺术直观,将自己放置到促使作品诞生的场景中去,实现与作者的沟通交流;从审美过程来看,批评者必须结合自己的生存实践、理性思考来对艺术品进行评判与介入,因而艺术品不可能是一个完全封闭的系统;就艺术作品本身而言,它是直观在历史中的层层累积,也是人的精神在历史中生生不息的创造,这种层累过程本身在克罗齐眼中既是艺术,又是艺术的历史,因而艺术与艺术史走向同一。

第四,"历史-美学"的批评观以人本主义为落脚点。纵观克罗齐的学术生涯,他始终将艺术、历史、哲学严格限定在人类领域,拒绝任何抽象性观念对人的介入与宰制,真正的艺术只能是精神的产物,因而它永远是"内在性"的,任何从外部对艺术进行的门类划分都将偏离艺术本身。克罗齐早年将散文性的"文学"驱逐出美学领域,后来却又为其留下一席之地,他说:"如果说诗是人类的母语,那么文学便是人类文明的老师,或者说人类文明的老师之一。"[1]因为文学虽然不是纯粹的审美直观,但它借助逻辑性、概念性的语句或其他技巧为直观寻求一种合适的传达方式,从而完美调和了诗与非诗,让人类的诗性本能得到规范和适当的表达,这本身就是人类文明开化与发展的产物,彰显着人类的价值与尊严。

我们也许可以这样概括克罗齐一生的著述:一方面,他的作品欲意确立哲学、美学、历史之间的界限与区别,从而架构起严密而科学的哲学体系;而另一方面,他对这几大学科的探索也证明,要在他们之间确立严密、科学的界限并不可能。依照克罗齐的说法,人类每时每刻都在创造属于自己的历史,既然精神诸环节之间无限发展增生,总会有新的艺术现象打破并拓展既有定义。克罗齐自己也曾不无感慨地说:"随着人类精神的不断拓宽与增长,我自己的哲学思想也会被后人所超越。"[2]建构与解构、肯定与否定并存,这是克罗齐哲学体系一个非常鲜明的特点,正如加拿大学者马西莫·韦尔迪基奥(Massimo

---

[1] Benedetto Croce, *Poetry and Literature: an Introduction to its Criticism and History*, p.41.

[2] Benedetto Croce, *My Philosophy, and Other Essays on the Moral and Political Problems of Our Time*, trans. by E. F. Carritt, London: George Allen&UnwinLtd, 1949, p.20.

Verdicchio)所言,克罗齐的理论探索可以被概括为一种"予物以名"(naming things)的行为:"可以说,克罗齐的著述自身不断拆解自己欲意搭建的概念结构。他的著述不仅明示这种概念化、体系化思想模型的危险性,也暗示我们,我们意识中的历史、诗歌及哲学与这些名称所辖内容实际不符。所以,从历史、诗歌以及哲学长久发展角度考虑,有必要为其命名,哪怕这种命名只是暂时性的。"[①]

总而言之,克罗齐对美与艺术的定义自始至终存在着一种矛盾张力:从狭义来说,美与艺术就是纯粹直观的完满表现,不掺杂真理道德判断,于是艺术就是心灵充盈意象的瞬间。可是将艺术严格限定在直观阶段,多一分则是逻辑,少一分则是杂多,这样纯粹的艺术更多出自克罗齐的想象,他后来也承认,我们很难从现实中找到"纯诗"的例子。亚尔多·斯卡里恩奈(Aldo Scaglione)认为,克罗齐的理论与批评实践之间存在明显的断裂,真正的艺术作品如同纯粹形式那样不可用语言描述,也无法给它进行逻辑或其他方面的说明,这在批评实践中显然是不可能的,因而克罗齐的理论前提固然必要,但并非终极准则。[②] 从广义来说,人类精神活动都蕴含诗性,而直观的内容源自先前的所有精神活动,艺术就凝结着作品背后人类生老病死、悲欢离合、创造消亡的整部历史,这样的艺术不也太宏阔了吗?宏阔到似乎"艺术"这个词都无法负荷人类的命运,此时的艺术还能被称作"艺术"吗?"艺术"又和"历史"有何分别呢?由此可见,艺术的限定与无限是一个永恒的话题,艺术需要负荷现实,但请给它呼吸的自由;艺术需要一个独立的王国,但不要忘记它与现实深情的牵连……

(作者单位:复旦大学中文系)
学术编辑:李永胜

[①] 马西莫·韦尔迪基奥:《予物以名:克罗齐美学、哲学以及历史思想研究》,史菊鸿译,中国社会科学出版社 2020 年版,第 4 页。

[②] Aldo Scaglione, "Croce's Definition of Literary Criticism", *The Journal of Aesthetics and Art Criticism*, Vol. 17, No. 4, 1959, p. 454.

亚里士多德研究

亚里士多德的诗学(下)

[英]斯蒂芬·哈利维尔 著①
王柯平 译

内容提要 本文从亚里士多德早期两部佚作(《论诗人》与《荷马史诗问题》)的残章断简入手,首先揭示了古希腊诗人、诗艺与批评实践的彼此关系,随之探讨了《诗学》残篇的理论要点,认为此作代表亚氏后期更为成熟的诗学思想,代表其具有本质意义的哲学陈述。此作基于伦理学、心理学和认识论批评角度,提供了一套关乎诗歌内在本质及其价值的稳定理论。譬如,模仿说涉及情节的整一性与虚构性,事件的可然性与必然性等。再者,从诗歌情感动力学与心理学角度,可以觉察到净化说的诸多相关内涵,这其中不仅包括针对诗歌体验的心理学看法,而且包括亚氏悲剧审美观念中的人生哲理思索,同时还关乎心灵如何回应虚构的诗歌情节结构等等。

关键词 亚里士多德 早期佚作 《诗学》 模仿说 净化说

---

① 作者哈利维尔(Stephen Halliwell)是当前国际古典诗学研究的权威之一;现任英国学术院院士,圣安德鲁斯大学古典学院教授(曾任主任);其代表著作包括 *Aristotle's Poetics*(《亚里士多德的诗学》);*The Aesthetics of Mimesis*(《模仿论美学》);*Between Ecstasy and Truth*:*Interpretations of Greek Poetics From Homer to Longinus*(《在狂喜与真理之间:荷马至朗基努斯的希腊诗学阐释》)。亚里士多德的诗学既属于文学批评领域,也涉及哲学理论范畴。在古典研究中,此两者不可偏废,更不可顾此失彼。由于《诗学》是部残卷,常会遇到这种背反现象——愈是深入细致地探讨相关议题,愈会从中发现更多玄感的疑问。尽管如此,本文作者哈利维尔知难而进,厚积薄发,从古代希腊诗歌与文化传统入手,兼顾亚氏诗学与哲学等多重视野,将自己多年的研究成果与相关疑问,浓缩为下列五个部分。因此文篇幅较长,故分上下篇两次刊登。原文参阅 Stephen Halliwell, "Aristotle's Poetics", in George A. Kennedy (ed.), *Classical Criticism*, Volume 1 of *The Cambridge History of Literary Criticism* (Cambridge: Cambridge University Press, 1st ed. 1989, Rep. 1993), Ch. 4, pp. CC149-183.——译注

3. 亚里士多德论悲剧

虽然（或在事实上是因为）阿提卡悲剧在历史上诞生的时间晚于荷马史诗，并在某种程度上得益于荷马史诗，但是，亚里士多德的目的论学说，却将诗歌的至上地位给予这一后来兴起的悲剧体式（5. 1449b16 - 20）。亚里士多德对悲剧的讨论，不仅安排在史诗之前，而且所用篇幅更长；当我们阅读其讨论史诗的相关篇章时，就会发现其所依赖的不可或缺的指涉，恰是已为悲剧设定的那些原则。不知还有哪位更早在世的希腊批评家，曾经如此感知诗歌体式之间的关系。亚里士多德考量诗歌方面的独到之处，是他在公元前 367 年首次抵达雅典后，采用循序渐进的方法阐述其相关思想。《论诗人》一文的少许残篇，并没有暗示出直接关注阿提卡悲剧的意思。在此阶段很有可能的做法是：荷马与其他早期的诗歌形式，赢得亚里士多德更多关注。① 但在亚里士多德于柏拉图学园度过的 20 年里，他自己定会体验和反思此前 200 年里在希腊世界占据主导地位的诗歌现象，同时也会体验和反思雅典戏剧类悲剧的成长与确立过程。此时，悲剧这一体式出现已久，足以激起探索与阐释其历史的诸种尝试；事实上，这将最终引致亚里士多德在其后半生里着手研究剧场演出记录。②

然而，悲剧也承受着柏拉图对诗歌进行哲学抨击的冲力，同时遭到多重指控，指控悲剧在观众之间诱发有害情感、宣扬虚假不朽之类的东西。在《论诗人》这篇对话里，亚里士多德兴许至少遇到一些颇有争议的批评；但具有重要意义的是，《诗学》在没有直接反驳柏拉图的情况下，热衷于论证一种替代做法，由此得出恰当的结果就是：亚里士多德做出回应的本质，理应逐步加以呈现，而不是采用演绎程式予以陈述。尽管如此，随即得出显见的结果是：阿提卡悲剧得到推崇，已然盖过荷马史诗；亚里士多德成熟的观点，就是相信这种可能性，也就是在柏拉图本人所属的雅典文化中，全面证实主要诗歌种类正当合

---

① Apart from the discussion of *katharsis*, the only ref. to tragedy attested for the dialogue is fr. 74(Euripides).
② Pfeiffer, *Scholarship*, pp. 81 - 82.

理的可能性。

是从柏拉图的导向出发还是从诗歌体式的现代理论导向出发,来研究亚里士多德的悲剧观呢?令人印象深刻的是,这两种情况中均存在一种同样消极的见解。鉴于柏拉图的批判取决于有关真与善的形而上学假设,鉴于悲剧理论中的主导性现代(德国)路径惯于将文学体式解释成综合性世界图景(*Weltbild*)的表现方式,相比之下,《诗学》对悲剧的分析,在整体上抑或缺少形而上学的志向,抑或缺乏为了理解"悲剧事件"而与人类生存密切相关的寓意。警惕对志存高远的或富于思辨的思想层次的期待,并非是要将严肃哲学意义的可能性从亚里士多德的悲剧理论中剔除出去;我们将会发现,所有这类意义均属于伦理学范围,而不属于形而上学视野。

与现代悲剧概念进行对比的原因之一就是:《诗学》对悲剧体式的思索,并非完全出于对该体式自身的考虑,而是将其视为整个诗歌艺术标准和原则的最佳体现。这一目的反映在三个方面:后期史诗分析有赖于悲剧分析,所有诗歌的重要归纳结果,都汇入专论悲剧的章节之中,其中许多得到详述的悲剧原理,可以同等力度应用于喜剧。在《诗学》第5章开篇,倘若我们在悲剧界说中考虑相关要素的权重,五个主要理念中就有三个处在普通诗学的层次之上:(某种等级与整一性)作为模仿对象的行动观念;对风格修饰结果的包容;对模仿规定而非所用叙事模式的强调。最后一点凸显的是理想意义上的诗歌虚构的戏剧艺术地位。相形之下,行动概念吸收了整一性准则,其应用性不仅适用于诗歌,而且适用于所有模仿艺术,也就是采用各种媒介制造的模仿艺术(8.1451a30 – 5)。至于诗歌风格,后面几个专论这一议题的章节(20 – 2)表明,亚里士多德并未假定,悲剧在这方面具有任何独特的资源。

于是,留待我们搞清悲剧定义中的两个组成部分如下:一是伦理意义上严肃行动的理念;二是"怜悯与恐惧引发净化"的程式,这有助于悲剧体式的情感潜力。就这两者而言,第一个成分既是史诗享有的特点,而且是全部诗歌传统中两个主要分支之一的规定特征,《诗学》第4章概述了这一传统。在悲剧定义中,凭借最后那个从句及其对怜悯、恐惧与净化的指涉,我们认为这些特征会被现代读者视为悲剧体式独有的东西(虽然这些特征在我们看来也是史诗常有的东西)。然而,直到《诗学》第10章以后,亚里士多德才开始论述这一前提的寓意,这一前提关涉悲剧的情感效应;其相关做法是率先将悲剧体式分化为由六个"部分"或要素组成的系统。在这六个部分中,没有一个直接将悲剧特有的属性予以具体化。这里还要确定一点,《诗学》旨在考量的对象,与其说是关乎人类存在相关利益的集约性或排他性,毋宁说是持续稳定的诗歌分析架构中的悲剧。因此,为了遵循亚里士多德方法的逻辑依据,我们必须在考量如何进一步阐明悲剧的独特核心概念之前,专心审视第 6 章提出的基础计划。

这一基础计划的重大意义,并不在于针对一组批评性范畴或工具展开单纯详述,而在于隐藏在此项计划背后的评价力量。这项工作计划者的规约性动机,就包含在《诗学》第 6 章里。亚里士多德在此将悲剧各部分的重要性,从高到低予以排列,即:情节结构;人物性格刻画;思想;风格;抒情诗;戏景。这种排列所暗示的优先部分之所以得到强化,是因为对后面两项的关注微乎其微,是因为这些专论语言的章节具有相当难解的本性,同时也是因为将"思想"划归于修辞领域(19.1456a34－5)所致(这一切促使亚里士多德专心致志地讨论情节结构与人物性格刻画两大部分)。这一拒绝妥协的策略(其寓意将重申或延伸到诗歌的其他形式)基础,具有目的论性质:"情节结构是悲剧目的(telos)所在,此目的至为重要(6.1450a22－3)。"

在上述原则中,涉及其余五个要素的相对可缺省性(dispensability)。对人物性格刻画而言(虽非一种推介),这出现在上列引文之后;我们据此可以推知其他"部分"萎缩的价值,直至我们看到剧场戏景这一全然非本质的要素;这一点或许主要是指诸能动要素的视觉表现,而不是指范围更大的舞台布景。凭借同一准则,任何要素的使用,如若具有诗歌有效性并且得以证实的话,亚里士多德就会预设,这将归功于"至为重要的"情节结构地位的提升。如此一来,我们从《诗学》第 14、17 章的开篇语句里得知,任何戏景均可恰当地用来提高戏剧性行动的内在属性,而不是提供一种独立自主而终究令人分心的快感。

从某一观点看,悲剧各组成部分的评价系统,代表一种强有力的和令人信服的批评视野。我们通过研究发现,亚里士多德为了说明情节结构,继而详述了整一性的诸标准,并将评价系统与这些标准结合起来,提出一种关乎戏剧核心价值的强烈意识,借此将焦点集中在各件作品的分析与判断之上。但是,这种强烈意识也包含导致种种局限的固执性,这或许直接就是《诗学》忽视悲剧中的抒情诗(melopoiia)

或合唱要素所致。这一忽视继而加重的原因,就在于难以理解《诗学》第18章末尾提出的责令,此责令要求在安排或处理合唱歌队时,或将其当作"演员之一",或将其当作"整体的一部分",或将其当作行动结构中不可或缺的组成部分。我们会认同亚里士多德在这段话里发出的种种否定性非难,也就是针对剧场"间歇"时歌队的娱乐表演与戏剧本身并无关联意义的非难。至于如何理解亚里士多德给予歌队的积极功能,这里没有提供任何清晰和一致的方式。何以至此的根本原由,恰好在于这部论作专心却狭隘地专注于戏剧行动,因此没有留下空间来容纳抒情诗独具一格的地位——这涉及希腊悲剧歌队的变换"声音"与戏剧歧义性。幸存下来的剧作,内含歌队影响戏剧实践的各个要点,这看来会满足《诗学》第18章里提出的规范。积极活跃的歌队合唱得以整合的理想,脱离了所有主要悲剧诗人从事抒情实践活动的和谐状态;在这些诗人看来,采用多种方式来编排合唱歌队,都无法将其还原成行动本身的推进过程。

亚里士多德对于戏剧行动整一性的压倒性关切,也有助于解释(虽以某种不同的方式)给予诗歌风格(仅适用于剧中言说而非抒情部分的语词)的低等价值。这里我们之所以遇到《诗学》与现代(在很大程度上也是古代)批评之间存在更大差异,就是因为诗歌语言与风格涉及的诸问题时常是核心问题。无论在散文里还是韵文里(我们回想一下,韵文对于诗歌来说是非本质性的),风格或言语表达都具有同等力量。由此原则(6.1450b14 - 15)观之,亚里士多德最终在《诗学》第22章里提出的风格学说,就不令人惊讶了;由此产生的效果,趋于拉平剧作中所用术语的重要风格差别。在部分程度上,这是因为《诗学》第20至22章(其写作时间或许早于其他各章)的全部内容,看来是要创立一种讨论一般诗歌风格的架构,而不是要探讨悲剧的特定风格特征(这里面仅能看到少数例证)。见诸于这一架构里的两个重要理念如下:其一是风格分析主要可在语词层面上(通过标准术语、方言术语和隐喻等等)予以操作;其二是风格差异,尤其是体式之间的差异,可被理解为偏离规范的产物,而代表这一规范的东西,则是标准的口语用法(以及复制这一规范的那些散文著作)。因此,亚里士多德最后(显然认同)对悲剧(和喜剧)口头韵文的评判是:它们非常接近于普通言语(22.1459a12)的模仿结果——这一结论不可能与公元前5世纪悲剧诗人的许多诗作相契合。

鉴于其他因素会涉入看似还原论的悲剧风格观，其主要因素之一确然就是亚里士多德全部诗论的本质。"与其说诗人应是韵文的制造者（poietes），还不如说应是情节结构的制造者（9.1451b27-8）。"换言之，诗人的艺术及其存在理由，并非主要存在于语言的特殊用法或性质之中（当然也非存在于创造特定悲剧情调的语言力量之中），而是更多存在于为了模仿再现而设想和塑造行动范式的能力之中。这一点是悲剧诗人尤为真实的特点，悲剧诗人采用的诗歌体式，能够达到至高程度的整一性和整合性。如此一来，对于诗歌风格的评价，如同对合唱歌队的边缘化处理方式一样，会引导我们反观作品凸显行动结构的方向。亚里士多德认为，经由行动者的人物性格刻画，丰富了这种评价；而通过（修辞）描述这些行动者提出的富有说服力和情感色彩的论证（"思想"），则在较小程度上丰富了这种评价。我们如若单刀直入地询问：人物行动与性格为何被判定为悲剧或诗歌至为重要的组成部分呢？其相关答案就在模仿概念里面。在亚里士多德这位哲学家看来，所有诗歌都是对行动的模仿（2.1448al），悲剧是对"严肃行动"的模仿——也就是对涉及真实的伦理严肃性的行动的模仿。在严肃的人生问题上，行动及其伦理动机和人物性格，均是至为重要的因素：根据《诗学》设立的前提，它们最终在此类问题的戏剧化方面也是至为重要的因素。

在《诗学》第 9 章里，诗歌被赋予准共相意义，与此意义相结合的这一原则，确保我们推断出亚里士多德承认悲剧存在一种力量。这种力量可使人理解某些类型的人类经验。亚里士多德借此驳斥了柏拉图的指责——指责悲剧诗人呈现的是实在真相的虚假图景。要澄清这一假设，我们现在就应深入到亚里士多德悲剧理论的中心，首先搞清人物行动与性格之间的关系。在《诗学》第 6 和 15 章里，人物性格（ethos 或 ethe）先后两次被划定为"伦理选择"和"人物性情"领域。这一概念因此未被同化为个体性或主观性观念，也就是更加模糊不清的和更富于心理色彩的个体性或主观性观念。一旦亚里士多德将人物性格刻画这一概念予以妥当处理，那就会变得更易于把握或理解他自己为何将其当作戏剧要素并让其从属于行动的原因。构成事件诗性结构的行动，之所以占据主要地位，是因为若没有行动，就会落空模仿整一性行动涉及的迫切要求；展现行动者的道德意向虽然重要，但只会言之成理，只会在诗歌意义上证实自身的合理性，这兴许可被视为增强情节结构的一种做法。亚里士多德的诗学理论,在此反映出他自己提出的范围更大的伦理哲学。其间,人物性格的可理解性,只能参照明确的人物性情,即以某些方式采取行动的人物性情。

虽然盖有这位哲学家自己的印章,但《诗学》所限定的性格观念,按理更接近于悲剧诗人的基本实践(这一观念也同样适用于荷马),而不是更接近于期待心理学批评的细微差别带给我们的东西。这并非是要否定希腊悲剧里存在的心理微妙特性,而是要表明这些特性不会提供一种将性格加以戏剧化的连贯手段,因为这种手段可以被设定为亚里士多德模式的替代做法。像史诗一样,悲剧从神话汇编与传统中汲取素材;在这里,行动者之间泾渭分明的伦理区别,是根本性的和弥漫性的假设。诸如此类的区别,通常是由行动与客观成就来决定或标示的。在诗歌世界里,如果人物性格不是完全有赖于积极行动的卓越性,那它无论如何都会坚定不移地以那些可能得到社会承认和约束的品质为中心,而不是以个体(缺少意识的)行为的怪异性为中心。亚里士多德的诗歌人物性格刻画观,与欧里庇得斯(Euripides)的剧作《伊菲格尼亚在陶里斯》(*Iphigenia in Tauris*)相当匹配;在这里,正是伦理选择与目的这一维度,给我们提供了唯一准则,借此可对个体行动者的地位加以分类。人物性格在此稍微要高于对主要人物道德优点的"润色",这在广义上暗示出善恶两种对立力量,借此加强和凸显了对于核心行动的描述。这在类型上而非必然在程度上,乃是诸多希腊悲剧的代表性特征。

但是,如果亚里士多德的理论在同一层面上——与其说是在哲学层面上,更不如说是在伦理层面上——作为诗歌体式中人物性格刻画的主导模式,那依然会针对批评样式与剧作家实践之间的深层关系提出疑问。这一疑问可以围绕两个相关问题予以说明。其一是悲剧主要人物的英雄立场;其二是将(伦理)人物性格与痛苦折磨体验之间的差别予以戏剧化的悲剧范围。表面看来,亚里士多德似乎允许他所指涉的悲剧和史诗里的英雄人物性格,应当是"好过我们自己"的男子(第 2 章与第 15 章),同时在第 15 章里,他还将善规定为人物性格的主要诉求。面对柏拉图的相关非议,亚里士多德看来是要决心把悲剧题材视为良善者的痛苦遭难。然而,在《诗学》第 13 章里,具有杰出德性之人却遭摒弃,虽然有些含糊其词(1453a16 - 17),不适用于理想的悲剧情节。事实上,此章表明,亚里士多德准备应用于悲剧的原则范围更广,他试图以哲学的方式,将内在伦理因素(人物性格本身)从社会或物质等级(悲剧人物享有的"伟大尊重和富裕地位")那里分离出来。我们终究应当为此做好准备,在"好过我们自己"的男子这一理念里,看到一种关乎两类属性的复合性指涉。也就是说,在描述这一悲剧诗体式的基本特征时,亚里士多德提出的程式,容纳了英雄价值的可能性;但在第13章里详述自身的确切理想时,他发现这在本质意义上,限制着他认为俨然属于悲剧人物伦理品质的东西,这些品质有别于地位或声望的非伦理属性。

倘若此论正确,那是对诗歌人物性格和行动的理论稍加彰显而已。亚里士多德所建立的悲剧样式,围绕的是富裕(eutuchia)与磨难(dustuchia)两极之间际遇的剧烈变化。这一变化是一个关乎外在状态而非人物性格的问题,由此确定的理念见于《诗学》第6章。该理念认为,悲剧在一极端意义上,可摒弃整个人物性格刻画。虽然这表明人物性格刻画会对情节结构做出贡献,但这里面存在差异,也就是行动者所遭遇的伦理惩罚,同其非道德存在的脆弱性之间的差异。这一差异容易受到外在力量的影响。于是,隐含在这一析取之中的,确是一种接受或认可做法,也就是接受或认可深受柏拉图干扰的、关乎悲剧世界形象的内容。但就在同时,亚里士多德提出种种限定条件,意在限定其理想悲剧所要求的那种人物性格。在这方面,他似乎想要限定悲剧诗体式的范围。现在,这些限定条件需要得到更为细密的考量,因为它们就在《诗学》中理解悲剧的核心部分里面。

将伦理道德杰出人物所承受的苦难从理想悲剧中剔除出去的做法,在《诗学》第13章里有两次论述:第一次论述(1452b34-6)表示,我们对这种情况的反应,可能是一种令人嫌恶而非怜悯或恐惧的反应;第二次论述(1453a8)表示,亚里士多德心中所思的是具有卓越德性的人物。有些时候,这意味着此条论证路径有赖于严格意义上的审美思索。但其语境表明,悲剧情感——依据我们认为剧中人物不应受到惩罚的感受来界定的悲剧情感,意味着悲剧行动的伦理性相。这不足以假定亚里士多德拒绝的是无辜遭遇悲剧灾祸的程度;在任何情况下,这都不会引起悲剧诗人的兴致。在这位哲学家的头脑里,尽管难以确定什么东西可作为剔除过的那种戏剧范式,但无论如何可以论证的一点是:荷马与阿提卡剧作家所提供的范例,接近这一资格条件;这其中就涉及柏拉图,他委实认为荷马与这些剧作家是运用各自的术语如此创作的。① 此外,鉴于柏拉图最终没有接受悲剧性遭难与不幸之中隐含的真实可能性,而亚里士多德则容许自己承认伦理美德与幸运境界之间存在的隐性差异。我们因此可以自信地指出,亚里士多德从自己的观点出发,摒弃了《诗学》第 13 章里提出的那几类可能实相,也就是存在于悲剧的诗与剧领域之外的那几类可能实相。

何以至此呢? 在亚里士多德的世界观里,某种会摧毁任何幸福(或人性完满实现)之可能性的极端折磨,会偶然降临在那些甚至最有德性的人们头上。但是,同样的世界观,却不能解释超出无法驾驭的命运或机遇这一残酷事实之外的类似苦难。如今,"非理性"或不可理解事物的范畴时来运转,这种东西在《诗学》里得到反复强调,因其与整一化情节结构的首要诉求不符。作为严肃诗歌的至高体式,悲剧在最高程度上是艺术整一性和连贯性准则的典范;因此,根据亚里士多德设立的前提,悲剧务必将行动和事件予以戏剧化;这些行动与事件构成有组织的整体,意味着悲剧素材就得遵从可然性与必然性的关联原则。如此一来,行动过程中的每一阶段,推进的是戏剧性"逻辑",是读者或观众的心智能够充分把握的逻辑。整一性与可理解性在此理论中可以相互解释。在这两者之间,剔除了非理性之事或不可理解之事的游戏。正是隐隐约约地在此基础之上,《诗学》第 13 章指出,对于特别具有德性的人物进行折磨,是不适合于悲剧的:这类事件,的确代表某种可能出现在不该遭受不幸时的极端情况,故此会落于可理解的范围之外;正因为如此,亚里士多德相信,这类事件会打动我们,会产生道德冲击或嫌恶感(*miaron*:1452b36)。

但是,用此方式来表达这一点,将会使人看出这位哲学家对待悲剧实质内容的全部态度所引发的问题,这关系到人类可理解的对象的本质与局限。因为,诚如我们从剧作中所知,在悲剧世界内部,事实上存在一种可以涵盖诸多事件的意义来源——宗教来源。亚里士多德的批判理论,对此未留任何余地。在此关头,人们不会规避如下看法:整个《诗学》在很大程度上忽视了宗教思想和信仰在诗歌(悲剧与其他种类诗歌)结构中所占的地位,尽管在亚里士多德身上有着明显的意愿,有意认同诗性虚构中流行的宗教预设,而不认同柏拉图所持的相

---

① 特别要参阅 *Rip*. 3.387d - 8b,10.603e,悲剧因其表露据说是高贵人物的种种苦恼而在此遭到谴责。有关这一问题的论述,参阅 Nussbaum, *Fragility*, pp.387 - 388。

关立场。① 然而,在悲剧情节结构的相关情况里,所遇到的问题并非是以附带方式将宗教观念包括其中,而是让宗教思想影响戏剧行动的根本含义。这是一种四处漫延的假设,假设融汇在希腊悲剧神话里的看法是:人类行动的诸动态,并非是自足性的,而是需要以模糊不清但强烈有效的神性影响力为背景。既然已知亚里士多德再三强调戏剧行动的明晰性和连贯性,那就难以想象他会保留一种对待悲剧宗教的积极态度,一种竟然不是从其理论中推导出来的积极态度。换言之,《诗学》这部论作对宗教的关注极少,从表面价值上看,可被视为实际摒弃的做法,摒弃的是宗教理解或解释模式在诗歌情节结构系统中的核心作用。

不过,假如宗教心态被排除在批评家对待悲剧神话的态度之外,那要用什么来取而代之呢?鉴于在其他方面的异常情况,传统直觉认为哈马提亚(hamartia)是构成亚里士多德悲剧观的关键,这显然包含着强大的合理性。哈马提亚及其同源词作为术语,委实具有广泛的适用性,既可适用于亚里士多德这位哲学家自己的著作,亦可适用于普遍的希腊词意用法。譬如,错误思想、错误做法、道德失足、过错、误判与易错性等等,都是该词在特殊语境中的可能用意。在《诗学》第13章里,令人惊讶的是这一事实:哈马提亚属于一种谨小慎微的并且大多负面的论证结果,其间,被排除的东西多于被正面认同的东西。与其说是迫切要求阅读具体性,也就是亚里士多德的言辞不会轻易产生的那种阅读具体性,还不如说是启发人们观察了解哈马提亚在此发挥的功能;作为一个术语,哈马提亚以不确定的方式表示一种起因,一种在排除了各种情节结构之可能性后依然作为悲剧的起因。

在范围更大的论证架构里,遭到排除的两大要点如下:其一,与戏剧因果关系的连贯范式不相兼容的"非理性"要素(包括神性影响力);其二,主要行动者所犯下的任何积极罪责,会消除产生怜悯与恐惧的条件。如果我们指望《诗学》第 14 章深入解释亚里士多德的理想,我们就会发现突出强调的是悲剧性的无知因素,这不仅与前一章里的论证线索相契合,而且与范围更大的复杂悲剧(承认与反转在此

---

① 亚里士多德心目中的大众宗教参见该书 25.1460b35 - la1,但此处表达的自由前提,作为一种为诗人辩护的手段,在他对待诗歌的基本态度中并未得以确立。针对《伊利亚特》(II. II)里所述的雅典干预行为,亚里士多德在《诗学》(Po. 15.1454b2)里表示异议,人们可引用他自己后来提出的"解决方式",以己之矛攻己之盾。

预设一种无知因素)理论相契合。倘若不把哈马提亚一词直接与无知等同视之,我们就会推断出亚里士多德的悲剧理想,就会要求以因果方式,让行动者参与到相关事件之中。这些事件导致了各自幸运际遇的变化,却没有造成任何重大的道德过失或罪责。

于是,哈马提亚一词,认定道德意向(以及人物性格)与行动结果之间存在差异;但是,该词也同样预设一种戏剧性平衡要素,该要素介于行动者在悲剧事件中产生的可能影响与其最终同悲剧事件达成的清白无辜关系之间。在技巧意义上,顺应这一理想的情节结构将是"复杂的",涉及某种形式的主动性无知;这种无知在认识或发现的关键时刻暴露无遗。不过,倘若难以超越这一本质上服务于哈马提亚学说的消极情境,也就无法得到积极洞见,无法洞察悲剧行动范式的潜在寓意。复杂悲剧的样式,委实可以作为感知性陈述,用以表达某些最佳悲剧神话的某些形式特征;这些特征的效果用此特有方式,构建在发现和悖论转换的节点契机周围。但是,理论与实践之间的形式关联,无法掩盖对于下列关系的疑虑:这种关系介于亚里士多德理想样式中哈马提亚的关键作用与希腊悲剧典型素材中的根本性宗教意义之间。

哈马提亚的不确定性存在于这一实情之中,即:在极力阻止个人罪责作为悲剧事件原因的同时,利用人类易错性的观念来取代罪责,致使这种易错性的根由未能得到具体说明。如果《俄狄浦斯王》(Oedipus Tyrannus)被认为是亚里士多德悲剧理想样式的明确示例,那么,阅读这部剧作所涉及的观点与所探查的范围,就无法超过俄狄浦斯的无知与最终采取哄骗行动的单纯事实,同时也无法超过该剧的戏剧性序列所包含的那种肤浅的"可然性"。这里仅举一个批评事例予以说明。当信使代表俄狄浦斯时运反转的际遇从柯林斯来到此地时,(俄狄浦斯的生母)伊俄卡斯忒(Jocasta)此前曾祈祷太阳神阿波罗来解决国王遇到的麻烦,我们可否承认存在于人类动因的直接领域之外的动机力量呢?这确会造成天壤之别。在此遭遇的生死存亡关头,将会一再出现在解释(希腊诗歌体式里的)悲剧行动的任何企图之中,而这种悲剧行动仅仅处在人类看似合理的层面上。哈马提亚将悲剧的起因完全置于人类责任的关系之中,在此象征着诸如此类的企图。

这一论点可借助《诗学》第 14 章得以强化,而此章得到的关注程度远远小于第 13 章。在第 14 章里,亚里士多德的关注焦点是情节结构里的两个因素：一是主要人物之间的关系，他以理想方式将其视为一种亲属关系或某种同样亲密的关系；二是"苦难"(pathos)所占的地位，他早先将其界定为涉及痛苦或毁灭的行动((11.1452b11-12)。在引起破坏人物生活结构的方面，苦难将重大的关注焦点引向悲剧的转换过程；在亚里士多德的学说里，苦难合理地反映出英雄诗传统对死亡与极端困苦现象的思虑。同样，对于表现亲属关系与其他亲密关系的悲剧而言，生命攸关的重要性可轻而易举地凭借现在幸存的剧作予以证明。在这里，亚里士多德基本上汇编出这些剧作家的最佳关切。不过，在《诗学》第 14 章里依然出彩之处，就是最终推荐了一种剧作，其间，苦难既密切触及又设法逃避：在此前提下，完美的悲剧有赖于悲剧性苦难即将发生的前景，而不是有赖于其已经发生的现实。

《诗学》第 14 章时常会困扰这部论作的读者，一方面是因为本章提供的是一份用于情节剧的秘诀，另一方面是因为本章与第 13 章提出的悲剧应以不幸结束的前提彼此矛盾。不过，这两种判断均需要某些资格论证。如果一部类似《伊菲格尼亚在陶里斯》的剧作，所遵循的是第 14 章里提出的规约，那就可以将其视为情节剧（这或许会引起争论），但不会因此认为亚里士多德的论点必然意指那个方向。核心的洞见——悲剧的本质并不要求痛苦或毁灭的终极行为——或许是以各种方式卓有成效地发展而成的洞见。① 在部分意义上，《诗学》第 14 章形成的这一结论，与《诗学》第 13 章里得出的结论并非是截然矛盾的：其实，将这两章的思路分割开来的东西，正是介于可能发生的苦难与已经发生的苦难之间的那种差异；然而，潜在的行动形态，在上述两种情况里却是连贯一致的。

正由于这一原因，通过细查可以觉察到第 14 章强加给悲剧的限定，此限定旨在复制已经在第 13 章里予以识别的那种理性化冲动。在第 14 章所论的理想情节结构中，居于核心的无知因素，在此情况下（一般说来虽非必然如此）势必与哈马提亚等量齐观，由此证实这两章包含的共同内容，只是在人类易错性的层面上解释悲剧的因果关系。第 13 章最后偏重于《俄狄浦斯王》，而第 14 章却偏重于《伊菲格尼亚在陶里斯》，这显然表明亚里士多德相信，这两种剧作顺应了他自己设

---

① 即使苦难经历是悲剧神话的组成部分，亚里士多德也并不认为这些经历发生在剧作之内具有重要意义(Cf. *Nicomachean Ethics*, 1.11.1101a31-33)。

立的"复杂"样式的首要诉求;我们同样有资格在这两个样例中提出如下疑问:为了解释这两部作品包含的所有悲剧意义,亚里士多德为此提出的批判性前提条件是否充足呢?

亚里士多德的思想是基于哲学土壤,在没有放弃哲学土壤的情况下,他试图勉强接受悲剧诗。这一兴许不可避免的结果,在思想和信念的至深层面上,无意识地掩盖了诗歌与理论之间存在的分歧。其最后的评估,引领我们返回到柏拉图对悲剧的反感情绪。这种反感情绪之所以如此固执,恰恰是因为柏拉图意识到他自己的理论形而上学,与悲剧视野之间存在着不可逾越的鸿沟。这一悲剧视野涉及甚多,其中就包括那些无法解决的邪恶与苦难等问题。依照其范围更大的诗歌观,亚里士多德与悲剧达成和解(rapprochement)的可能性,在部分程度上是借助一种比较微弱的感觉,这种感觉关乎诗歌的肯定力量,有别于柏拉图的相关感觉。亚里士多德认为悲剧不会成为与哲学竞争的令人担忧的对手,但柏拉图的看法却与此相左。亚里士多德给予悲剧体式以力量,使其通过展示人类的易错性和不稳定性,来激发怜悯与恐惧这类深度情感。这一切都发生在具有伦理严肃性契机的行动情节背景之中。不过,如此一来,亚里士多德便剥夺了悲剧体式的机会,也就是进入理性理解领域边缘甚至外沿的机会,或者就是将事件予以戏剧化的机会。而这些事件的含义,无法用可然性或必然性的逻辑予以涵盖。

4. 亚里士多德论史诗

上述结论,连同早先提出的几个要点,需要持续推进,借此思索亚里士多德对史诗体式的处理方法。通常,亚里士多德将这种体式视为悲剧的原型。他从理论上将史诗归属于悲剧的初步陈述(5.1449b16-20),借助下列两点得以证实:一是借助所接收到的更为简略的分析等级,二是借助其显然依赖的那些已经阐明的悲剧原则。在技艺高超的荷马史诗形式里,史诗被视为促成(实际为取得)戏剧地位的东西。因此,史诗的主要因素类似于悲剧的主要因素,即情节结构与行动范式的整一化再现。史诗的诗性本性是开放的,均接受那种同样适用于悲剧的做法,也就是将"组成部分"分门别类的做法。史诗只是缺乏抒情诗与剧场戏景而已。这两者在任何情况下,都是悲剧的组成部分,却被亚里士多德评估为最次要的组成部分。另外,《伊利亚特》与《奥德赛》两部史诗,不仅在严肃的诗歌传统分支上归于悲剧,而且可置于特有的悲剧情节类型的体系之中(24.1459b7—15)。一旦我们容许调节格律形式与叙事用法(荷马极少运用),我们就会发现史诗的定义之所以未曾提供,是因为这类定义会轻而易举地从悲剧中推断出来。

将史诗同化为悲剧,要比批评经济学的手段意味着更多的东西。这首先表达的是亚里士多德提出的诗歌史的目的论概念。据此,史诗就被悲剧替代,而不只是被悲剧追随;在此过程中,新的诗歌体式,能够更好地实现较早时期表露出来的诗歌目的。亚里士多德着力打造的这一观点,有助于解释古代时期后起的批评传统为何从未吸收这一思想的原因,即便是后来兴起的新古典主义运动也未曾做到这一点:在这两个时期,正统观念将史诗置于诗歌层次的顶端,在本质意义上指涉的是风格学得以提升的修辞学准则,有时指涉的是伦理学得以提升的修辞学准则。

亚里士多德这位哲学家对于悲剧优于史诗的最终裁决,取决于两个主要信条:其一是悲剧要比史诗具有更大的整一性和聚集力;其二是悲剧更擅长取得适合严肃诗歌的特定快感(这种快感本身融汇了情感与认知体验)。兴许合理的看法是,第二点取决于第一点,因为正是诗歌等级及其整一性造成的问题,引导我们关注亚里士多德决意评判史诗的核心要素。这种评判是在同样用来评价悲剧的架构中做出的。这一议题已经讨论过两次,分别见于《诗学》第 24 与 26 章。在第一段论说里,史诗的长度以肯定(即便好奇)的方式被当作一种属性,一种源自诸多叙事可能性的属性。这便为宏大与变异开设了特殊范围。然而,当我们读到第 26 章时,即使荷马的诗作再次得到推崇,史诗的长度却被视为取得完全的诗歌整一性的障碍。

不过,亚里士多德对荷马的敬慕,不应用来遮蔽这一实情:因其具有非同寻常的等级,《伊利亚特》与《奥德赛》最终被视为不如最富有戏剧性的悲剧。至于篇幅较短的整套史诗,亚里士多德所言可能失之唐突:他在《诗学》里先后两次轻视次要作品,认为这类作品显然不能实现诗歌整一性的真本性,而这并不取决于焦点关注某位英雄或某一时期。的确,亚里士多德的精明观察,可发觉荷马选择的整一性行动的潜力,这些行动选自大量现存的神话素材。然而,正是荷马这两部史诗非同寻常的等级，引起有关史诗整一性的疑问。于是，亚里士多德以如此灵敏的形式，成就了自己的相关学说。

毋庸置疑，有些思考结果可以作为例证，用来解释和缓解亚里士多德对待实施等级的态度。这其中包括的简单因素是：《伊利亚特》与《奥德赛》完全超出单个表演的吟诵限度。但是，几乎看不出这会困扰一般希腊观众或读者，当然也不会完全阐明一位理论家的诸多信念。这位理论家正准备将戏剧作品分离出表演的要求。就其优点与缺点而言，亚里士多德的立场在本质上是他自己常对诗歌提出诸多预设的产物；这意味着史诗的长度，最终是凭借序列整一性的准则来评估的，而这种整一性是在分析悲剧的过程中建立起来的。在《诗学》第23与24章里，这些准则被巧妙地用来影响史诗；荷马通过片段或插曲，将整一化情节结构与目的性的变异手段结合起来，从而被看作一种技艺高超的成就，借此可将史诗体式的可能性发挥到极限。在《诗学》第26章里，唯有在史诗与悲剧之间的最终裁决结果中，更加简明扼要的悲剧范围才被视为技高一筹和事关凝练的问题；其必然结果是：《伊利亚特》与《奥德赛》里那些次要的和枝节性的片段或插曲，如今定会用来减损这些诗作的令人惊叹的结构独一性（singleness of structure）。

亚里士多德理论背后的规约性驱动力，在此促使他不仅做出引起争议的冗赘判断，即认为某一行动者优越于另一行动者的判断，而且促使他将批评视野置于狭隘的领域之中。即便在较早时期承认史诗等级的独特能力，《诗学》第26章依然将行动整一性概念推向缺乏想象与吝啬小气的极端，其所依据的假设就是：来自行动独一性的凝聚力，终究会凌驾于所有诗性力量之上。在此关键时刻，我们所面对的，也就是将要显现的，则是亚里士多德批评立场与敏感力内含的必要部分，这实际上就是迷恋于诗作中戏剧化行动的整合结构。有人会建议说，《诗学》第26章里所运用的诸原则，借助一部《伊利亚特》便可得到最佳满足。这部史诗将一次行动从特洛伊战争的冒险经历中完全独立出来。而荷马在此提供的行动，则被置于整个战争景观中尤为轻松的氛围里。

亚里士多德对形式和整一性的理解，是建立在关切可理解性的基础之上。这一关切也同样关联到或许主要属于质性的区别，也就是《诗学》在史诗与悲剧之间所做的那种区别。在第24章后面部分，其要旨是界定"奇妙事态"及其来源"非理性事态"在史诗中所占的地位。我们在第19章里看到,"奇妙事态"包括超越行动的直接因果逻辑所产生的心理和情感效应。在悲剧那里,这种效应与怜悯和恐惧密切结合,看起来会影响那些"意外发生但互为因果"的戏剧事件(9.1452a4);也就是影响行动范式,这些行动范式的潜在因果关系并非一目了然,只有首先对事件做出强烈反应后才会涌现出来。因此,源于这些情况中的惊奇感,并不排除理解行动整一性的可能,虽然这看起来会对此事提出挑战。故此,《诗学》第24章里所说的那种介于奇妙事态与非理性事态之间的联系,非理性事态与"可然性或必然性"的直接冲突,以及如此这般再现出来的行动等等,均无法同最终生成的情节结构的凝聚力相契合。但是,在奇妙事态的可接受与不可接受情况之间的分界,是模棱两可的。从此段论证中,可以看到亚里士多德含糊其词的说法:他先是建议说,史诗在处理非理性的东西方面(在好奇性实用和确无关联的基础上,我们看不到行动者),所提供的范围要大于悲剧,但他继而又审慎地表示:非理性的东西理应尽可能地排除在"情节结构之外"(1460a29)。

这种含糊其词的说法,提醒我们关注围绕《诗学》可然性准则的那种更深层的张力或紧张关系。在此书的一些段落里,亚里士多德看似允许诗人在选择和处理素材时享有慷慨大度的自由,诚如在情操方面,他认为"不可能发生但合乎情理的事件,应当优先于可能发生但并不合乎情理的事件(24.1460a26-7, cf. 25.1461bl 1-12)"。再者,可然性或合乎情理性的准则,有时似乎会涵盖"人们言说与思想"的范围宽度;即便在这里,上述准则也会与哲学家或其他人所持的真理观发生冲突;在《诗学》第25章里,亚里士多德特意使用流行宗教思想来说明这一点。[①] 然而,与此形成对照的则有两点:一是基本实情。在这里,传统宗教信念,也就是呈现在史诗与悲剧诗里的那种信念,其所设定的神性力量,以独特的运作方式并不顺从于诸多一致的期待。二是在《诗学》第15章中,亚里士多德明确认可这一实情:在此对人类行动进行神性干预,显然等同于"非理性事态"(1454a37-b8)。倘若可然

[①] 参阅25.1460b35-lal;借助"人们言说什么",甚至可为非理性言行辩护;参阅25.1461bl4。然而,亚里士多德最强烈的观点是:非理性的东西可以排除在情节之外;参阅15.1454b6-8,2f.1460a28-30。在关注大众宗教思想之处,难以看清亚里士多德的可然性用意能否与"人们言说和思索什么"完全契合。

性观念不可避免地涉及信仰的预设与标准,那么,亚里士多德对诗歌中可然性(或更为强势的必然性)提出的基本要求,就会引致这一疑问:谁的可然性意识,谁的可信性意识,能起作用呢?

在此语境中发现,《诗学》第24章里可觉察到的非确定性,遍及史诗中奇妙事态的范围,这一点可以得到更好的理解。亚里士多德显然意识到,史诗对素材的成功运用,无法与任何类似史诗自然主义实相观的东西达成和解。他已然准备赞美或推崇荷马所能采用的方式,而借此方式所表达的东西,在其他诗人看来简直是荒诞不经(1460a34-b2)。但实情依然是,《诗学》作为一个整体,却将整一性和可理解性的相关原则推向极致,从而使这些原则与充分想象的诗性自由发生抵触。此类自由至少因此使诗性意味的层次,超过理性可然性的范围,而亚里士多德本人倾向于接受这种可然性。在悲剧那里,相关理论的理性化要旨,与诗歌体式的神话素材所包含的宗教假设,发生了隐性冲突。鉴于这一要点同样适用于史诗,后者也向亚里士多德提出一个范围更广的难题,涉及被他视为"奇妙事态"的额外范围的东西;也是在这里,潜在的张力,可追溯到这位哲学家无意做出重大妥协的立场。他恪守自己的职责,力图说清诗歌戏剧性逻辑的明确性和可理解性。

史诗内含的较大扩散性及其采用的比较粗制的行动结构,引致亚里士多德在《诗学》第26章里得出如下结论:史诗给人的快感,不如悲剧给人的快感那么凝练和有效。在因循乃至推进柏拉图将荷马视为"第一悲剧诗人"这一观点的同时,亚里士多德将《伊利亚特》和《奥德赛》给人的心理体验,同悲剧给人的心理体验等量齐观。这两者的密切关系,特别经由史诗与悲剧情节类型的联结得以体现(24.1459b7-15)。这一段落回顾了早先所给予的特定情感力量,也就是给予复杂情节结构、反转与认识之关键性与气候性组成部分的那种情感力量(尤其是在6.1450a33-5处)。涉及诗性与戏剧性至高要义的同等关键时刻,肯定内在于荷马的诗作之中。故此,令人怀疑的是:置于其中的更大架构,是否可与更加浓缩的情节结构相比较呢?然而,一旦这一差异得到承认,那对亚里士多德的这一判断——更为凝练的诗歌形式提供更大或更纯的快感——而言,似乎就没有令人信赖的基础了。这一判断假定(恰如《诗学》里对诗歌体式所做的全部说明),史诗有效地渴求悲剧的条件,不考虑诸多特殊力量,而这些力量与荷马诗作的高超构造不可分割。但是,提出这一否定性要点,就在于提醒人们注意：亚里士多德的目的，委实不是为了综合处理荷马的史诗。他自行界定的任务，就是从理论上将此体式置于严肃诗歌的目的论视野之中，而这种严肃诗歌的核心焦点就是阿提卡悲剧。

5. 亚里士多德论喜剧

在本文最后转向亚里士多德的喜剧观时，我们面对的巨大障碍，就是《诗学》第二卷的佚失。但是，我们可以颇有信心地假定，喜剧诗体式在很大程度上涉及的那些基本诗歌原则，都是在讨论悲剧的过程中与《诗学》开篇章节中建立起来的。这一相似性，连同残页中关于喜剧的少许论点，能让我们至少窥知亚里士多德所持的喜剧概念的少许特征。有些人会争论说，这些蛛丝马迹般的示意，可从喜剧理论的概论那里得到补充。此概论见于拜占庭时期的相关文献，也就是现在人们所知的《喜剧论纲》(*Tractatus Coislinianus*)。我们将很快返回到这一说法。从这部现存著作中零落稀少的证据来看，可以建议两个研究方向，虽然两者均无法在坚实的基础上深入展开：其一是严肃诗歌与喜剧之间的两极性，前者关注的对象是"比我们好"的人物，而后者处理的对象则是卑鄙或劣等的人物及其行动。其二是同样显著的差别，这种差别是亚里士多德在"抑扬格"幽默（针对个体）与真正的戏剧性之间划定的，依此来采用具有普遍化或普遍性意义的素材。

在《诗学》里，喜剧的行动者不止一次被刻画为"卑鄙"或"比我们差"的人物，这与史诗及悲剧里的人物形成鲜明对照。至少在悲剧那里，亚里士多德在宽泛的程式与欲求之间举棋不定，程式是为了提升喜剧诗体式的人物性格，而欲求则如《诗学》第 13 章所示，是为了把行动者的伦理属性与其别的外在属性分离开来。某些类似的资质，会在喜剧理论中发挥作用吗？在《诗学》第 5 章开篇，喜剧人物性格的劣等本性遭到限定，为的是排除"完全邪恶"的领域；喜剧面具的变形，是用来象征丑恶或无耻（希腊语词 *aischron* 意指两者）的实例；而丑恶与无耻，造就了恰当的喜剧性"过失"(*hamartemata*)。这一段落的语言确保这一推断：亚里士多德心目中有一宏阔领域，包括诸多喜剧可能性，其中涵盖肉体性的、社会性的、物质性的，特别是伦理性的"过失"，唯一需要规避的是（属于悲剧领域的）"痛苦与毁灭"。如此一来，亚里士多德会抑制那些来自喜剧的恶行与过错,因为这些恶行与过错的严重性与笑料并不兼容。举凡超出笑料的东西,无论是在这里还是其他地方,都不许密切触及;故此,喜剧需要认真区分两类过失,一类是所犯者需要担负道德责任的过失,另一类则是所犯者无须担负道德责任的过失。

由于缺少像亚里士多德意指的那种喜剧情节结构的范型,我们最终无法确定上述这一论点;但是,亚里士多德看来至少有意限定独特的喜剧情调或精神特性——基本上对应于严肃诗歌关注非凡或高尚人物的取向。在喜剧的行动里,这种精神特性表现在着意描述过失(hamartemata)的特定作用方面。《诗学》第5章将喜剧精神与基础性的希腊羞愧概念联系起来,由此围绕公众或社会的反对态度进行论说。羞愧因素兴许有助于解释亚里士多德的喜剧型"过失"范畴,为何超出严格意义上的伦理领域。即便像丑陋这一非伦理特征,一旦纳入公共语境,尤其将其与(譬如说)自我无知整合后,就会成为合理的喜剧因素。当然,这会误导人们做出如下假设:亚里士多德接受了喜剧笑料的自由使用执照,用其来编排或整治所有的人类缺陷。我们很快会看到某些证据,借此表明亚里士多德喜剧观的伦理向度。然而,不合情理的是,《诗学》第5章所论的过失范畴,是用来缩小喜剧体式范围的。

由于《诗学》残卷在论及喜剧时,大多旨在表明诗歌传统内含的宏大二分法。故此,将喜剧人物性格视为"下作"的笼统说法,也就不足为奇了。不过,在《诗学》第4、5章里概述喜剧发展时,亚里士多德引入了另一种区别,也就是抑扬格诗律与滑稽可笑(geloiori)之间的区别。据第4章所言,抑扬格诗律模式代表最早期的诗歌模仿的尝试,用此来处理人类生活与行为的缺陷性相。诸如此类的尝试,自然会紧盯特殊个体,诚如严肃诗歌庆颂著名英雄与诸神的功绩一样。在亚里士多德的这一体系里,有一借助外推法的先验因素。在部分意义上,该因素一方面源自早期的抑扬格诗(诸如阿尔齐洛科斯的诗作),另一方面源自一种与阴茎仪式相关的个人讽刺诗,亚里士多德假定(参阅《诗学》第4章 1449al 1-13)这些仪式保留了原始风俗的内容。

在其继而设立的范式基础及其成长路径里,以及在喜剧史中所发现的那种范式里,其中存在的问题已然引起人们关注。这种范式的指导原则,并非是文献性的,而是目的论的:从隐含在有关诗人、体式与习俗变化的多种多样的资料里,亚里士多德发现了这样一种动态,即:个人所重视的早期讽刺诗或谩骂诗(这在后期诗歌中依然保留了某些遗迹),转向了普遍化的和更为精致的喜剧风格。由此呈现给我们的,就是那些能够引发笑料的人类过失与缺陷的普遍体现方式。从其伦理学著作中显然可见,亚里士多德与柏拉图等人,都对笑料与滑稽的力量表示某种疑虑,都觉得这种力量会被滥用,即:抑或用来抨击那些无须费神的目标,抑或过度沉迷于插科打诨。[1] 因此,公认的喜剧演化,涉及幽默伦理学及其感受力的文明化过程。亚里士多德的诗歌史,创设出一种值得关注的对称关系,其做法就是在此过程中赋予荷马一种关键作用,这与亚里士多德在严肃诗歌中发现的悲剧的真正本性相匹配。

亚里士多德赋予喜剧史诗《马耳吉忒斯》(*Margites*)如此重要的意义。此作或许并非荷马的真作。我们在阐释亚里士多德这位哲学家的相关观点时,因为相关残存片段极少而使其变得更加隐晦模糊。但是,关于这部诗作的三个要点,对亚里士多德而言似乎一直至为重要:其一是此事实——该诗的核心人物在很大程度上是虚构的,是一种夸张性的"反英雄"人物;其二是此相似性——该诗具有一种随之而来的情节结构(虽然我们无法对其进行重构);其三是马耳吉忒斯本人的愚蠢性和自我无知性。柏拉图曾将自我无知性挑选出来,作为喜剧取笑逗乐的恰当目标。而马耳吉忒斯所遭受的境遇,显然到了失当而荒诞的程度。在《马耳吉忒斯》一诗所表达的幽默中,某些温和的伦理内涵熠熠发光,或许一眼就能发觉。不过,这里会有同样理由,从中推断出亚里士多德对喜剧精神特性的喜好。这种精神特性脱离了所有在潜在意义上令人不安的东西——用《诗学》第 5 章的话说,远远脱离了"痛苦与毁灭"。与此一致的是《诗学》第 13 章末尾对喜剧的指涉。在这里,甚至连势不两立的仇敌,譬如奥瑞斯忒斯(Orestes)埃吉索斯(Aegisthus),最终竟然达成和解,以此彰显恰当的喜剧结局("没有人被任何人杀死",1453a38 – 9)。然而,描述埃吉索斯与奥瑞斯忒斯之间敌意的滑稽剧,倘若就是亚里士多德心中所想的话,那至少可以期待借此绕开近旁那些可能严肃的事态;当然,有人会贸然假设,亚里士多德这位哲学家,会宣扬一种愚蠢可笑或天真可笑的喜剧理论。

---

[1] *Nicomachean Ethics* 2.7.11 – 13, 4.8; *Eudemian Ethics* 3.7.7 – 9; *Politics* 7.15.

喜剧的微末性会与下列一点发生冲突。《诗学》第 9 章明确指出，代表性喜剧遵从顺应的标准，恰恰就是那些具有普遍性和整一性的相同标准，也就是亚里士多德期待严肃诗歌的情节结构所拥有的那些标准。这一段落令人不会怀疑情节结构被视为喜剧的"灵魂"，而这种情节结构在同等意义上也是悲剧的灵魂。不过，正是在这里，我们因缺乏证据而停滞不前，因为我们无法将诸如此类的假设性原则，转变成关于特种希腊喜剧的具体见解；无论怎么说，唯一能做的就是承认这一点：亚里士多德的理想喜剧，与其说是接近于阿里斯托芬那个时代粗俗下流的讽刺怪诞喜剧，还不如说是更接近于公元前 4 世纪趋向喜剧作家米南德（Menander）的诗歌体式发展。我们也无法借助喜剧的情感性和心理学性相取得真正的进步，因为喜剧的净化作用（comic katharsis）如今在至为紧要的关头是一问题，亚里士多德可能最初在阐述悲剧的净化作用时，也阐述过喜剧的净化作用。

倘若接受《喜剧论纲》保留了《诗学》佚卷之残余部分的说法，①上述那些消极评述就会要求取得某种资格或限定条件。然而，没有把握的是，这部令人好奇的文献，所提出的那些需要解释的问题，多于自身所能解决的问题。关于其资历证书的传统学术怀疑论，依然合理地存在着。《喜剧论纲》提供了两套主要的思想或建议：其一包括对喜剧的定义以及对喜剧"组成部分"的说明，这两者都密切模拟了《诗学》的悲剧分析；其二包括类型范畴与"幽默"之源，这两者冠以"语言"与"事情"这类宽泛的名称。喜剧的定义与相关分析，强调的是喜剧的戏剧性结构，这种结构以某种方式，使其成为亚里士多德悲剧理论的对应物；而喜剧来源系统则专注于那些引发笑料的彼此脱节的手段，这里采用的是语言和实用技巧，其中包括间断性的形式、反常现象与非相关性。《喜剧论纲》丝毫不能解释诸如此类的喜剧手段，是如何整合到情节结构之中的。在这一关注点上引起的怀疑，之所以有增无减，是因为如下实情：正是在与情节结构的关键思想发生关联的地方，这部著作如此明显地缺乏实质性内容，除了接近复制阿里斯托芬的喜剧定义之外，我们所得到的东西不外乎就是喜剧情节围绕"可笑行动"得以建立之类的说法而已。《喜剧论纲》看似代表某人的心态，此人知道如

---

① For text and tr. of the *Tractatus*, see Janko, *Comedy*, pp. 22 – 41; another version in Russell, *Criticism*, pp. 204 – 206.

何在技巧上模仿亚里士多德,也就是如何在构建喜剧理论的最为直白的架构方面模仿亚里士多德。然而,此人缺乏一个可置于这种架构核心的建设性喜剧体式的概念。

用于喜剧净化作用("虽然快感与笑料成就了此类情感的净化作用")的虚弱无力的程式,不会唤起人们对亚里士多德这一资源的信心。令人惊叹的是,亚里士多德会将快感与笑料称为"情感";无独有偶,一位相关的理论家,将诸多恰当的快感给予独特体式,由此满足那种一直仅把快感给予喜剧的做法。柏拉图指责喜剧在心理上有危害作用,亚里士多德对此的回应涉及一种伦理因素,他在此或许依据的是有益的情感训练或克制活动,这其中就包括怀有恶意的感受($phthonos$)。柏拉图(《斐莱布篇》49b-e)将这种感受视为我们回应喜剧的核心感受。不过,这是黑暗中的玄想。我们如若再次浏览一下《诗学》第13章的结尾部分,就会发现对于喜剧引发的适当快感的相关指涉,似乎与道德决心或均衡的最终感觉相关:凭借平等对待的估计,还是通过善意缓解潜在的严肃性,亚里士多德所暗指的那种游戏,似乎以易于满足此类问题(敌对与邪恶)的解决为结果。喜剧至少暗示这一点。没有影响深远的解释可建立在随心所欲的言论之上。但至少值得一提的是,亚里士多德在此想到的是克制笑料的力量,是将其限定在人类过失适度观的范围之内。不管怎样,我们可以通过提醒自己得出这一结论:为了找到喜剧在《诗学》提供的诗歌理论及其论说中的地位,就必须依据亚里士多德的立场,将喜剧视为一种模仿形式,借此能够提供认知和情感体验,从而让喜剧观众与读者更能通过想象来理解普遍的人类现实。

【本文为国家社科基金重点项目"《剑桥文学批评史》(九卷本)翻译与研究"(15ZDB091)的阶段性成果】

(作者单位:英国圣安德鲁斯大学古典学院)
(译者单位:中国社会科学院哲学研究所)
学术编辑:赵彦芳

亚里士多德《诗学》中的"诗"与"史"之争

崔 嵬

内容提要 亚里士多德在《诗学》中称"诗"比"史"更高尚、更哲学;亚里士多德以阿尔喀比亚德为例,论述"诗"在"普遍性"与"个别性"之间的含义,证实"诗"相较于"史"所具有的普遍意义及哲学价值;同时,再借助《赫拉克勒斯纪》《忒修斯纪》与荷马诗作的差异,论述"诗"的"虚构"之中融合的"看似如此"与"必然如此"的关系,最终在荷马与修革底德作品的对比之中发现,"诗"与"史"的差异隐含着哲人与普通人生活方式的差异。

关键词 亚里士多德 《诗学》 "诗"与"史"之争 哲学

亚里士多德在《诗学》第 9 章有一个知名的论述,即"诗"比"史"更高尚、更哲学(διὸ καὶ φιλοσοφώτερον καὶ σπουδαιότερον ποίησις ἱστορίας ἐστίν);① 这一表述让我们意识到汉语对古希腊文学经典——即"荷马史诗"的翻译存在问题:"史诗"让汉语读者忽略了"史"与"诗"之间的差异;"史"重事实性真实,而"诗"却多为虚构。

亚里士多德《诗学》的标题英语作 poetics,该词出自古希腊语 ποιητικός,意即"属于诗的",来自古希腊语词 ποιητός(意为"制作、创造及生产")。《诗学》主旨论及古希腊叙事诗及肃剧(古希腊神话)的制作,显得仅是对旧章古法的综述,② 似与印象中之"诗"不同,也不同于"记事"之"史"。

第 9 章的这个论断包含着"诗""史""哲学"及"严肃"四个词语,"史"古希腊语作 ἱστορίας,原型为 ἱστορία,本意指"探究、调查";古希腊

---

① 陈明珠:《〈诗术〉译笺与通绎》,华夏出版社 2020 年版,第 258 页;戴维斯:《哲学之诗——亚里士多德〈诗学〉解诂》,陈明珠译,华夏出版社 2012 年版,第 69 页。

② Gregory Nagy, *Greek Mythology and Poetics*, New York: Cornell University Press, 1990.

语σπουδαιότερον[更严肃]是σπουδαῖος一词的比较级,意指"更严肃、更高尚";最后一个词φιλοσοφώτερον是φιλόσοφος[哲学]一词的比较级,最初的意思指"热爱智慧"。综合起来的意思即是,亚里士多德认为,虚构的"诗"比记事之"史"更具有"热爱智慧"且"严肃、高尚"的品质。

按通常的理解,记事之"史"更真实,当比"诗"更严肃;"史"重"探究",当然更具有"热爱智慧"的哲学品质。亚里士多德的文字显得故意正话反说,让人不解。理解这个命题,需要把亚里士多德的论述与他在行文之中的其他论述与例证相结合,才可能接近亚里士多德的本意。

一、"诗"中的"个别"与"普遍"

在行文之中,亚里士多德论述了"史"与"诗"之后,又用了两个概念来解释这一判断,即"诗"叙述"普遍(καθόλου)",而"史"则指称"个别(ἕκαστος)"。亚里士多德为了把这个问题解释清楚,以鼎鼎大名的历史人物阿尔喀比亚德(Alcibiades,前450—前404)为例。

这位雅典的风云人物、政治领袖,曾出现在多位文人笔下,包括:演说家安多西德斯(Andocides,约前440—前390)、德摩斯梯尼(Demosthenes,前384—前322)及伊索克拉底(Isocrates,前436—前338),撰史者修昔底德(约前460—前396)、色诺芬(约前440—前355)、西库路斯(Diodorus Siculus,前1世纪)及普鲁塔克(公元46—120);哲学家柏拉图(前427—前347)及剧作家阿里斯托芬(前446—前385)等。若细察这些文人,不难觉察,他们或为史撰者,或为诗人,或为哲人,或与阿尔喀比亚德同时代,有亲见其本人的机会,或时间相去甚远,唯凭靠文献与传说获知其事。后世读者,何以知晓哪类文字为真,又凭靠哪类文字知晓阿尔喀比亚德的"个别"与"普遍"呢?

阿尔喀比亚德大约生活于公元前451至前403年,他是雅典的将军与治邦者,父亲早年阵亡,后由伯里克勒斯(Pericles)抚养长大,青年时期与苏格拉底相识,成年后卷入政治风波,这竟成苏格拉底败坏青年的罪证之一。阿里斯托芬曾在《蛙》中借埃斯库罗斯(前525—前456)之口称阿尔喀比亚德为"邦中雄狮"。① 阿尔喀比亚德出生之时,埃斯库罗斯早已离世,二人绝不可能见面;阿里斯托芬显然在"虚构"埃斯库罗斯的评述,即为"作诗",而非写"史"。阿里斯托芬之诗,绝非毫无根据,因为埃斯库罗斯曾在《阿伽门农》之中把帕里斯(Paris)称作"雄狮"。② 或许正基于此,阿里斯托芬把阿尔喀比亚德与雄狮的关系安排到了埃斯库罗斯的口中。

阿里斯托芬挪动"雄狮"的形象,安置于不同的历史人物之上,显然"雄狮"的文学形象虽为虚构,却具有了某种"普遍性"。阿尔喀比亚德的"个人"经历与"雄狮"的普遍性文学形象,借助诗人的笔法巧妙地结合了起来。从阿尔喀比亚特的个人经历来讲,他出身贵族,结交名门,且面容俊美,总是散发着迷人的魅力,在任何时候都是全场关注的中心。当然,这种气质容易引来少数人士的嫉恨。阿尔喀比亚德精力充沛,激情四射,但同时又野心勃勃,傲气自负,并一直致力于雅典人与阿尔戈斯人(Argos)、斯巴达人的结盟。阿尔喀比亚德的这些非凡魅力是他个人的历史事实,而这些史实被"雄狮"的这个形象加以"普遍化"。

不过,阿尔喀比亚德"雄狮"的普遍形象未必与他的全部史实相吻合。虽则他魅力非凡,但仍仅赢得部分雅典人的支持,即便与尼西亚斯(Nicias)短暂结盟,仍难免实质上与其形成对峙,功业难成。当阿尔喀比亚德积极推进西西里远征之时,尼西亚斯强烈反对。后城中神像被毁,众人怀疑阿尔喀比亚德为幕后主使。阿尔喀比亚德因此卷入宗教丑闻,被雅典人召回受审。与苏格拉底严守雅典法律不同,阿尔喀比亚德逃往敌国斯巴达,后又失去斯巴达人信任,再逃往波斯。后又再回雅典,取得舰队将军一职,控制达达尼尔海峡,并在基济科斯(Cyzicus)取得胜利,在公元前 407 年洗去宗教罪名,重返雅典。后来,他所率军队被斯巴达将军打败,唯有再逃往波斯;之后,命丧于此。③

---

① 在《蛙》中,众人在议论如何看待阿尔喀比亚德时,埃斯库罗斯说,"不可把狮崽子养在城里,既然养了一头,就得迁就它的脾气",参阿里斯托芬,《蛙》(行 1432 至 1433),《地母节妇女蛙》,罗念生译,上海人民出版社 2006 年版,第 225 页。
② 埃斯库罗斯:《阿伽门农》(行 717 至 736),罗念生译,《罗念生全集》卷二,上海人民出版社 2004 年版,第 225 页。
③ 记述阿尔喀比亚德的作家较多,包括修昔底德《伯罗奔半岛战争史》(第 5—8 卷),色诺芬《希腊史》(第 1 卷),柏拉图《阿尔喀比亚德》与《会饮》,普鲁塔克《阿尔喀比亚德》;相关外文研究,可参 J. Hatzfeld, *Alcibiade: Étude sur l'histoire d'Athènes à la fin du Ve siècle*, Paris: Presses Universitaires De France, 1951; W. M. Ellis, *Alcibiades*, Abingdon-on-Thames: Routledge, 1989。

这位不断败北,在敌友之间翻云覆雨的将领,显然经历了太多与"雄狮"形象不相符合的事情。综合言之,阿尔喀比亚德身上发生的"个别"历史事件未必全与他的"普遍"雄狮形象相符。

那么,阿尔喀比亚德身上的"个别事件"与"普遍形象"究竟哪一个更真实?普鲁塔克记录了阿尔喀比亚德的一生,①但这样的记录也并不完整;柏拉图撰写了阿尔喀比亚德,但主要选取了他与苏格拉底的交往这一事件,而非阿尔喀比亚德的一生。相较于普鲁塔克,柏拉图的笔法虽记述了一件"个别事件",却更好地呈现了阿尔喀比亚德的"普遍形象"。

为了理解这个问题,亚里士多德在《诗术》第七章中写道:

> [1450b23]我们已经提出过,肃剧是对一个完整且整全的行为的模仿,它具有某种分量,因为,也有并不具有分量的整全。整全指有起头,有中间,有结尾。所谓起头指本身并不必然上承它事,而是上承那个自然生发或生成的东西。结尾则刚好相反,指本身承接自然生发的东西——无论这东西是出自必然,还是由于极多的原因,总之,随后什么也没有了。中段指本身既上承某种东西随后又有东西。故事要编织得不错,不应该随便起头和煞尾,而是用刚才所说的那些样式。②

在这一段叙述之中,亚里士多德反复论述了一个概念,即"整全"(ὅλος),玛高琉斯英译作 the whole,而在第一行之中,他还提到了一个概念,即"完整"(τέλειος),玛高琉斯英文译作 the complete。③"完整"即指一个行动的完成性,而"整全"的意思显然就不同了。

在《物理学》(207a13)中,亚里士多德指明"无限"与"整全"相同,指在它之外全无任何东西,若它还缺少什么或在它之外还有什么,就不是"整全"。④ 似乎"整全"的意思就是"全部";在《形而上学》

---

① 普鲁塔克:《普鲁塔克全集》卷一,席代岳译,吉林出版集团股份有限公司 2017 年版,第 357—399 页。
② 本段译文为刘小枫在中山大学《诗学》讲稿翻译文字,未刊稿。
③ 陈明珠:《〈诗术〉译笺与通绎》,第 240 页。
④ 亚里士多德:《物理学》,徐开来译,《亚里士多德全集》第二卷,中国人民大学出版社 1991 年版,第 78 页。

(1024A1)中谈到,"整全"相对于"全部"而言,"全部"指所有事物合在一起,不必有前后相继的顺序关系,而"整全"则与"起头、中间和结尾"紧密相关。所以,"整全"是对"全部"事物安排某种"起头、中间与结尾"。①

"诗"模仿的是"整全",而不是"全部",唯有这样的"整全"才具有"普遍性",而"史"要记述的则是"全部"的"个别事物",反而散乱无章,不具有"普遍性"了;以阿尔喀比亚德来说,雄狮的形象与个性还可以再现在任一历史时期,但阿尔喀比亚德自己的个人经历则不会二次重现。即便是所谓带有"史实"色彩的普鲁塔克的记述,显然也对阿尔喀比亚德一生之中的事件进行了选择,而非照史实录;或者说,绝对的照史实录无法存在;无论是否亲见阿尔喀比亚德本人,他们对阿尔喀比亚德的记述均带有某种"诗术"笔法,即从"全部"的"史实"之中构筑出某种"普遍的""整全"。②

为了让读者理解何为"整全",亚里士多德又提及了另外一个词即"分量"(μέγεθος)。他说有的"整全"没有"分量"。"分量"一词除指"体积、分量、体量上的大"以外,还具有"风格崇高、心灵高尚"之意。按此意思,诗术应该把"全部"的杂物按一定的次序整理成"整全",并且这个次序的整理标准需要"有分量"或"高尚"。换而言之,诗术要把阿尔喀比亚德一生中"有分量"的事件整理成某种可在舞台上呈现的"整全"。所谓"有分量"当然指"高尚且有重大影响的"事件。诗术所处理的事件便与重大伦理与政治问题相关,显然比"史"所处理的散碎事件更高尚。③

接下来,似乎亚里士多德没有再处理"分量"的问题,毕竟这个问题在第五章论述肃剧的定义之时,已有论述。他接着论述"整全"的三个组成部分,即"起头、中间和结尾"。从字面上看,这里的论述与"分量"毫无关系,但据玛高琉斯所述,"分量"就是指有"起头、中间和结尾"的"整体",若我们综合一下,那么,诗术所处理的整体显然与有"起

---

① 亚里士多德:《形而上学》,苗力田译,《亚里士多德全集》第七卷,中国人民大学出版社 1991 年版,第 139—140 页。
② 若我们意识到《诗术》一书本身的混乱与"全部""史实"的混乱之间存在着某种相似性,显然我们应该带着"诗术"来阅读这本大作,以求理解其中的"整全"。
③ 刘小枫:《何谓有分量的人生》,《巫阳招魂:亚里士多德〈诗术〉绎读》,三联书店 2019 年版,第 418—419 页。

头、中间和结尾"的"高尚"行动有关。

在《物理学》(267b18—25)中，亚里士多德论述整全的性质，称无限或整全是最初的运动者，不能被运动、有限的东西才有大小之分。① 这段论述与上文"分量"的说法似乎有矛盾，毕竟"整全"在上一段中是指有"起头、中间和结尾"的"高尚"行动，而这一段"整全"指代"无限"，显然"无限"不会有"起头、中间和结尾"。在《形而上学》(1073a1-10)中也可以看到相同的说法：整全或无限都是永恒的、不变动的独立本体，在可感觉的事物之外，没有任何度量，也没有部分之分，因为它不可分；具有无限能力者，就不会是有限的可度量者。②

人无法见识"浑然自在"的"整全"，毕竟人受自身感官识见能力的限制，唯有借助自身脚的长度来丈量太阳。③"起点、中间和结尾"框定的不是"整全"，而是框定了"整全"的影子，以便人们能够在有限的时空之中识见与思索整全；亚里士多德称这种"框定"为"模仿"。

模仿要从"起头"的部分开始。亚里士多德称所谓"起头"指"本身并不必然上承它事"，而是上承那个"自然生发或生成"的东西。亚里士多德显然在用"起头"这个词指称某种"本原"或"第一要义"。④"起头"或称"本原"并非"整全"的必然属性，毕竟"整全"理应"无限"，唯有人需要找到"整全"的"本原"，以方便人们认知"整全"。于是，那个"自然生发或生成"的东西是"诗术"模仿的第一要求，以便使模仿者认清"整全"。"诗术"的模仿过程竟然与哲人认知事物的过程一致。举例而言，若要从普遍的意义上理解阿尔喀比亚德的"雄狮"形象，我们在讲述其故事之时，自然必须找到"雄狮"形象的起点。

接着，亚里士多德论述"结尾"，它指本身承接"自然生发的东西"，或"出自必然"，或由于"极多的原因"，总之，随后再也没有任何什么了。若我们注意到"结尾"与"极端"的关系则能明白，"整全"的"结尾"恰是"整全"的"极端"。"中段"则是一种生成的过程。在《论生成和消

---

① 亚里士多德：《物理学》，徐开来译，《亚里士多德全集》第二卷，第 262 页。
② 亚里士多德：《形而上学》，苗力田译，《亚里士多德全集》第七卷，第 279 页。
③ 赫拉克利特：《赫拉克利特残篇》，罗宾森英译/译注，楚荷中译，广西师范大学出版社 2007 年版，第 13 页。另参见刘小枫：《浑在自然之神——读〈赫拉克利特残篇札记〉》，《西学断章》，华东师范大学出版社 2016 年版，第 1—25 页。
④ 戴维斯：《哲学之诗——亚里士多德〈诗学〉解诂》，陈明珠译，华夏出版社 2012 年版，第 70 页注 1。

灭》(337b1 - 14)中,亚里士多德指出"生成"过程之中,"将在"与"估计会在"并不相同。①

于是,诗中的"整全"就由"本原、生成与极端"构成;在《形而上学》(1023b27 - 1024a4)中,亚里士多德声称,"整全"所包含的东西需具有"整一性",要么本来个别都是一,要么本来个别并非是一,但合成后为整一,因此,个别的东西有自然而生和凭技艺而生之分。② 所以,诗术的"整全"凭靠技艺而生,毕竟真正的"整全"不具有"分量",是人的智识所无法掌控的。诗术在某种意义上让哲学认知事物得以可能,于是"诗"比"史"更具有"热爱智慧"的品质。

二、"诗"中的史实与创作

在现代社会,历史的重要意义远大于"诗",这是由于现在人们"理智地"以为所有人均享有理智的能力,能够识别理论知性范畴背后的评价原则;唯一阻碍人类共知共识的时空法则是历史,毕竟评价原则会随历史的变迁而改变。唯有尽可能地收罗历史史实,理智地分析"全部史实",才能最完整地靠近"整全"。在此前提下,我们才能拥有对现实问题的判断。这种判断将超过传统的政治哲学关于对错问题的判断。③

古典思想家均不认为历史史实最为紧要,即便在他们的作品中构筑的最佳政治形式从未在历史上的任何时空中成为现实,但仍然无法磨灭他们关于政治制度的论断是人类最高思想的结晶。现实中的城邦如同史实,与理想中的最佳城邦形成了张力。④ 据此而言,"诗"与"史"的差异,核心正在于对"整全"的理解不同。

在《诗学》中,亚里士多德同样认为"全部的史实"未必就能接近"整全"。在第八章,亚里士多德以《赫拉克勒斯纪》(*Heracleid*)、《忒修斯纪》(*Theseid*)两部作品与荷马作品的对比来完成这段论述。荷

---

① 亚里士多德:《论生成和消灭》,徐开来译,《亚里士多德全集》第二卷,第464页。
② 亚里士多德:《形而上学》,苗力田译,《亚里士多德全集》第七卷,第139页。
③ 施特劳斯:《现代性的三次浪潮》,刘小枫编《苏格拉底问题与现代性》,刘振、彭磊等译,华夏出版社2016年版,第317—318页。
④ 沃格林:《城邦的世界》,陈周旺译,译林出版社2008年版,第92页。

马作品与前两者均描述希腊英雄,赫拉克勒斯是希腊神话中的半神英雄,系宙斯与阿尔克墨涅(Alcmene)之子,其半人半神身份受人崇拜,引得众人不断增叙其事,①现今文字大都已失传。② 第二位英雄是忒修斯(Theseus),他是雅典传说中的国王,成为传说形象与历史人物交织的个体形象。③ 早期记述其传说与史实的作家包括阿波罗多洛斯(Apollodorus)和普鲁塔克。④

若我们以为荷马与《赫拉克勒斯纪》《忒修斯纪》的对比,仅为文学作品间的比对,显然未能注意到这项对比的意义。古希腊城邦混乱,战乱频繁。据沃格林所述,在当时的战争之中,若一支军队只屠城一半,便已属仁慈,足见当时的残暴与混乱。⑤ 荷马的作品竟然成为如此混乱与无序状态之中整合希腊人意识,实现秩序建制与文明保障的根本。据此可知,亚里士多德称荷马远比其他作家"高明"。

赫拉克勒斯、忒修斯的"一生发生了数不过来的许多事情"(1451a17),但大部分的事情并不具有"整全"性质。所谓"一个人的人生"指特定的"这一个人"而言,其本身便已是一个整全(参见《物理学》190b29;《形而上学》1007a14)。然而,我们知晓"这一个人"并非仅仅知晓他的肉身性整全,而是了解这个人的"个性"。"个性"认知的普遍性在于此前发生的事件,依照此人的个性,还会对此后发生的事形成参照。"个性"既与此前发生的真实的事(史实)有关,又不等同于真实

---

① 赫拉克勒斯,由阿尔克墨涅和其丈夫安菲忒里翁(Amphitryon)抚养长大。赫拉克勒斯的名称与赫拉女神拥有相同的词根,最初父辈冀望此子能恩获女神庇佑,显然事与愿违——赫拉对赫拉克勒斯的敌意从未消减,关于神话故事的整理与研究,可参 William Smith, LLD., *Dictionary of Greek and Roman Biography and Mythology*, Boston: Little, Brown and Company, 1867, pp. 393-401.

② 唯知两位史撰者的名称,一位是佩山德尔(Peisander),约生活于公元前 7 世纪,另一位叫帕尼亚西斯(Panyasis),约生活于公元前 5 世纪。另外便是诗人欧里庇得斯的作品《赫拉克勒斯》,参 Euripides, *Herakles*, trans. by Tom Sleigh, Oxford: Oxford University Press, 2001; Talia Papadopoulou, *Heracles and Euripidean Tragedy*, Cambridge: Cambridge University Press, 2005.

③ Cf. Henry J. Walker, *Theseus and Athens*, Oxford: Oxford University Press, 1995.

④ 中译文参见阿波罗多洛斯:《希腊神话》(3.16.1),周作人译,中国对外翻译出版公司 1999 年版,第 201 页,第 245—249 页;普鲁塔克:《普鲁塔克全集》卷 1,席代岳译,第 3—37 页;另参见荷马:《英雄诗系笺释》,崔嵬、程志敏译,华夏出版社 2011 年版,第 355—357 页。

⑤ 沃格林:《城邦的世界》,陈周旺译,第 92 页。

的事。我们无须从"这一个人"一生所有的事情之中来了解这人的个性,而是借助于某些最具典范性的事件来理解与认识"这一个人"。

所以,亚里士多德称那些写作《赫拉克勒斯纪》《忒修斯纪》的史撰作家搞错了,他们假定故事就等于一个人全部的一生。"一个人的人生行为有很多,从中根本没有出现一个行动(1451a19)"。由于无法认识"人的个性",纪事的手法把散乱的事实堆砌一通,文字自然无法传世。于是,对于认识"诗术"问题的重点转变成了对于一个人一生行为中带有"整全"性质的行动的认识,并对其加以制作成故事。

《奥德赛》并未将奥德修斯身上的所有事情均写入诗作之中,这正是荷马与其他诗人的差别之所在。在《奥德赛》开场,荷马写道:

> 这人游历多方,缪斯哦,请为我叙说,他如何
> 历经种种引诱,在攻掠特洛伊神圣的社稷之后,
> 见识过各类人的城郭,懂得了他们的心思;①

荷马称奥德修斯"游历很多",但该词的含义繁多,还指"诡计多端、足智多谋"之类意思。荷马所述关于奥德修斯的故事要服务于塑造奥德修斯的这一形象。在《诗学》第八章中,亚里士多德称荷马没有提及奥德修斯在"帕耳那索斯山上受伤"与"在征兵时装疯"这两件事情。

不过,事实却并不如此。《奥德赛》第19卷第392—466行完整地叙述了奥德修斯受伤留下疤痕一事。② 不仅如此,这则故事还涉及奥德修斯名字的由来,以及他脚踝上伤疤的由来。奥德修斯刚出生之时,他的外祖父来家做客,见到小孩子便为他取名"奥德修斯"。后来,奥德修斯去外祖父家做客,为了证明自己的勇敢,年轻气盛,冲在了狩猎队伍的最前面,为野猪所咬,险些丧命,虽为旁人所救,但疤痕却留了下来。

特洛伊战争之后,奥德修斯化妆归来,无人相识;唯有曾为他洗脚的保姆,借助这个伤疤,认出眼前这个"游历万方"的人正是从前的奥

---

① 刘小枫:《奥德修斯的名相》,《中国图书评论》2007年第9期。
② 亚里士多德:《诗学》,陈中梅译,商务印书馆2012年版,第79页,注释第11条;另参见荷马:《奥德赛》,王焕生译,人民文学出版社2003年版,第363—366页。

德修斯。然而,这个奥德修斯虽似是故人来,却已不再是当年那个血气方刚的奥德修斯。

《伊利亚特》的主题是"阿喀琉斯的愤怒",标题名称却是地名;《奥德赛》标题是人名,主题是"游历万方",似与"愤怒"毫无关系,然而奥德修斯的外祖父在他刚出生之时为他取的这个名字即有"愤怒"的含义;与其称之为"愤怒",不如称之为"血气"。与阿喀琉斯不同,奥德修斯在"游历万方"之后,"愤怒"已隐而不见,却未曾消失;亚里士多德的论述厘清了《奥德赛》主题,即"游历万方"与隐而不见的"愤怒"共同构筑起独特的属人智慧。

不过,另一则故事提及奥德修斯装疯避战,的确未曾出现在荷马笔下。奥德修斯为了避免前往特洛伊,在其他人前来召唤之时,就装疯犁田,然后把盐撒入犁过的地方,说可待来年收获更多的盐。有人把奥德修斯的儿子放在犁刀前测试奥德修斯是否真疯,结果奥德修斯停了下来,以此证明他只是装疯而已。① 亚里士多德称这两则故事均没有出现在荷马笔下,显然不符合事实。戴维斯重述了第二则故事,却未能讲清楚为何此故事与《奥德赛》的情节无关。② "诗"叙述"普遍的事",而"装疯避战"的"行为"显然与奥德修斯"游历多方,足智多谋"的普遍形象完全不符,即便这个行为是"史实",也不会出现在荷马笔下。

综上所述,亚里士多德认为这两则故事均出现在荷马笔下,显然与实情(即"史实")不符;毕竟荷马的笔下有第一则故事。古典学家杨柯(Richard Janko)认为,亚里士多德的意思是荷马未按时间顺序叙述这些故事,这种解释与文意又不相符。③ 亚里士多德曾用荷马作品为教材,教育亚历山大,显然熟悉荷马作品,不会犯下如此错误;于是,《诗学》中的这处问题若非版本问题,则只能是亚里士多德故意为之——"虚构"一个并不存在的"史实"。亚里士多德说,荷马未曾叙述

---

① 阿波罗多洛斯:《希腊神话》(3.7),周作人译,中国对外翻译出版公司1999年版,第253页。
② 戴维斯:《哲学之诗——亚里士多德〈诗学〉解诂》,陈明珠译,华夏出版社2013年版,第77页。
③ Richard Janko, *Aristotle Poetics*, with the *Tractus Coislinianus*, *reconstruction of Poetics II*, *and the fragments of the On Poets*, Indianapolis: Hackett Publishing Company, 1987, p.91.

过这两则故事,粗心的读者显然会顺着其思路去理解,而唯有细心的读者会发现"伤疤"的故事已经出现在荷马笔下。这样才能发现荷马的笔法,即并非所有传说中与奥德修斯相关的故事均会出现在诗作之中,这样才能制作出具有"普遍"意义的作品。

《赫拉克勒斯纪》《忒修斯纪》与荷马作品的差别,已经明了:荷马会按照一定的标准选择与人物相关的事件,写入自己的作品之中,而非直接照史实录;荷马要描述一个游历万方之后能成功隐匿血气的奥德修斯形象,而这一形象与"伤疤由来"的故事相关,与"装疯避战"的行为无关,亚里士多德称这两则故事均没有出现,是犯了与诗人同样的错误,即为了某种整一性而故意忽略一些史实,从而在诗作中打造出超越史实的完美形象。

三、诗中的哲学

诗人凭借什么享有这种"虚构事实"的权力?《诗学》第 9 章在综论"诗比史更哲学、更高尚"之时,又提出了"曾经发生的事"与"兴许会发生的事""看似如此"与"必然如此"两组概念,全文论述如下:

> [1451a36]根据前面所述,显而易见,这也不是诗人的任务,即言述曾经发生的事,而在于言述兴许会发生的事,亦即按看似如此或必然如此可能发生的事。[51b]因为,纪事家与诗人的差别,不在于用抑或不用音步,希罗多德的著述即便可能改成音步,仍会是纪事,有没有音步都一样。两者的差别毋宁说在于,一者言述曾经发生的事,一者言述兴许会发生的事。因此,作诗比纪事更富哲学意味、更为高尚。因为,作诗言述普遍的事,纪事则言述个别的事。(刘小枫译文,未刊稿)

根据前文 7—9 章的内容,诗人制作的故事应该具有"整全"的性质,因此诗人的任务不在于"言述曾经发生的事",而在于"言述兴许会发生的事"。"兴许会发生的事"正是诗人按照自己的意图,或按诗人自己对"整全"的理解来虚构故事。如果我们还记得亚里士多德所犯下的那个错误,"荷马没有写伤疤的故事"正是亚里士多德自己按照

"整全"原则所进行的虚构,它显然不是"曾经发生的事"。

亚里士多德接下来提到"亦即按看似如此或必然如此可能发生的事",指故事的发生必须遵守这两个概念,即"看似如此"与"必然如此"。早在第 7 章的末尾就已经出现这一对概念,或译作"可然律"与"必然律"。实际上,亚里士多德的写法并不如"某某律"这般学究,只是用了日常语言的分词与名词的转换形式,并无"规律"的义项。在《前分析篇》(70a2 - 6)中,"看似如此"(或译作"可能")是指某种人们一般可接受的前提,人们常常以某种特殊的方式知道某事物或发生,或不发生,或存在,或不存在,这就是一种看似如此。① 亚里士多德在论述荷马的诗作之时,认为荷马不会写作关于伤疤的故事,若人们认定荷马写作具有整一性,而亚里士多德不会犯错,那么其中的疏漏就不会被发现;结果两个"看似如此"的观念发生了冲突,从而引出了亚里士多德论述"真实之史"与"虚构之诗"这个内在主题的"必然如此"。

"必然如此"指的是那种可以得到证明的事,然而人世间由人们的意愿驱动的事情很少会是必然如此的事。大多数经常会发生的事情并不等于必然会发生,而人们的观念性的误区正在于把大多数"看似如此"的事情当作"必然如此"(《修辞术》1357a25 - b4)。② 亚里士多德认为真正的知识应该实现对感觉认知的某种超越(《形而上学》1010b26 - 30),诗人的任务在于"言述兴许会发生的事",就是"按看似如此或必然如此而可能发生的事"。亚里士多德虚构荷马未曾提及伤疤的故事,其中既包含了人们观念性的"看似如此"——即荷马的诗作应具有整全性,而且亚里士多德不会犯错;但又包含了某种"必然如此"——《诗学》引导读者认识"诗"与"史"的区分,正是要超越"看似如此",找到隐秘的"必然如此"。

接着,亚里士多德以希罗多德为例论述"史"与"诗"的分别。他首先排除以音步区分"诗"与"史"的传统做法,将纪事家与诗人的写作形式之别一笔勾销。即便把希罗多德的作品全部以音步写作,它仍然是纪事而非诗作。亚里士多德说,希罗多德之史言述"曾经发生的事",而诗作言述"兴许会发生的事"。言述"兴许会发生的事"比言述"曾经

---

① 亚里士多德:《前分析篇》,余纪元译,《亚里士多德全集》第一卷,中国人民大学出版社 1990 年版,第 239 页。
② 亚里士多德:《修辞术》,颜一译,《亚里士多德全集》第九卷,中国人民大学出版社 1994 年版,第 342 页。

发生的事","更富哲学意味,更为高尚"。"兴许会发生的事"言述普遍的,而"曾经发生的事"则是个别的事。

然而,"诗"与"史"显然都是在叙述"事件","事件"本身均是"个别的",而非"普遍的"。从字面上来讲,"诗"所言述的"兴许会发生的事"比"史"所言述的"曾经发生的事"更加"具体",也更加"个别"。纪事之史笼统地记录个别的事件,而"诗"则要将个别事件还原为具体人物在具体时间和地点中的言行。从这个意义上讲,"诗"怎么会比"史"更具有"普遍性"呢?在《诗学》中,亚里士多德认为:

> [1451b8]所谓普遍的事,指某种性质的人按照看似如此或必然如此会说或会做的某种性质的事,作诗[1451b10]求的就是这,尽管也给起个名,个别的事情,则指阿尔喀比亚德所践行或所经受的什么。(刘小枫译文,未刊稿)

理解亚里士多德对"诗"与"史"之间的区别最为关键的便是理解"普遍的事"与"个别的事"之间的区别。他说,"普遍的事"指"某种性质的人"会说或会做的"某种性质的事",而"个别的事情"则指具体人物,比如阿尔喀比亚德所践行或所经受的什么。这已在第一小节之中有所论述。

若我们暂时把"看似如此或必然如此"这个含混的表达放在一边,"普遍的事"与"个别的事"之间的重大区别是"普遍的事"更与"人物"的性情相关,而"个别的事"则更多地与人物所经历的偶然事件相关。人物的性情就在遭遇偶然的命运之中凸显出来。从这个意义上讲,纪事之史虽然记述了人物身上所经历的诸多事件,却无法让我们最直观地感受到人物性情。诗记述了具体情境之下人物的具体言行,能够让观者最直接地体察到人物的性情,这是毋庸置疑的。但是,人物性情何以跟普遍的事相关呢?这才是更为根本的问题。

"史"以眼见之实为出发点,诗则意图呈现人物的性情,事实与性情之间在故事情节的编排之中呈现出"必然如此"的张力。"史"呈现的事实在"诗人"的笔下只是"看似如此",而成文的作品却容易为读者理解为"必然如此"。原因在于,观察者们对同样的"看似如此"的观察,会由于性情的差异呈现不同的理解,哪类理解才是真正的"必然如此"很难有确切的判定。不过,普通人的生活要有"必然如此"的指引,无论是"诗作"还是"史作"之中所呈现的"看似如此"均会被他们视作"必然如此"——亚里士多德关于伤疤来历未曾出现在荷马笔下的论述,已经被许多人理解成客观事实。《诗学》本身亦是一种"诗作",亚里士多德的论述本身是一种"看似如此",我们需要费尽心力方能从字里行间找到整全的"必然如此"。然而,普通人难以承受"费心尽力"所带来的苦楚,而唯有极少数知识人有兴趣在字里行间爬梳、寻觅,乐以忘忧。普通人会直接简单地把"看似如此"等同于"必然如此",于是在"看似如此"的"必然如此"指引下生活。

于是,"史"与"诗"的区分内在涉及生活方式的差异:普通人与极少数知识人。在古希腊,自然哲学兴趣之后,后学意图采用新的纪事模式,以与荷马形成竞争。这种竞争原本仅存在于知识人之间;举例来说,荷马与修昔底德究竟谁更接近真实。修昔底德的著作不仅提供了丰富的军事教益,①还因其所具有的政治史学品质引人瞩目。② 在施特劳斯所编的《政治哲学史》一书中,"修昔底德"排在了"柏拉图"之前,成为政治哲学史需要关注的第一位思想家。然而,修昔底德从未使用"政治哲学"的术语,亦未曾使用现代意义上的"历史"一词,只是注重对人世政治的探究。③

修昔底德探究真相,或称史撰式的真相,以亲历者的眼见为基础,而非如传统诗人基于神的激发,见识人性之恒在。修昔底德并不是疑神的开创者,最早质疑诸神权威的研究来自伊奥尼亚学派的克瑟诺梵尼(Xenophanes),此人关心城邦福祉与民众德行,还批评荷马与赫西俄德的诗作。罗素肯定了克瑟诺梵尼在反驳关于诸神的问题上所具有的创始性地位。④ 莫米利亚诺(Arnaldo Momigliano)也称克瑟诺梵尼具有疑神的倾向。⑤ 维拉莫维兹(Ulrich von Wilamowitz‐Moellendorff),将克瑟诺梵尼的家乡与自由相联,似乎免除诸神的信

---

① 汉森:《独一无二的战争:雅典人和斯巴达人怎样打伯罗奔尼撒战争》,时殷弘译,上海人民出版社2013年版,第1—8页。

② G. R. Elton, *Political History*: *Principles and Practice*, New York: Basic Books, 1970.

③ 施特劳斯、克罗波西主编:《政治哲学史》,李洪润等译,法律出版社2009年版,第1—2页。

④ 罗素:《西方哲学史》,何兆武、李约瑟译,商务印书馆1968年版,第67—68页。

⑤ 莫米利亚诺:《史学的书面传统和口述传统》,荆腾译,见刘小枫编《西方古代的天下观》,杨志城、安蒨等译,华夏出版社2018年版,第17页。

仰与某种自由的追求相关。① 以论述"宗教"与"哲学"之争名闻于世的施特劳斯,曾三次论述修昔底德。② 背后的关切正在于,史撰与诗作之别涉及了更为根本的"宗教"与"哲学"之争的问题。

修昔底德与荷马的纷争原本属于知识分子阶层,后来由于语言文字的普及运用,知识分子之间的纷争传入到民间。修昔底德对荷马的攻击由于更具有"眼见为实"的史实性实证特征,容易在观念与态度上赢得更多的支持;但是,即便有了读书识字的能力,真正去研读修昔底德的普通读者显然不如了解荷马诗作中故事的普通人多——原因在于,修昔底德的"探究"同样属于哲人的生活方式。诗则不然,诗的"虚构"有一层"看似如此"的表述,这类"看似如此"既能被普通读者视作"必然如此"而安于自身的生活,还能让潜在的哲人在寻找"看似如此"与"必然如此"的关系之中陶然忘机。由于生活方式的差异,诗比史更严肃地保护普通人的生活,同时又能更方便地实现对智慧的追求。

自启蒙运动之后,哲学、史学取代了诗的地位,占据了文字主流,宗教与信仰式微。然而,哲学引发的激进后果早已引起思想家们的注意;启蒙运动之前,某些思想家注意到了这一思想品质的严重后果,并竖起崇古的大旗,与崇今派战斗不休,迄今仍留下重大的思想性影响,史称"古今之争"。崇今派的思想更多地站到了"史"一边,认定从客观的史实之中总结出的规律能指导人世的生存法则。崇今派对崇古派的攻击则是他们的撰述只是"看似如此",并不真实。崇古派则认为崇今派对可见世界的总结,同样只是看似如此的规律,根本谈不上智慧,不仅如此,崇今派推崇实证,重视史学的做法,还会破坏普通人严肃的政治生活。现代社会生活于崇今派的阴影之中,它意图实现的是全体民众过上哲人式的探究生活——中小学的教育课程中,自然哲学、史

---

① Ulrich von Wilamowitz-Moellendorff, *Die Griechische Literatur des Altertums*, Berlin: De Gruyter, 1995, p. 54.

② 施特劳斯曾先后三次论述修昔底德,第一次做了题为"修昔底德:政治史学的意义"的讲座,中译文收录于《修昔底德的春秋笔法》一书。参施特劳斯:《修昔底德:政治史学的意义》,彭磊译,见刘小枫、陈少明编《修昔底德的春秋笔法》,华夏出版社 2007 年版,第 2—31 页。第二次则是在《城邦与人》中将政治史学典范修昔底德与政治哲学创始人苏格拉底对举,参 Leo Strauss: *The City and Man*, The University of Chicago Press, 1964。第三次则是首刊于《解释:政治哲学学刊》,后收录于《柏拉图式政治哲学研究》一书的《对修昔底德著作中诸神的初步考察》一文。参 *Interpretation: A Journal of Political Philosophy*, No. 1, 1974。中译文参施特劳斯:《柏拉图式政治哲学研究》,张缨等译,华夏出版社 2012 年版。

学占据了大部分内容。而与普通人生活品德相关的"诗教",则成为越来越无用的腐朽学问。诗文之丧,后果自然是普通人无法过有品德的生活,而哲人的生活也将败坏。从前以为自然哲学取代诗人而获得的进步,或许只是另一个"看似如此"。

结语

亚里士多德的"诗"与"史"之争,立足于"普遍"与"个别"的差异,从虚构与史实两个维度出发,理解"看似如此"与"必然如此"的交互关系之中存在的"普通人"与"哲人"间的差异;据此可知,不少现代知识分子追随崇今派的步伐,意图从可见的实证材料之中寻觅真正的智慧,不仅违背了追求智慧的古训,而且以"史实"破坏了"看似如此"之"诗"对普通人生活的保护。正是在这个意义上讲,"诗"远比"史"更"高尚,更热爱智慧",而这一论断的现实意义未曾随着时光的流逝而消失。

【本研究受首都对外文化贸易与文化交流协同创新中心资助】

(作者单位:北京第二外国语学院
文化与传播学院　中华文化研究院)
学术编辑:胡　镓

试析亚里士多德《修辞术》的"置于眼前"理论

何博超

内容提要 亚里士多德在《修辞术》第三卷中提出了一种修辞手法"置于眼前"。该手法常常与隐喻结合，通过可视化效果，令听众在视听中虚拟出在场的甚至运动的物象。该理论联系了高尔吉亚《海伦颂》对视觉感知的论述，它在诗学层面接近于提出了后世的审美想象问题，对未曾讨论这一重要问题的《诗学》做出了重要补充。虽然修辞术与说服这个外部功用有关，但亚氏实际上从内部开辟了"想象诗学"的空间，这已经超越了修辞术的外在目的。

关键词 《修辞术》 置于眼前 想象 隐喻 审美感受力

在《修辞术》III. 10. 1410b33 - 34(也见 1405b12 - 13)中，①当亚里士多德论及受公众好评的措辞(λέξις)时，他提出了一种相当独特的隐喻方法(有时也涉及明喻)："置于眼前(τὸ πρὸ ὀμμάτων ποιεῖν)②。"他又用

---

① 本文使用的古希腊文作品的版本情况如下：《修辞术》文本(以及各个抄本的异文)来自卡塞尔(Kassel)的权威校勘本，引用时省略书名，直接标出章节号或贝克码，见 *Ars Rhetorica*，R. Kassel (ed.)，Berlin: de Gruyter, 1976. 亚里士多德《论灵魂》，见 *De Anima*，D. Ross (ed.)，Oxford: Oxford University Press, 1956.《诗学》见 *Aristotle Poetics Editio Maior of the Greek Text with Historical Introductions and Philological Commentaries*，L. Tarán, & Gutas, D. (eds.)，Leiden: Brill, 2012. 高尔吉亚《海伦颂》，见 *Gorgias*, *Helenae encomium*, F. Donadi (ed.)，Berlin: Walter de Gruyter, 2016. 如无特殊说明，译文均为笔者所译。古希腊语词义的解释来自《希英大辞典》，引用时简写为 LSJ, 见 H. G. Liddell&R. Scottet al, *A Greek-English Lexicon*, Ninth Edition with a Revised Supplement, Oxford: Clarendon, 1996. 其他古典作家的文本均来自洛布丛书、牛津古典文本和托伊布纳(Teubner)丛书，不再一一注明来源。

② 有时也简写为 πρὸ ὀμμάτων(在眼前)；有时会补充 ποιεῖν(个别情况用 τιθέναι)前省略的宾语"事物"。中世纪的莫贝克的威廉(William of Moerbeke)的拉丁语译本作 pre oculis facere；英语一般为 to bring (set) before the eyes；德语为 vor Augen führen(stellen)；法语为 placer sous les yeux；阿威罗伊的阿拉伯文为(引用来源见后)，نصب العين جعل. (转下页)

了另一个概念来指这种方法：生动(ἐνεργεία)。① 由此，他提出了动态隐喻的模式。这一模式强调了可视化效果，亚氏将它作为了"好隐喻"的本质。尽管它不是一切隐喻或隐喻本身的核心，②但是，"置于眼前"依然具有不可忽视的诗学和美学方面的价值。本文首先廓清"置于眼前"的"生动"的基本含义；其次讨论"置于眼前"对应的内在能力"想象"如何成为一种初步的主动的审美感受力，同时联系《诗学》中的论

(接上页)这是从演说者的角度来说，他将不在场的事物再现于听众眼前；而听众实际上也重复着这一行为。

① 在哲学语境中通译为"活动"；动词形式为ἐνεργεῖν。LSJ. A. I. 5 举出此处例子，释为措辞的 vigour。英译多为 activity；有的德译为 Aktivität，但它也具有 Aktualität。有两个《修辞术》的古代抄本，将ἐνεργεία写为ἐνάργεια，该词的词根为ἀργός(闪耀的)，这是另一种重要的修辞手法，意为鲜明而详细的描绘，对应的拉丁修辞术语为 evidentia。这两种手法构成了"置于眼前"的两个方面，有时也可以代指后者：ἐνάργεια强调了可视化效果；ἐνέργεια (词根为ἀργός)则具有突出的哲学意涵，它强调的不仅是清楚可见，而是让潜在的或无生命的事情仿佛变得有生命和运动并实现出来。在拉丁语中，后者也对应了 demonstratio, illustratio, phantasia 三个手法，尤其是最后一个联系了想象能力。历史上，在亚氏之后，逍遥学派的德米特里欧斯(Demetrius of Phalerum)在《论体式(Περὶ ἑρμηνείας)》(208—220)最早讨论了ἐνάργεια概念，他基本上沿袭了亚氏的"置于眼前"理论。哈利卡尔那索斯的狄俄尼修斯(Dionysius of Halicarnassus)《论吕西阿斯》称赞过吕西阿斯的演说优点在于ἐνάργεια，"吕西阿斯的措辞有大量'鲜明'，这是一种将所言带到感官之下的能力"(ἔχει δὲ καὶ τὴν ἐνάργειαν πολλὴν ἡ Λυσίου λέξις. αὕτη δ' ἐστὶ δύναμίς τις ὑπὸ τὰς αἰσθήσεις ἄγουσα τὰ λεγόμενα)将Τρύφων作为演说的环节"叙述"(διήγησις)的优点。这被古罗马昆体良《演说家培训》(4.2.63—65)(论 evidentia)和西塞罗《论位篇》(Topica 97)继承。西塞罗《论演说家》(3.202)明确将"置于眼前"作为辞格："清楚地解释事情，仿佛显现，几乎置于视觉之下(inlustris explanatio rerumque, quasi gerantur, sub aspectum paene subiectio)."西塞罗规定的这一辞格被之后的凯尔苏斯(Cornelius Celsus)用 evidentia 来概括。另外，在公元 1 世纪的提翁(Aelius Theon)的《修辞初阶》(Προγυμνάσματα)那里，ἐνάργεια作为了ἔκφρασις(描述)的优点之一。总之，后世修辞家在谈论置于眼前时，都不再围绕着更为重要的ἐνέργεια概念，仅仅强调明显可见，忽略而且偏离了亚氏的"活动"哲学。但在文艺复兴时期,《修辞术》的重要整理者和评注者佩特鲁斯·维克多利乌斯(1499—1585, Petrus Victorius)看到了ἐνέργεια和ἐνάργεια的区别，将前者译为 actus，理解为"动态的运动风格"，后者译为 evidentia 和 perspicuitas，理解为"可视的图象风格"。关于"置于眼前"和"生动"在修辞史上的源流，详见（笔者补充了一些引文并且自译）：R. D. Anderson Jr., *Glossary of Greek Rhetorical Terms*, Leuven: Peeters, 2000, pp. 43–44；E. M. Cope & J. E. Sandys, *The Rhetoric of Aristotle*, with a Commentary, Volume III, Cambridge: Cambridge University Press, 1877, p. 111；G. Ueding (Hrsg.), *Historisches Wörterbuch der Rhetorik*, Band 3, Tübingen: Max Niemeyer Verlag, "Evidentia, Evidenz", SS. 41–47.

② 利科认为这一手法"并非隐喻的附属功能，而恰恰是形象化比喻的本义"，该观点属于误读，夸大了该手法的意义，但其意图却是让隐喻将似乎对立的"相称性(比例性)"的逻辑因素与形象性的感性因素"结合起来，从而让亚里士多德的形而上学同"活的隐喻"相联系并将隐喻本体化。利科：《活的隐喻》，汪堂家译，上海译文出版社 2004 年版，第 44—45,58 页。

述来考察"想象诗学"的确立；第三，插入并对照与之相关的高尔吉亚《海伦颂》中对视觉的讨论，以此来证明"置于眼前"理论的发展和创新；最后，总结"想象诗学"的意义。

一、作为"生动"隐喻的"置于眼前"

《修辞术》中最早提及"置于眼前"之处是在 II. 8. 1386a33 – 34，亚氏论怜悯时，指出激发怜悯的人会通过各种言内和言外手段，尤其是"表演"（ὑπόκρισις）使引人怜悯的恶事"置于眼前"，仿佛"它们即将发生或是已经发生"（ποιοῦσι φαίνεσθαι τὸ κακόν, πρὸ ὀμμάτων ποιοῦντες ἢ ὡς μέλλοντα ἢ ὡς γεγονότα）。虽然受《修辞术》第二卷性质的影响，这里尚未明确将"置于眼前"作为修辞手法来论述，但是能看出，它已经成为一种促发情感的"表现"方式：为了做到这一点（1386a32），演说者需要通过姿态（σχήμασι）、嗓音（φωναῖς）、衣着（ἐσθῆσι）①等因素来演出一种引人想象的场景。这一点恰恰联系了《诗学》（见第二节）。

与之相关，在 III. 2. 1405b12 – 13，亚氏指出了不同语词在指意和表象时有着不同的"置于眼前"的能力。他认为："在将事情置于眼前（πρὸ ὀμμάτων）这方面，一个[词]会比另一个[词]更常用，更相似[于对象]，更固有（οἰκειότερον）。"因为，更漂亮的词，"凭视觉（τῇ ὄψει）等其他某种感觉（αἰσθήσει）"（1405b19）来指称外物。1405b19 – 21，亚氏举了三种描述红色的比喻，按优劣排列为：玫瑰色（荷马）、赤色和红色。玫瑰色具有最强的可视化效果。显然，他将"置于眼前"进一步集中到语词本身的形象化功能层面。上述这两处地方，一个从戏剧性的表演方面，一个从语词的形象化方面，均为隐喻的"置于眼前"奠定了基础。

在 III. 11. 1 – 4，亚里士多德详细讨论了隐喻的"置于眼前"。他给出一个定义："我所谓'置事物于眼前'即那些意指出生动之事[的说

---

① 该词一直存在两种写法，A 抄本为"αἰσθήσει"，F 抄本为"ἐσθῆτι（即ἐσθῆσι）"。卡塞尔和 LSJ 取前者，LSJ 释义为"情感展现"；施本戈尔（Spengel）和拉普取后者。前一种读法不可谓不合理而且颇为诱人，甚至可以联系《诗学》1454b16，从而进一步向戏剧性表演的方面延伸。

法]"(λέγω δὴ πρὸ ὀμμάτων ταῦτα ποιεῖν ὅσα ἐνεργοῦντα σημαίνει)。按照亚氏的列举和描述,"置于眼前"的生动做法有如下几种:

(1) 非生物比作具有身体或精神运动的生物。这样,非生物仿佛具有灵魂或生命力。这种广义的比喻令本体具有了生物特征。如见 1411b 31 – 32(也见 1411b10),说荷马"用隐喻将死物变成活物(τὸ τὰ ἄψυχα ἔμψυχα ποιεῖν)";1412a2 – 3,"由于事物有了生气(διὰ τὸ ἔμψυχα εἶναι),就显得生动。"1412a4,说荷马让"一切动了起来而变活,生动就是运动(κινούμενα γὰρ καὶ ζῶντα ποιεῖ πάντα, ἡ δ' ἐνέργεια κίνησις)"。例子有,不觉有愧的石头,如鸟飞翔的箭,渴求人肉的矛,急切穿过胸膛的矛。

(2) 非生物比作运动的非生物。如 1411a25 – 26,将雅典城邦比作流动的酒,人们将之"倾注"进西西里。

(3) 运动的非生物比作不运动的非生物。如 1411b3 – 4,将言语比作路,延伸至敌对方行为的正中。这个例子的"运动"最为独特,下面会再提。

(4) 运动的生物比作运动的非生物。1412a7 – 8,将特洛伊军队比作海浪。这个例子也是让死物变活,但喻体为死物,本体为生物。本体的生命运动通过喻体的物理运动显现出来。

(5) 运动的生物比作运动的生物。如 1411b28 – 29,将人的盛年比作鲜花的盛放,将人比作解脱的祭牲。①

除了运动之外,这一隐喻手法还具有"现场性""即时性"或"直接性",即让事情当下呈现出来。如 1410b34 – 35,这一方法要使"[人们]应该看到现在所做之事,而非将来之事②(ὁρᾶν γὰρ δεῖ τὰ πραττόμενα μᾶλλον ἢ μέλλοντα)"。1411b8 – 9,"因为隐喻就在当场,但不是永远,而是正在眼前(μεταφορὰ γὰρ ἐν τῷ παρόντι, ἀλλ' οὐκ ἀεί, ἀλλὰ πρὸ ὀμμάτων)"。这一特征与运动性是分离的。

综合上述,可以看出,第一,就客观事物而言,作为"置于眼前"的核心,生动是一种广义运动,包含了生命运动(内在和外在活动)与物

---

① 也有认为这几个例子表明的不是运动,而是运动的能力。C. Rapp, *Aristoteles*: *Rhetorik. Werke in Deutscher Übersetzung*, *Zweiter Halbband*, Berlin: Akademie Verlag, 2002, S. 907.

② 1386a33 – 34 中,提到了再现将来的恶事,似乎与这里矛盾。但这里强调不要让事情看起来并非当下临近;而前者要求让将来之事如同现场迫近。

理运动两个方面。但是,这样的运动始终是在想象中的,而不是现实的。那么,这里的ἐνεργεία似乎无法联系它在亚氏形而上学中的经典用法,即与潜能(δύναμις)概念构成运动和变化的对立性基础。① 不过,我们可以尝试地主张,亚氏是要在想象的层面上"虚拟"在"现实"时空中的运动,这就仿佛让潜在事物实现出来。

第二,就例子(3)来看,隐喻具有的运动性也来自主观。言语作为声音自然是运动的,但它传达的意思击中了敌对方的行为要害,这一活动就需要听众参与和理解。② 实际上,所有的活动性都必须是对于某一些听众来说才是有效的,只有借助他们的想象,运动才能虚拟地实现出来。

第三,两处非隐喻性的用法并没有专门强调运动,而是偏重"现场性"。1386a33 - 34 虽有运动的暗示,但主要突出"置于眼前"的"现场性""临近性"。1405b12 - 13 则暗示语词再现所指对象的直接性和清楚性,这与现场性是相关的。

那么,是否可以统一第三点与第一点?有一个妥当和简单的解决方法就是,全部统一到ἐνεργεία概念上来,因为这一概念恰恰包含了"现场性"。从根本上看,无论是否涉及运动,亚氏都在关注如何将物象的"现实存在"想象出来这一问题,运动性只是为了在好的隐喻中加强表象的"真实"。

毋庸置疑,这一概念必定会对应一种主观的ἐνεργεία。在亚氏那里,ἐνεργεία就可指感官活动,如《论灵魂》(426a14 以下)说味觉是味觉能力的ἐνεργεία;《尼各马可伦理学》(1102a5 以下)说幸福是灵魂的ἐνεργεία。③ 这样,为了感知这种虚像,听众必然要有相应的活动及其能力,否则形象的运动性和现场性是无法产生影响的。为了强调感觉

---

① C. Rapp, *Aristoteles*：*Rhetorik*. *Werke in Deutscher Übersetzung*, *Zweiter Halbband*, S. 907.

② 拉普虽然看到了这个例子中听众的主观参与,但他完全不同意莫兰的看法：生动描绘的事物要求"听众的反应"和"某种精神活动"。拉普的理解过于小心,莫兰其实接触到了问题的核心。C. Rapp, *Aristoteles*：*Rhetorik*. *Werke in Deutscher Übersetzung*, *Zweiter Halbband*, SS. 907 - 908. R. Moran, "Artifice and Persuasion：The Work of Metaphor in the Rhetoric", in：A. O. Rorty (ed.), *Essays on Aristotle's Rhetoric*, Berkeley：University of California Press, 1996, p. 396.

③ O. Höffe (Hrsg.), *Aristoteles-Lexikon*, Stuttgart：Kroener Alfred GmbH, 2005, S. 180.

性,亚氏举了一个重要的坏隐喻的例子(1414b26 - 27),将好人比作"四角形"。除了没有运动之外,他很可能想说,这种几何图形没有对感觉的激动。这种能力只能是"想象(φαντασία)",而且《修辞术》恰恰多处用到了这一概念。

二、"置于眼前"与想象

"置于眼前"理论与想象能力的联系,已有学者主张过,①但也有相反的观点。如拉普明确反对《修辞术》有任何涉及"内在图像(innere Bilder)"、"直观(Anschauung)"和内知觉的地方。他也不认为《修辞术》中的"置于眼前"需要一种"灵魂能力",尤其是介乎"知性与被动感觉"之间的"生产性"的"审美-前概念"能力。如果有人这样设想,就犯了"时代颠倒"的错误。② 这种看法过于保守,他的理由似乎是,因为亚里士多德没有说过,所以就不能引申出这样的能力。其实,即使引入这种能力,也不代表就是用近代美学观来处理亚里士多德。

拉普试图诉诸一种外部解释,他认为,这种"生动性(Lebendigkeit)"联系了"生活(Leben)"上的"攸关性(Betroffenheit)或关涉性(Involviertheit)",也即听众(此时也是观众)的"关切或利益(das Interesse)","对对象的生动描绘为接受者提供了联系自己生活现实,也就是联系其所形成的经验的可能性","置于眼前的隐喻中隐含的看法,在他所形成的经验背景前,对于他来说是可能而可信的"。这就如悲剧中μῦθος的功能一样(如《诗学》7—8)。由此,听众就会接受隐喻,获得知识和快乐;人们也无须用某种内在图像和能力来解释这

---

① R. Moran, "Artifice and Persuasion: The Work of Metaphor in the Rhetoric", in: A. O. Rorty (ed.), *Essays on Aristotle's Rhetoric*, p. 396. 但莫兰并未提及下面引出的《论灵魂》的文本。

② C. Rapp, *Aristoteles: Rhetorik. Werke in Deutscher Übersetzung*, Zweiter Halbband, SS. 909 - 910. 很奇怪,在论述"置于眼前"时,拉普提及了想象,但并未举出我们下面会引述的1370a27 - 32,而是以1404a9 - 12为例来否认它的实际作用,但那里的φαντασία并不具备典型和积极的意义;他也只字未提《论灵魂》的"置于眼前"。

一过程。① 这种攸关性是相当重要的,这方面他没有问题。但是,如果没有某种能力和内在图像,听众如何感知和理解上述的生活相关性,如何受到触动?

其实在《论灵魂》中,亚氏已经将"置于眼前"和想象联系在了一起。如 427b17 – 19,谈及想象的活动过程:当我们产生意愿时,就有了"感受(πάθος)",与此同时,想象"能将某物置于眼前(πρὸ ὀμμάτων γὰρ ἔστι τι ποιήσασθαι)"②;想象还类似回忆,它们都能让人"产生形象(εἰδωλοποιοῦντες)"。而 427b20 – 24,想象区别于"设想(ὑπόληψις)",后者不需要某种中介,直接相信信念,比如"某事是可怕的";而前者则会让人看到"图像中(ἐν γραφῇ)"的可怕之事。显然,拉普所说的那种生活攸关性,如果不靠想象力,那就会依赖不借助图像的"设想能力"。但那样的话,就没有东西被"置于眼前"了。在 428a16,亚氏还提及了想象可以让"视像(ὁράματα)"呈现给闭眼的人,这也直接表明了内在影像的存在;所谓"置于眼前"就是置于"心灵之眼"的前面。

而在《修辞术》中,想象机制也被着重使用。③ 如 I. 11. 1370a27 – 32,"既然,感到快乐就是处于感到某种感情中,而想象是某种微弱的感觉,而在回忆者和希望者中,某种想象恒常伴随[他],于此他回忆和希望(ἐπεὶ δ᾽ ἐστὶν τὸ ἥδεσθαι ἐν τῷ αἰσθάνεσθαί τινος πάθους, ἡ δὲ φαντασία ἐστὶν αἴσθησίς τις ἀσθενής, ἀεὶ ἐν τῷ μεμνημένῳ καὶ τῷ ἐλπίζοντι ἀκολουθοῖ ἂν φαντασία τις οὗ μέμνηται ἢ ἐλπίζει), 如果是这样,显然,快乐同时属于回忆和有所希望的人们,既然有感觉"。这一段相当重要,有几个关键点(也联系 1370a32 – 35)可以得出:(1)想象是弱感觉;(2)与对当前情况的感觉不同,它与回忆和希望相关,可以感觉到不存在的场景;(3)这样的感觉具有主动性,为了快乐,生产这个不存在的对象。

可以看出,"αἴσθησίς"(以及 αἰσθάνεσθαί,感知)初步具备了它的同源词概念 aesthetics 的主动的审美感受性,不再是被动的感觉。如果结

---

① C. Rapp, *Aristoteles: Rhetorik. Werke in Deutscher Übersetzung*, Zweiter Halbband, SS. 905 – 906, p. 910.

② 罗斯(D. Ross)校勘本中,对这一句主语的认定并不妥当。最新的希尔茨和布施(H. Busche)的理解是正确的。Aristotle, *De Anima*, trans. by C. Shields, Oxford: Oxford University Press, 2016, pp. 56, 77, 279. O. Höffe (Hrsg.), *Aristoteles-Lexikon*, S. 443.

③ 篇幅所限,仅举一例,也见 1370b33, 1371a9 和 19, 1378b9, 1382a21, 1383a17, 1384a23。

合"置于眼前"理论,那么,演说者就是在引导听众主动地在内心产生某种图像。上一章所举的例子(3)就体现了这一点。莫兰就格外强调这样的主动性,他认为,"精神想象"并不是"对内部对象的被动知觉",而是"特殊的想象性活动(activity)"。① 这样,他就把εἰδωλοποιοῦντες向主观方面推进了。1378b1-9有一个例子体现了想象的神奇的主动力。那里是在讨论愤怒,这是令人痛苦的情感,但通过内在的想象报复的场景,人们反而会觉得快乐,由此,愤怒倒成为美好的体验。这种奇特的转变表明了想象的创造性,亚氏能关注到这一点,是相当有洞察力的。

听众之所以愿意想象,当然是因为内在对象令人快乐,不过有些情况下,这样的对象也会令人痛苦:如令人不快乐的高贵之事(1370b2),或如前述的可怕之事。那么,对于这种负面对象,听众为何会主动想象呢? 一方面是因为演说者使用的隐喻具有的感人的生动性,另一方面则归因于前引的拉普所说的"生活相关性":正如悲剧的功能,听众在"置于眼前"的行为和形象中看到了自己的样子和与自己相关的事情,他们也觉得会遇到这样的情况,从而有所获知。② 而如1371a31、1410b10等处所言,"知"是令人快乐的。虽然认知对象令人痛苦,但在合适的程度上,认知本身是快乐的。这正是"置于眼前"能够打动听众的感觉基础。

限于篇幅,本文不再详细讨论灵魂论上的想象的活动机制,而仅仅想揭示:亚氏已然意识到了"置于眼前"所具有的想象性感受能力。当然,我们不能从近代美学的角度对其进行过多扩展。但是,他对其所做的一些规定是重要而深刻的,如想象的主动性和创造性;认知本身的快乐性;作为隐喻和审美活动的"置于眼前"同外在生活内容的"关切性"(区别于康德的审美无功利性)。

正是立足于想象在感受与认知上的综合作用,亚氏初步确立了一种想象诗学。这一诗学的计划暗含在《诗学》1455a22-26和1453b1-10。在前一处,亚氏直接提到了要用语言将情节"置于眼前"。而在后一处,亚氏论及怜悯和恐惧,谈到了视觉化方法,说"形象"

---

① R. Moran, "Artifice and Persuasion: The Work of Metaphor in the Rhetoric", in: A. O. Rorty (ed.), *Essays on Aristotle's Rhetoric*, p. 392.

② C. Rapp, *Aristoteles: Rhetorik. Werke in Deutscher Übersetzung*, Zweiter Halbband, S. 905-906.

(ἐκ τῆς ὄψεως)能够激发这样的情感。① 作为悲剧的六要素之一，无论何种含义，②ὄψις都表明了戏剧中的"可视"形象。

那么首先，可以对比前面引用的《修辞术》1386a33－34。那里同样在讨论怜悯而且提及了"表演"以及具有戏剧意味但属于演说者的外在手段——"姿态、嗓音和衣着"。不过，与《诗学》的"外在的形象"不同，它提出的"置于眼前"更关切"想象性的内在表演"。这样，亚氏将戏剧中通过可视形象产生动情效果的做法移到了演说活动中，在后者里，演说者需要间接地通过语言和听众的内心能力来产生可视的影像。也即，借助语言，演说者在听众心灵中展现了虚拟的"戏剧"场景。

第二，更重要的是，在《诗学》那里，亚氏认为戏剧中的"形象"是技艺外的(ἀτεχνότερον)，他更强调"情节"本身的动情；即便是通过"听"而"不看(ἄνευ τοῦ ὁρᾶν)"，观众依然能有所感，如听俄狄浦斯的故事情节(πάθοι τις ἀκούων τὸν τοῦ Οἰδίπου μῦθον)。但是，《诗学》中并未解释"听如何也能动情"这一重要的、恰恰是"技艺内的"问题。而该问题正是留给了《修辞术》的"置于眼前"理论。这样做的原因很可能是，《修辞术》与《诗学》都关涉语言(λέξις)问题，而前者更适合于集中讨论话语，同时也摆脱了更多的技艺外的因素。③

第三，当这一讨论进一步结合亚氏灵魂论对想象机制的揭示时，一种属于散文的广义的"诗学"就出现了。表演性或戏剧性的再现效果，由外转向了内；再现的行动扩散到了每一个听众个体身上。

这里需要补充的是，古典阐释传统中已经有人注意到了"置于眼前"与想象能力的关系。④ 如伪托朗基努斯的《论崇高》15.1－2 认为

---

① 这种做法在戏剧中常见，在《蛙》里，阿里斯托芬就讽刺过欧里庇得斯让演员衣衫褴褛，从而引发观众怜悯。

② 注意该词与动词ὁράω(看)的词源关系。陈明珠理解为演员的扮相，LSJ 理解为场景表现方面的可见者，这不仅包含演员的装扮及其行为，也包含了布景等。陈明珠：《〈诗术〉译笺与通绎》，华夏出版社 2020 年版，第 298，405—406 页。

③ 虽然演说者的衣着姿态作为技艺外因素也发挥了作用，但它们仅仅是辅助语言激发想象的功能，毕竟在演说中，听才是最主要的。而且演说中，没法完全照搬戏剧的扮相和场景。

④ 除了下面的例子外，还有阿威罗伊的经典评注。他在两个地方使用了خال一词，其一为，المتّفسة أفعال أنّها أفعالها في يخيل(人们会想象它们[无生命物]的行动是有生命物的行动)。该词第 I 式指想象、设想、猜想；第 V 式直接表示想象，向心灵呈现。其名词تخيل，专指想象。Averroès, *Commentaire moyen à la rhétorique d'Aristote*, Introduction générale, edition critique du texte arabe, traduction française, commentaire et tables par M. Aouad, Tome II, Paris: J. Vrin, 2002, pp. 312–313.

ἐνάργεια是φαντασία(此处作为修辞手法,但含义仍然是想象)的目标。当然,他的重心放在了演说者身上:演说者也要让自己的"眼前"呈现话语形象,而且就其"创意(inventio)"来说,演说者格外需要想象能力来思考"崇高者"。① 这样的推进已然超出了《修辞术》的观点,但其基础却并未离开亚氏的"置于眼前"的想象诗学,它们共同预示了后来的审美想象力理论。

我们会想到,在中国古典诗学中也存在类似的手法。如张戒《岁寒堂诗话》引刘勰《文心雕龙·隐秀》的佚文,"情在词外曰隐,状溢目前曰秀";欧阳修《六一诗话》:"圣俞尝语余曰,必能状难写之景,如在目前,含不尽之意,见于言外,然后为至矣。"但从想象诗学来看,中国诗学更强调"隐和秀"的辩证关系;《修辞术》却仅仅强调了后者,这也许跟该技艺的最终目的"说服"有关。中国诗学的愉悦来自"隐"和"不尽",而《修辞术》中规定的快乐与明确的"知识"相联系,因为亚氏不太认为"状物"和认知有多困难。而对于想象的内在活动机制这一问题,亚氏应该不会满意《文心雕龙》中"神思"这个答案。

三、与高尔吉亚《海伦颂》的联系

由于《修辞术》与高尔吉亚的作品有着密切联系,②因而,"置于眼前"理论虽然由亚氏提出,但其根源极有可能在于高氏的《海伦颂》。就算没有影响上的联系,这两位学者的观点也有着明显的相通之处。之所以加以比较,因为高尔吉亚是让散文演说具有文学独立价值的推动者,而这也影响了亚氏对想象诗学的建构。本节约略插说关联所在,以供参考。

首先是《海伦颂》第13节,说天象学家用话语将不可信和不可见的事物"呈现于意见的双眼前(φαίνεσθαι τοῖς τῆς δόξης ὄμμασιν ἐποίησαν)"。

---

① R. D. Anderson Jr., *Glossary of Greek Rhetorical Terms*, p. 43; G. Ueding (Hrsg.), *Historisches Wörterbuch der Rhetorik*, Band 3, S. 44.

② 关于《修辞术》与高尔吉亚作品的联系以及高氏的感觉论和反形而上学的哲学思想,见拙文《论亚里士多德对修辞术的再定义及其政治内涵》,《浙江学刊》2018年第6期;《高尔吉亚〈论不存在〉中的存在问题——兼谈修辞术与哲学之争》,《哲学研究》2014年第1期。高尔吉亚的演说例子也是《修辞术》的重要援引对象。

这里与 1405b12-13 的理论基础是一样的,语词可以呈现看不到的事物。那么,所呈现的当然是内在图像。鉴于高尔吉亚的感觉论立场,该图像只能通过主动的感性能力才能被感知。

第 15—17 节,谈到了视见(ὄψις)和可怕之事。对外部可怕事物的视见,给灵魂"打上印记(τὴν ψυχὴν ἐτυπώσατο)"①,"视见在思虑中镌刻了所见之事的象(εἰκόνας)"。当视见给灵魂刻上形象时,它就转变为内在之眼,这一形象是靠想象而持续存在于心灵中。

第 18 节提及了绘画与雕塑对视觉的影响,它们给眼睛带来了快乐,引起了灵魂的渴望。这也是基于上面所说的原理:视像能印在灵魂中不断产生作用。这里似乎暗示,画像和塑像并不是真实的事物,但它们却能给人带来审美享受,因为人们能够通过想象来让它们活动起来(如果它们本身更加生动),否则,人们不会对它们产生真实的渴望和爱欲。

总结来说,高尔吉亚发现了"内在图像"和内视觉的意义,但他并未明确关注感觉的主动性(或许因其感觉论哲学强调被动的接受),而亚里士多德则发展出了主动性的"置于眼前",将之用于演说中(很多地方,他也在谈格律文的语言)。与戏剧的言外表演不同,由于语言是间接呈现事物,因此,它必须要关注想象力的价值。通过隐喻,演说者和听众共同参与了主动的想象性创造和形象性认识②(听众的接受是对创造的进一步完善):他们不是复述既定的相似关系,而是创造和确认与自身生活相关的、崭新的"活的隐喻"。

---

① 凯曼(A. Kemmann)正确地提及了斯多亚派的类似说法(τύπωσις ἐν ψυχῇ),将之联系"置于眼前"的理论。尽管很遗憾,他没有提及高尔吉亚这里的最早的表述,但也侧面证明了高尔吉亚对该理论的重要贡献。G. Ueding (Hrsg.), *Historisches Wörterbuch der Rhetorik*, Band 3, S. 41.

② 纽曼颇有创见地指出,"置于眼前"促使听众产生了"视觉化图像",令其"参与到了说服过程"中;"用措辞抓住听众的注意力"成为"成功论证的重要因素"。但她有点过于否认"置于眼前"的认知功能(认知信念或判断),仅仅将之作为"感知性能力"。基尔比则与之相反,认为隐喻与哲学都依赖于"认知性解码或解释",或许因此,他对"置于眼前"只有提及,没有任何讨论。S. Newman, "Aristotle's Notion of 'Bringing-Before-the-Eyes': Its Contributions to Aristotelian and Contemporary Conceptualizations of Metaphor, Style, and Audience", in: *Rhetorica*, Vol. 20, No. 1, p. 5, 23. J. Kirby, "Aristotle on Metaphor", in: *American Journal of Philology*, No. 118, p. 546.

四、结论:"置于眼前"的想象诗学

按照学界的一般共识,《修辞术》前两卷与第三卷(单独的标题为《论措辞》)各是独立的作品,由后人编为一体。① 在第一卷1355b26-27(也见1355b10-11),亚氏规定了修辞术是一种审视说服法的能力,但第三卷却超出了"说服"问题,它更接近今天狭义的修辞学,因而更侧重从语言本身去考察"如何说"(形式),而独立于前两卷的"说什么"(内容)。尽管亚里士多德的诗学以格律文为中心,但是,当讨论散文演说的语言问题时,"诗学"得到了拓展,第三卷相当于文论性的"散文诗学"。由此,该卷所讨论的"置于眼前"手法也具有了诗学性。亚氏频繁地使用荷马作为例子,这恰恰显示了他要"以诗入文"的倾向(受高尔吉亚的影响)。

此外,相反于戏剧的直观表演,其他类型的诗与散文都需要语言间接地产生可视效果。这样,第三卷对"置于眼前"的讨论实际上相当重要地、以总括的方式涵盖了诗和文这两种体裁。

在关注形式的第三卷,"置于眼前"密切相关于一个核心目标:如何产生具有美学效果的"巧言(τὰ ἀστεία)"。这个问题与第一卷的事实、理性和逻辑无关,而是延续了第二卷对情感等非理性因素的考察。正是在这样的背景中,想象问题被凸显了出来。可以主张,亚氏意在初步确立一种"想象诗学",或至少说,他开始从独立的角度思考想象性的审美。② 在隐喻艺术中,想象成了自由的、指向精神内在的感性活动,而且它还具有创造性。亚氏哲学的基本特点就是并不忽视感性活

---

① I. Düring, *Aristoteles: Darstellung und Interpretation seines Denkens*, Heidelberg: Carl Winter Universitätsverlag, 1966, S. 118.

② 这与亚氏的美学观有关。波特在其较新的力作中合理地主张:亚里士多德是康德美学理论的根源之一,他其实已经提出了与康德近似的"纯粹的审美愉悦",他认为审美活动是自律的,针对对象自身的美,而不是用之作为手段满足欲望。他引了《优台谟伦理学》1231a2-12、1230b31-35、《尼各马可伦理学》1174b14-20等例,这些是研究亚氏美学思想的重要文段。但波特全书并未提及"置于眼前"理论。J. L. Porter, *The Origins of Aesthetic Thought in Ancient Greece: Matter, Sensation, and Experience*, Cambridge: Cambridge University Press, 2010, pp. 52-55.

动,所以他才会看重在《理想国》线喻(509d－501a)中处在低位的想象。① 当然,柏拉图本人也在利用想象编织着末日审判、灵魂马车等哲学性的神话,不过较之于柏拉图,亚氏更关注从理论上揭示想象本身的机理。虽然不能进行过多的引申,以免产生拉普所讲的时代颠倒的错误,但至少可以说,在希腊诗学和美学理论中,对想象与审美感受力的较为深入的关注就成形于《修辞术》的"置于眼前"理论。

【本文系国家社科基金青年项目"亚里士多德《修辞术》的哲学研究"(15CZX032)阶段性成果】

(作者单位:中国社会科学院大学、中国社会科学院哲学研究所)

学术编辑:胡　镓

---

① 但想象作为形象性的猜想活动,可以说是人类认识和艺术的原始基础。王柯平:《〈理想国〉的诗学研究》(修订版),北京大学出版社2014年版,第197页。

创伤理论与事件的诗学

论创伤性知识与文学研究

[美]杰弗里·哈特曼 著
杨宇静 译

一

无论是以无序的还是有序的方式,哲学怀疑论和语言学怀疑论都对确定知识的可能性提出了挑战。创伤理论也引入了一种精神分析怀疑论,这种怀疑论并没有放弃知识,而是提出了一种**创伤性**存在,这种创伤性存在不能被完全意识到。这种"意识到",是在没有扭曲的情况下就可以完全恢复或交流的意义上来说的。亚当·菲利普斯问,我们能忍受"我们无法避免的无知吗?"是否当代的精神分析学家本身就是个悖论呢,即"研究不确定性的真相的专家"?[①]现在出现了一种理论,集中关注词语与创伤的关系,并借助文学帮助我们"阅读伤口"。

文学研究中什么东西正涌现,我对此必须持观望态度。我们只有一个开始,就像一个虚拟的探险家社区。尽管受到文学实践的强烈影响,但该理论主要来源于精神分析的资源。实际上,它重述了一个古老的问题:艺术是什么样的知识,或者它会催生什么样的知识?

该理论认为,有关创伤的知识或源自创伤的知识是由两个相互矛盾的因素组成。一个因素是创伤性事件,这个事件被注册在案(registered)而非被经历过(experienced)。它似乎绕过了感知和意识,直抵心灵。另一种因素是对这一事件的记忆,它绕过心灵或严重地分裂(分离)心灵,对事件进行永久性转义。在诗学层面上,文字和修辞

---

① Adam Philips, "The Expert", *London Review of Books*, 16(22 December 1994), p. 25.

可能对应这两种类型的认知。

创伤性知识(traumatic knowledge)这一术语本身似乎就是矛盾的。它接近知的同时也接近无知。因此,对创伤的任何一般性描述或建模,都冒着使自己修辞化的危险,甚至成为神话般的幻想。某些东西"落入"心灵,或引发"分裂"。有一种原始的内在灾难,借此/在此灾难中,一种未被经历过的经历(因此,显然不是"真的"[real])有一种特殊的存在——铭刻着一种与被刺穿或逃避的中介(mediations)成比例的力量。读了这些试图保持客观和理性,却又像拉康的数元理论(mathemes)一样富有想象力的论述,我想到了威廉·布莱克(William Blake)对于《创世纪》"原初场景"的改写,它带有宇宙形成时的混乱或混沌(tohu-va-bohu)。

布莱克描绘了那次在天堂中驱逐和隔离了一位上神(乌里森[Urizen])的神秘动乱。因此,这动乱是一种神的疾病,一次天堂的失序;它不会发生在造物(Creation)之后,就像基督教对《创世纪》的解释一样;相反,造物本身就是灾难,同时带来了震惊、分裂以及神秘衰退的具体化。我们陷入造物中,或者更确切地说陷入一个模仿暴君乌里森形象的世界中,并被人类的同谋和恐怖的想象所证实。①

布莱克有时会透露他的提坦之战(titanomachia)是一种精神斗争:理想的人类致力于扭转神秘丧失的想象。一位被他命名为阿尔比恩(Albion)的祖先试图恢复到——梦想自己回到——统一的、自我整一的状态。但是阿尔比恩的梦想无法轻易摆脱历史,也无法摆脱想象的限制:因此它主要是一场重复不休的噩梦,试图清除掉内部化或体制化的迷信(superstitions)。我们现在倾向这样说,阿尔比恩在努力克服(work through)它们。

当我们想到孩童的敏感性和脆弱性特质时,在布莱克那里看到的关于创伤的夸张图像也就顺理成章,正如温尼科特(Winnicott)和其他人所观察到的,这是发展所必要的甚至创造性的部分。尽管已经成熟,但是成年人并没有克服童年时期留下的印记。如果婴儿的

---

① 布莱克描述的原始创伤最类似的大概是朱莉娅·克里斯蒂娃的"**卑贱**"(*abjection*)理论,尽管在克里斯蒂娃这里,神秘的原始分离是与母体而非父体分离的。布莱克的 Urizen 通过在病理学上划清界限、排除秩序而对卑贱作出反应。See Julia Kristeva, *Powers of Horror*: *An Essay on Abjection*, tr. Leon Roudiez (New York, 1982). 拉康把"实在界"与损失、欲望、死亡驱力联系在一起,至少可以与布莱克的造物、损失、假指令**相提并论**的

想象投向了巨型物,比如一个成年人,如果它(指婴儿)有能力表达它时时刻刻的恐惧和幻想,难道我们就不可以接近布莱克的幻想漫画吗?并且诗人成熟视野中的讽刺与歧义,或优柔寡断,以及令人迷惑的、相继出现的魅惑与祛魅,难道不是反映出早期矛盾甚至二元论的苗头吗?

就像布莱克梦中的巨型物一样(尽管**他的**沉思立即被翻译为有自己生命的图像),我们也会问:发生了什么?问题始于哪里?为什么我的幻想生活晦暗而恐惧?为什么我不能理性且富有想象力?我们尝试回到开启致命链条反应并束缚身心的创始时刻。根据拉康的说法,促使弗洛伊德分析"狼人"问题以及在《释梦》(第7章)中分析父亲梦到孩子烧着问题的动力是:"幻想[*fantasme*]背后的初次遭遇和实在界是什么?"①

二

当我们用"创伤"或"歇斯底里"代替"幻想"时,弗洛伊德的《歇斯底里症的病因论》(1896)回答了这个问题,即"在每一个歇斯底里症病例的背后,都有一次或多次过早的性经历发生在童年阶段的早期"。但是弗洛伊德不久后就认定,病人所说的诱惑场面是幻想,而幻想是必须要治疗的。有人说这是一次错误的转折。不承认社会的现实,尤

---

① "(弗洛伊德)以一种近乎焦虑的方式,开始质疑我们自以为确定的初次遭遇是真实的吗?"拉康对梦的治疗见于他的 Tuché and Automaton, in *The Four Fundamental Concepts of Psycho-Analysis*, ed. Jacques-Alain Miller, tr. Alan Sheridan (New York, 1978), pp. 53 – 64. 拉康认为,父亲梦中的"心理现实"是向一个错失的现实致敬,这一现实试图唤醒自己,却从未实现,只能不断自我重复。["en un in*definiment jamais atteint reveil*"]因此改变了弗洛伊德对于找到梦的"心理过程"起源的悲观想法。正如拉康经常说的,"Rencontre première"是一个饱蘸感情的短语,它唤起了原始场景的概念,但也包含了弗洛伊德对因果解释的兴趣,发现了在物质上引发心理意识的原初事件。(See Lacan, *The Four Fundamental Concepts of Psycho-Analysis*, pp. 29 – 30.)"Fantasme"也是一个饱蘸感情的词,接近幻觉或者阴魂不散的念想,Herman Rapaport 写道:"根据拉康,增加或编造一个新的原始场景的观念(一直困扰精神分析),本身就是一个典型的无法实现的欲望。"See his *Between the Sign and the Gaze* (Ithaca, 1994). My comments have been stimulated and helped by Cathy Caruth's "Traumatic Awakening," in *Unclaimed Experience*: *Trauma*, *Narrative and History*, The Johns Hopkins University Press, 2016.

其是女性的现实,"精神分析成为对幻想和欲望的内部变迁的研究,与经验的现实脱节"①。

然而,拉康认为,关于真实(the real)的问题在弗洛伊德那里从未弱化,取而代之的是,由于在识别"初次遭遇(first encounter)"时存在理论或科学上的错误,它才成为一种狂热的追求。在具体的、可识别的事物或原因的意义上,实在的并非就是真实的(The real is not the real)[译者注:拉康的实在界概念更新了一般意义上的真实概念,不过两者在英语中都用"real"表示];无论多么具体,它总是也是一个引燃性的想法(idea),或者是它自己欲望的"唤醒"。与实在界的相遇发生在一个充满死亡感、客体丧失和驱力的世界中,对精神分析者和被分析者来说都是如此。② 实际上,它可以被描述为一次"错失的遭遇"(*troumatique*,拉康的双关语)或一种无中介的震惊,就像威廉·詹姆斯(William James)所说的"嗡嗡轰鸣的混乱"。"在实在界中……一个人要么被吞噬要么被无处不在的凝视或声音困扰。从梦中醒来时经常会有一种解脱感,这种感觉来自这样一种认知(不像精神病患者):人们毕竟还没有陷入实在界的混乱中。作为实在界的一个碎片活着,就是生活在能指法则的界限之外,而正是能指法则使一个人能够再-现自我,**就好像**他是整体的。"③(语汇)意指过程的符号界(symbolic realm)限制了混乱,就像在布莱克那里,造物是一种神圣的怜悯之举,限制了无尽的迷失:堕入分裂、**享乐**)减少和被动的自我断言。

很难说拉康意义上的实在界是意识上经历过的:它知觉的轨迹在别处,在意识之外的其他地方。但是,从某些结果和症状中可以推断出来,包括一个反复出现的意象,它遮蔽但不会抹除客体丧失

---

① Judith L. Herman, *Trauma and Recovery* (New York, 1992), p.4.
② 感觉现实的神经系统也可能进入。See Oliver Sacks, *The Man who Mistook his Wife far a Hat, and other Clinical Tales* (New York, 1985).
③ Ellie Ragland, "Lacan, the Death Drive, and the Dream of the Burning Child", in *Death and Representation*, ed. Sarah W. Goodwin and Elisabeth Bronfen, The Johns Hopkins University Press, 1993, p.97.

(object-loss)。拉康说，实在界总是不受欢迎。① 它具有一种逆转或打断的力量，一种突变(peripety)的力量使一重意义被另一重意义所取代，或者它消除了能指与所指相契处确立起的意义。它可能会取代思想本身——正如马维尔(Marvell)的《割草机之歌》(The Mower's Song)中朱莉安娜所做的那样："**朱莉安娜**来了，她/正如我对草所做的，滋养了我的思想和我。"因此，对于实在界的问题，不能在实在界这里得到回答，只能在引发创伤的**现实实存**(*realissimum*)那里得到回答，对此，更普遍的称呼是"大他者(the Other)"。②

的确，我们可以赋予朱莉安娜什么身份？一个事件被唤起，该事件的意义归因于其重复的奇异性。无论我们做什么，说什么或恳求什么，它都会像马维尔的叠句一样返回。无法确定这种有节奏的返回是站在记忆的一边，还是与记忆背道而驰。某种东西作为刻骨铭心的词语或形象嵌入心灵深处。③ 它"印入大脑"，就算不是总被记起，也是一个难忘的参照点。

---

① "[I]l est nécessaire de fonder d'abord cette répétition dans la schize meme qui se produit dans le sujet à l'endroit de la rencontre. Cette schize constitue la dimension caractéristique de la découverte et de l'expérience analytique, qui nous fait appréhender le réel, dans son incidence dialectique, comme originellement malvenu.""L'oeil et le regard," translated as "The Split between the Eye and the Gaze," in Miller, *The Four Fundamental Concepts of Psycho-Analysis*, pp. 67-78. 我几乎不需要补充——但一些当前的辩论术使其成为必须——与弗洛伊德相比，这一立场并不否认社会现实：它始于患者或者有精神障碍的人，这是精神分析师必须面对的复杂的个人情况。

② 然而，就这一点而言，创伤理论似乎还不够清楚。有一种他者性(otherness)，与拉康的"discours de l'Autre"和符号秩序相联系，对他者性的认可相当于对"l'autre"的认可，也就是说，相当于对一个人或一种不同文化的差异性的认可。但是和创伤"经验"相联系的他者性更类似于 tremendum，从它到伦理的、现实认知的道路是艰难的。黑格尔试图在他的专门研究主仆关系的**现象学**部分建立这样一条道路；但是在克尔凯郭尔(Kierkegaard)和追随鲁道夫·奥托(Rudolf Otto)的 *The Holy* 的宗教思想家中，人们强调要对伦理道德进行中止或神秘否定。简而言之，就像圣战中那样，神圣可能很难与邪恶区别开来，它影响了我们时代最严重的历史创伤，即大屠杀：这一罪恶不是以邪恶的名义发动的，而是以净化民族主义的名义发动的。

③ 例如，苏珊·桑塔格说："我在照片和现实生活中从未见到过这样突然、深刻、瞬间将我震住的东西。的确，看到这些照片(12岁时)就这样将我的生命分成了前后两部分。"她指的是大屠杀的照片。(Susan Sontag, *On Photography* [New York, 1977], p. 20.) On the "cutting" word, see my "Words and Wounds," ch. 5 in *Saving the Text*: *Literature*/*Derrida*/*Philosophy* (Baltimore, The Johns Hopkins University Press, 1981), pp. 118-57.

在我看来,文学知识能够找到这种"实在",识别它,甚至能将其带回,正如在马维尔的诗中所表达出的奇妙的形式、丰富的韵味,还有繁多的自我嘲讽。① 然而,就像在俄耳甫斯神话中一样,恢复是有限度的,或者说可见化的努力是有限度的。每一次当我们想要说"我理解(I understand)"时,我们会说"我看到了(I see)",其实我们没看到(see),要不然就是没有理解。

三

这就导向了文学理论,因为体验(现象的或经验的)与理解(在思维层面命名,用词语代替物或图像)之间的脱节,正是象征语言所要表达和探索的。② 记忆的文学建构显然不是直白取回(a literal retrieve),而是另类形式的陈述。它涉及经历中的否定时刻,涉及尚未或无法被充分体验的经历。现在,这一时刻以其否定性得以表达或广为人知;艺术再现改变了我们对知识的欲望(认识癖),这欲望是由图像驱动的(窥视癖)。创伤理论将形象语言或诗意语言,或许可以说一般的符号过程,阐释为某种事物,而不是对先前(非)经历的形象强化或替代性重复。

例如,当迂回表达(periphrasis)朝着谜语的方向靠拢时——在某种程度上,这种靠拢是所有言语修辞的特征,它表明了一个实在(a real),这个实在的不确定性在所指(谜语的答案)与能指(谜语的形式)

---

① 有趣的是,在安德鲁·马维尔的诗"The Picture of Little T. C. in a Prospect of Flowers"中,他提出了过早(性)经历的杀伤力。

② "视觉霸权"与符号过程的关系,See Geoffrey H. Hartman, *The Unmediated Vision* (New Haven, 1954), the chapters on "Valéry", pp. 97 - 124, and on "Pure Representation", pp. 127 - 55; also my "Retrospect 1971", in *Wordsworth's Poetry*, 2nd ed. (New Haven, 1971), pp. xviiff. 对于系统治疗来说,聚焦于幻想的视觉属性及其与言语比喻的关系,See the post-Lacanian work of Nicolas Abraham and Maria Torotk, esp. *The Wolf Man's Magic Word*: *A Gryptonomy*, tr. Nicholas Rand (Minneapolis, 1986) and *L'Écorce et le noyau* (Paris, 1978). Also Rapaport, *Between the Sign and the Gaza*. 弗洛伊德对窥阴癖的重要论述见于 *Three Essays on the Theory of Sexuality*, *The Standard Edition of the Complete Psychological Works of Sigmund Freud*, tr. and ed. James Strachey (London, 1953), vol. VII, p. 194.

之间制造了一种张力。由于每一个客体都可以以这种方式陷入迷宫（正如蓬热[Ponge]和儿童脑筋急转弯所证实的那样），这种张力是结构性的而非暂时性的，并且打开了一个创造性的游戏空间，即"面对客体"歌唱的可能性(Wallace Stevens)①。

引起符号语言以及它的能指剩余的否定本质，不能完全得到确定：拉康谈到 trou réel，一个现实的洞，而普鲁斯特哀悼道"目前本质上无法治愈的缺陷(l'imperfection incurable dans l'essence même du présent)"。相反，语言自命不凡的"指向"或"靶心"——我们的愿望，即通过语言的方式实现完美的标识，实现对实在界成功的语汇黏合，甚至神奇、生动的称呼——这种俄耳甫斯式请求或者交流-强迫（把声音提高到视觉的亮度和直观性）总是让人失望，又总是把人激活。在白天，这种希望的黑夜余烬引导我们走向基本的文学问题："为什么阐释是必要的呢？"或者"为什么会有文本呢？"又或者"为什么是文学、故事，而不仅仅是事件、历史呢？"

另外，无论是在文学研究领域还是在公共卫生领域都出现了一种新意识(awareness)，它既是伦理的，也是临床的。越多的听(listening)，以及越多听到词语内部的词语(more hearing of words within words)，证词的敞开性就越高。[尽管这种证词在正式法律听证中的地位应该而且确实仍然受到质疑和挑战，但因为证词的个人性、情感性、多重因素决定性和多义性，它并不完全被法院排除在外。在非法律的情况下，精神分析对话已经鼓励采取更多措施来支持倾听；虽然关于创伤的"真正"起因的问题在加剧，尤其在恢复记忆(recovered memories)的问题上，上述趋势还是在强化。②]就像在文学中一样，我们发现一种方法，来**接收**(receiving)这种故事、聆听这种故

---

① 关于这个空间，以及它在童年早期的重要性，See Donald W. Winnicott, *Playing and Reality* (New York, 1971). 拉康一直在分析，一个不在场的客体是如何存在的（在其不在场的功能上），而温尼科特将成熟的想象力看作是在他者存在中在场的能力(a capacity for being present in the presence of the other)。

② 即使在这个新兴阶段，关于此类记忆可信度的争论也使创伤研究陷入困境。弗洛伊德从诊断虐待儿童转变为诊断其为幻想，这种转变在今天关于恢复记忆的争论中再次出现。对案件的**法律滥用**出于我们过去严重低估了暴力的扩张，而在我看来这是最初的滥用。这是一种法律暴力，它会忽略而不是面对人的大脑的暗示性问题，并且在不增加对涉案人伤害的情况下，难以寻求"真实的"决定性证据。最终，人们希望良好的法律体系能在这一领域盛行；此时，最好记住，正如我想进一步说明的，想象力是一种胁迫性的能力，而不仅仅是说服性的能力。

事并将其吸收到解释性对话中。医学还原主义或政治还原主义被避免了。不过,专家们还没有最后定论。凯瑟琳·亨特说,这个故事"必须交还给患者"①。

四

接下来,我关注观众和艺术,这里的观众包括作为最初受众的艺术家。后创伤故事通常需要"悬置不信(suspension of disbelief)"。这个短语来自柯勒律治,他的著名诗篇《古舟子咏》(The Rime of the Ancient Mariner)要求的就是这种共情。即便这首诗是在迷醉状态下所作,或者正如肯尼斯·博克(Kenneth Burke)所说,是一次"毒品的偿还",很显然它也是内部状态的外化。想象力力求具象——事实的具象和氛围。它试图使我们相信不可思议之物;它要求对真实(being real)的承认,而不仅仅是对想象物的承认。这样做的方式包括肉体感觉。某些本能感觉的恢复使我们陷入一种信仰:极端的热、冷和渴,炫目的颜色,对空虚的恐惧,言说丧失。或许,克服身心的创伤性中断的唯一方法就是经由身体回到精神。我们再次记起声音(voice)如何哽住,无法发出。②

当然,每一个强有力的想象场景都是强制性的,并将我们抛入困境。我们抵制相信它;我们又感到一种强迫,去相信它;至少,我们觉得它在对我们讲述,对逃避的自我认识的讲述,无论是深层的还是浅层的。《古舟子咏》指出的是比我们通常习惯的现实更真实的东西;这可以击中要害。柯勒律治为那种既压制又显赫的良知,创制了一个令人难忘的短语:"人的绝对自我的可怕瞭望塔。"

---

① See Kathryn Montgomery Hunter, *Doctors' Stories: The Narrative Structure of Medical Knowledge* (Princeton, 1991),对文学精神对临床实践的适用性的重要描述。See also Stanley A. Leavy, *The Psychoanalytic Dialogue* (New Haven, 1980), esp. ch. 3. 这里讨论了与文本"对话"和与人"对话"的区别。恢复的虚假记忆通常是通过暗示、虚假对话植入的。Richard Weisberg 在他的 *Poethics, and other Stragetiess of Law and Literature* (New York, 1992)中试图为(更多的)"文学法理性"(literary jurisprudence)奠定基础。

② 体现在诗歌旋律上的节奏保持自动驾驶状态,保证了诗歌继续下去,尽管没有声音感觉(voice-feeling)。后期添加的感性散文润色也确保了其继续。

在这首诗中,被控告或指责的是言说(speech)本身——进一步说,诗,作为更绝对的言说的可能性,能够激活、调解、创造信仰,能够救赎。在这里,言说是古怪的自动式的:这首诗是用很夸张的歌谣韵律写成的,和华兹华斯的新风格或者柯勒律治自己的《午夜寒霜》相比是非沉思的。沉思的、口语化的自我被这样的事实掩盖,即柯勒律治没有内观(introspect)水手;心理学作为动机所在地被略去了。我们不知道他为什么要射死信天翁;这首诗呈现了奇妙和恐怖的场景,并通过不确定的和长久的宣泄来清除罪过。直觉心理的缺席,或失语行为本身,建立了一种可能性:这里没有基于自我(selfhood)的动机。至多,杀戮行为,就像孩子砸狗或吊猫,是对正在遗失之物的挑衅:它挑战了良知或即将出现的道德规划。

如果真是这样,那么水手的行为就是自掘坟墓。既然现在生物宇宙确实瞄准了杀手,以他为中心,通过指责创造一个自我,但这个宇宙也彻底地将他驱逐出去,以至于他的无端的行为没有带来存在(being),而是带来了虚无(nothingness)——一个**实在界的孔洞**,一种巨大的孤独,仿佛上帝本人并不存在。

在这样的世界里,通过言说调解已不可能。拉康所谓的符号秩序(与实在界和自恋的想象界截然不同)因这个世界的越规(violation)而呈现为一种不可能的欲望。活下来的凶手没有祈祷,没有祝福,没有共同体:生物、精神、圣徒和其他辩护者也不能为他说话,引导他,甚至成为他讲话的对象。当然,最终言说返回了,但是柯勒律治清晰表明,水手的叙述是强制性的和强迫性的。这首诗的仿古风格、过多的中庸精神和古灵精怪与水手的极端孤独形成嘲讽性对立。

在人类世界中,他也处于隔绝状态。水手一直是婚宴的局外人;婚事也不能消除他的孤独。他的精神进程仍然仅限于去发现一种**讲述链**(*telling link*)——一种言说类型,可以称之为诗歌或祈祷,它能减轻无法终止的孤独感。甚至在犯罪之前,诗歌中反复出现的受阻和**孤立**的不详画面,就已经暗示了创伤。拉康说,这种重复是"在遭遇之地,在主体产生的分裂中"建立的。

阐释者的任务始终是整理出分裂(split)或裂缝(*schize*)、[初次]遭遇处、重复与主体之间的关系。在柯勒律治的诗中,**裂缝**(*schize*)被刻画为既是故事展开的催眠式停顿,又是停滞瞬间所表现出的、音顿(caesura)所确认的时间压缩:射杀信天翁,这个事情将时间分为先后。分裂（schism）甚至可以被认为是确立了这首诗的"无意义"（nonsense），确立了这首诗指称性和现象性的分离。因为这首诗呈现的怪诞事情，其本身就被注入了一种充满意义的现象性。① 这首诗就像是凝视着我们的一幅画。②

实在界没有直接出现，也没有用一种现实主义方式表达，原因在于创伤可能包括了符号秩序的破裂（rupture）。秩序并不是被**裂缝**（*schize*）摧毁的，实际上它在这里被放大了，而且对破坏者构成威胁和震慑。幻想已经开始修复缝隙（breach）——与其说是符号界的缝隙，不如说是符号界和个体之间的缝隙。（但是，在布莱克那里，缝隙就是符号界中的缝隙。）柯勒律治认为，确立一个全新的、社区化的自我，这比创建其与符号的关系要更加明智。

但是，没有幸福的结局。修复符号秩序与个人之间的缝隙似乎是无休止的任务。在不可预测的时刻，使水手自身成为媒介的那种讲故事的冲动，与旅程本身一样具有破坏性；这种讲故事的冲动惊吓到我们，我们像婚宴上的客人一样被美杜莎化（medusaed）。重复（也是发泄）表明了一种无法化解的震惊：有节奏的或暂时性的口吃，它们使讲故事的人处于痛苦状态，等待着下一次袭击，等待下一次的亢奋（hyperarousal）发作。关于这种重复，叶芝说，一个邪灵总是把我们带到遭遇的地方——为的是结束它。

---

① 华兹华斯与柯勒律治的区别可以从 Alan Liu 非同凡响的陈述中看出："对于华兹华斯而言，真正的启示是参考（reference）。"这里所隐含的是一种日常的创伤，这种创伤是以"自然"或者华兹华斯概念化的自然为中介的。Liu 将历史创伤的一面视为 *histoire événementielle*（灾难性的或多变故的历史），而不是日常历史。尽管有歧义性，他的观点仍然清晰而有价值："真正的启示将在历史穿越自然界直接占有自我时出现，当历史感和想象力合为一体时，作为中介物的自然将不再存在。"See Alan Liu, *Wordsworth, the Sense of History* (Stanford, 1989), pp. 42, 31. For the phenomenology of this understanding of reference, also see Anselm Haverkamp, "The Memory of Pictures: Roland Barthes and Augustine on Photography", *Comparative Literature*, 45 (1993), pp. 258 – 279. Haverkamp 指出了**斑点**（*punctum*）和创伤之间的关系。

② 即使我们无法触及幻想背后的真实，单作为一首叙事诗，《古舟子咏》也能够令人满意。也可以说诗意的指涉接近一个反向灭点，一个 *de te fabula narratur*。Compare Lacan, *The Four Fundamental Concepts of Psycho-Analysis*, tr. Alan Sheridan (New York, 1978), p. 106.

五

现在的一代人已经越来越多地从政治角度看待文学。业界很多人迫切想要寻找良药,也就是说,使文学的研究对象更广泛,更与平常政治世界发生的事情联系起来。创伤研究为通向"真实的"世界提供了更自然的过渡,而这个世界通常不在大学的关注范围内,就好像一方是积极分子、参与者,另一方则不闻不问、冷眼旁观。从创伤研究到公共的尤其是到精神健康的问题,都是一个开放的空间,一个涉及伦理、文化和宗教的开放空间。①

结果并不是道德批评。因为这种最新视角并未尝试对单个作品进行明确的判断或评估。创伤视角引入的变化在理论层面上起作用,以及在阐释、理解人类机能方面起作用。核心是打开了无意识的或未知的知识领域——一种潜在的文学的知识方式,如果你愿意——把洞见和盲点、游戏和认真联合起来(或对过渡对象的成人管理②),并将灵感和声音、感觉联系在一起。重点在于对语言的想象性使用,而不在于理想的意义透明。实在界——经验的或历史的起源——不能这样被认知,因为它总是在创伤性回音或"领域"中呈现自身。③

---

① 特别是关于宗教的含义:拉康的精神分析学天赋在于吸收了关于死亡和自我(缺席)的一系列神秘主义推测,这包括由科耶夫(Kojeve)引入法国思想界的黑格尔的"消极劳动"思想,马拉美(Mallarmé)致亨利·卡萨利斯(Henri Cazalis)的著名信件中的思想(1886年4月),莫里斯·布朗肖(Maurice Blanchot)终生努力的把文学和死亡非辩证地联系到一起的思想,这种联系"是不可能的,它不会带来优势、理解或进步的成就,却会使他(这个人)发生根本的转变"。(*The Space of Literature*)柯勒律治对老水手的描写与布朗肖的《黑暗托马》(在同名小说中,Blanchot's *Thomas the Obscure*)中的描写有着惊人的相似:"他真的死了,但同时又拒绝死亡的现实。他在死亡中,被死亡拒绝,成为一个被摧毁的人,停在自己形象的虚无中,托马在他前面奔跑,背负着已经熄灭的火把。"

② 我指的是唐纳德·温尼科特在《游戏与现实》(*Playing and Reality*)中阐述的著名的过渡客体与现象理论。

③ Dori Laub 和 Nanette Auerhahn 在一篇探索性论文中指出,"精神分析本身与其说是一种治疗,不如说是一种关于知识的理论",他们将不同形式的创伤知识类型化:"知道与不知道:大规模的心理创伤记忆。"*Bulletin Trinutstriel de la Fondation Auschwitz* (Actes V, Colloque International, Brussels, November 1992, Histoire et mémoire des crimes et genocides nazis), nos. 44 – 45(1994), pp. 69 – 95.

想一想乔恩·阿维奈(Jon Avnet)的电影《树屋上的童真》(The War)。电影的主角是一个遭受后创伤压力(post-traumatic stress)的越战老兵。他因为找不到工作,也维持不了工作而抛弃家庭,在精神病院度过了一段时间。当再次回到家中时,他决定以一个父亲和供养者的身份养家。电影中他最初遭受创伤的经历是丢下重伤的战友使其死在战场上,尽管他有过一次英勇的营救尝试。这一次遭遇的地方是煤矿。他成功地将伙伴从坠落的岩石中解救出来,从而挽救了他的伙伴,但他自己因第二次塌方而丧命。退伍军人去世后的一幕是,他的小儿子有了与父亲相仿的经历,这相当于又一次的战争和自我牺牲。

这个简短的概括使故事的设计比它原本呈现的显得更明晰;但此时问题也浮现出来,即艺术培养什么样的意识。如何理解我描述过的重复?它们是在加剧、增进,还是像节奏一样在放缓,还是以这种方式阻止再次发生新的创伤化——创伤从作者传递到电影观众?

通过双重情节电影告诉我们,创伤是生命成长过程中不可避免的一部分。但是它将创伤性事件与当地环境(Juliette,一个 1970 年极度贫穷的密西西比农场区)融合起来时很小心,这样我们就可以将这部电影视为现实主义的而非寓言性的。它通过象征手段增强了知识,但是其现实主义和象征性模式却始终处于一种隐而不现的张力状态。

有句著名的谚语:将技巧隐藏起来就是艺术(It is art when it hides the art)。当然,作为专业读者的批评家再次揭开艺术的面纱;但是,如果这样做是为了揭露,或者纯粹是利用这种揭露的方式,那么我们就有太强的设计意图——在某处精心谋划——那么心理发展所需的既要有已知也要有未知的平衡就被打破了。此外,今天诸如天意或命运之类的沉重概念已经失去其艺术和神秘的潜能,并逐渐屈服于创伤压力和重复强迫这种更世俗的观念。然而,即使这些概念仍然足够神秘,观看者的洞察力,尤其是其思辨意识,仍能够感觉到其局限性。阿维奈的影片表明,我们就像影片中描述的孩子一样,通过参与父母神秘的、准生理的经验而变得成熟。

我所赞成的表述是,在情节、演员、角色、作者、观众的各个层面上,这种行为是叶芝意义上的"有魔力的",而不是"有意识的"或"无意识的"。即使在用来刻画 Juliette(一个"未进入行政区划"的城镇)的局部细节中,我们也发现了一些地点绑定事件,比如树屋、水塔(彼此的反像)、风暴性大火、漩涡(也是反像),这些事件把父亲和儿子这两个主角带回来,完成最终的相遇。创伤性和艺术性的知识共同产生了自己的认识方式。

六

当关于极端经历的知识如何可能的问题,从认识论的困惑转移到与故事言语行为以及符号化过程紧密相关的下意识(underconsciousness)时,你可能已经感受到我的文学转向了。这种转变并没有把认知抛在后面,反而使我们与之形成了不同的关系。这导致不掺杂感情地承认人类状况,并且将艺术视为见证和表征。这种承认的力量削弱了我们寻找创伤**最终**解释的倾向,即"透视"其生物学或元理学基础。的确,狂热地努力解释和揭秘,这本身就是一种创伤性分裂的结果,一种强迫性的迟来努力,努力**在理论**上找到显著的原因(可见)和创伤(不可见,否则会"刺穿"双眼)的联系,以掌握经验和知识之间的分裂。①

困境在于如何承认人性中激情、痛苦、深情的一面,却不把同情变为过度认同。学术常常通过寻求对童年创伤或"初次遭遇"(即使这种"遭遇"正在"消失")的认知来保护自己免受正在被分析的强烈情绪的影响,在这一意义上它将自身移置出记忆,并因此变成了想象性重建的主体。②

这并不是否认个人的历史或社会救治的必要性。实际上,黑格尔的"(历史)真实的就是合理的[the (historical) real is the rational]"似乎是对"实在的是创伤性的(the real is the traumatic)"的合理化。③

---

① 瓦莱里(Valéry)发展了自己的象征主义哲学,他通过一道考题嘲讽了认知参照的机械的、准科学的诱惑:"应该怎么看待这种习惯:刺穿鸟的眼睛,为了让它更好地唱歌。Explain and develop.(3 pages)"

② 在这种情况下,努力将问题"历史化"通常是坚持这一遭遇的非偶然性的一种方式,它是基于(有时是迷信的)对巧合(coincidence)或同时发生(conjuncture)的评估。

③ 黑格尔的《精神现象学》在将历史视为一个具体的辩证过程的同时,仍然朝着一个最终的终极状态迈进,在那个终极状态中,历史被深刻地内在化,以至于被遗忘。基本上,历史经验不会成为**我们**的一部分,而是我们参与其中的一个**实存**。

创伤研究的激进一面崭露头角,是在其关注"常见的"暴力(比如强奸、虐待妇女和儿童)时,而非强调战争、大屠杀这种暴力行为时。最重要的是,它没有忽略情感和日常伤害的爆炸性。

因为很明显,事故(也就是看似简单的日常事件)也暴露或陷入了创伤的气氛中。我怀疑,如果没有这种对普通事物的"攻击",现代小说是否有可能存在:从哥特故事中对先人肖像的奇异观看,到曼(Mann)的小说《魂断威尼斯》(*Death in Venice*)中深藏内心的相遇,到品钦(Pynchon)《拍卖第四十九批》(*The Crying of Lot 49*)中的重重疑云,到里尔克(Rilke)《布里格手记》(*Notebooks of Malte Laurids Brigge*)中感觉的瓦解或反叛,或者在神秘小说或任何小说的"现实主义"片段中清白但又有揭示性(对于侦探而言)的事故。①

尤其是在文学中,震惊与梦幻相伴。哪里有梦哪里就有创伤。温尼科特认为"母亲总是遭受'创伤'"这一观点在这里是基本的:他的意思是,在孩子的基本信任或理想化的养育结构框架中,有无限受到伤害的机会,越是理想化就越是易损。② 由于整合(being integrated)(从心理分析的意义上来说)仍然是一种理想化的方式,因此它无法完全抵御这种日常伤害,这种伤害可能会很深,就像童年创伤一样深。

拉康也强调了一个无法完全避免的不幸的倾向:他将这种意外的创伤描述为不幸(*malencontre*)。我们似乎从未为即将到来的事情做好准备;这使得孩子成年后仍感到为时尚早,不成熟。生活似乎总是(经常是无意识地)一种追赶——无论是活着还是(经过了哀悼)死

---

① 凯瑟琳·贝尔西(Catherine Belsey)认为,夏洛克·福尔摩斯这类侦探小说的目的是"消除魔幻和神秘,使一切都清楚明了,可解释,能够科学分析",尽管对于女性而言,这种"黑暗和魔幻的"品质可以保留。我认为,这个启蒙项目不会成功,而是实际上会增加生活的魔幻和神秘感。See Catherine Belsey, *Critical Practice* (London, 1980), pp. 111ff., and Geoffrey H. Hartman, "Literature High and Low: The Case of the Mystery Story", in *The Fate of Reading* (Chicago, 1975), pp. 203-22. 对于文人来说,它总是一个 *tolle*, *lege*, 就像丘比特的箭一样有效:一首诗,一首诗的部分,或者甚至一个片段都被赋予光晕,并成为来自另一个世界的神秘箴言。

② See, for example, *D. W. Winnicott: Psycho-Analytic Explorations* ed. Clare Winnicott, Ray Shepherd, Madeleine Davis (Cambridge, Mass., 1989), pp. 146-48. 因此,我们成熟度的衡量标准是包容矛盾,并(更有创造力地)在文化领域中找到新的过渡客体或现象,而这种过渡客体或现象是此类客体的"空间"。

亡。因此，当前的某些事类似于（或重新组合）被遗忘的事，就好像存在着一个通道，沿着这个通道记忆能够流回，却又隐藏其源头。在这里，人们感觉到重复或往来的奇妙感觉。①

从我所说的来看，我们必须从有关创伤与恢复或与梦境知识的关系中得到一个警示性的教训。目前，存在着将创伤事实政治化并扩大，甚至普遍化受害者视角的倾向。但是，不能轻易把传记和创伤画等号：人类生命本身就是对温尼科特所描述的"创伤性"的无休止的适应，这从出生一直持续到死亡。②

七

创伤理论与阅读或实际批评有什么关系？这是众所周知的：在文学中，就像在生活中一样，最简单的事件可以产生神秘的共鸣，被赋予光晕，并趋向于符号的(symbolic)。从这个意义上说，符号不是对表面(literal)或指称的否定，而是对其不可思议的强化。表面意(literal)与符号(symbolic)之间可兑换的原因在于之前提到的"创伤

---

① 波德莱尔的十四行诗《感应》赞扬 Swedenborgian 的神秘主义，是象征主义运动的证明文本之一，经常被引用。Walter Benjamin's essay on Proust ("Zum Bilde Prousts") makes the German "ähnlich" (resembling) resemble, "ahnen" (to forebode), a word close to the German for ancestors. Benjamin's essay and its relevance to literary theory are expertly discussed in J. Hillis Miller, *Fiction and Repetition: Seven English Novels* (Cambridge, Mass., 1982), ch.1.

② 在这里我必须简单补充一下。即使我们不能证明它最初（"初次"遭遇）对人心理的影响类似于人脑中风，也不应该否认现实世界中触发创伤的因素。然而，这种触发不一定是不合法的或者暴力行为。因为即使在像坠入爱河这样的"积极"创伤中，也会出现分裂：一方面是对现实的强烈把握，另一方面是贬低或淡化了其他所有事物："我真不明白，你我相爱之前在干什么？"这正是约翰·邓恩(John Donne)对恋人新世界、对他们"醒着的灵魂"道早安。就渴望现实而言，情况变得更复杂了，因为触及它（"莫非我们还没断奶"），实际上促成了接近创伤。我们在试探命运。很清楚的是，心理一体化的理想，就像在自我心理学中那样（拉康的 *bête noire*），将不得不被改变。我们不能"掌握"创伤：它继续位于"一体化"自我的外部或边缘。任何事故都有可能因"延迟行为"发展出心理上的灾祸：想一想偶然的、被忽视但最终致命的事件，这通常是加西亚·马尔克斯(Garcia Marquez)的故事的特征。

化",它总是粉碎基本的信任,但又以符号模式捡起碎片。① 此外,创伤理论确实对人类时间的分析做出了特别的贡献,把人类时间的重复结构阐释为一种否定叙事性的模式(mode of negative narratability),否定叙事性与被高度贯注的时刻交替出现,比如华兹华斯的"时间之点"(spots of time)。这些可能以倒叙的形式返回,但是也是重新点亮来自似乎已经消失了的更高浓烈度时期的灯塔,至少在华兹华斯的描述(以及之后普鲁斯特的描述)中是这样。

简而言之,我们在指称、主体性和叙述等几个关键领域对文学与心理功能之间的关系有了更清晰的认识。我会说到"精神机能紊乱",但这会引起误解。因为所谈论的紊乱并不是一种不幸的对正常状态的背离,尽管它可能涉及痛苦和寻求救济;相反,它是一种虽然带有强迫性但非常人性的不确信(doubt),一种顽固的质询,不能被条理化,也不能还原为像笛卡尔**我思**那样的肯定结构。在残留的观念论的刺激下,它一次又一次地,与**现实**、**身体完整性和身份**问题缠斗。这是一种怀疑(有时是沉思的狂喜),它会影响指称(这是真实的还是至少是真实的信号?),主体性(就是说"我"以及其中包含的可能意义),以及记忆或故事(处于个人生活的"情节"的控制,而非其他某些未知又致命的叙事部分的控制)。②

我之所以提到这些因素,是因为它们在富有想象力的文学研究中起着特殊的作用。诗歌或小说有什么样的现实-指称?那个讲故事和要求作者特权的"我"是谁?为什么我们要相信这样一个奇妙的故事或者讲故事的模式?即使它尊重现实主义的标准,却仍然以巧合和表面下的神话般的结构为特征,而这恰恰是其吸引力所在?

---

① 在拉康那里,符号界无法治愈实在界,它本身就是一种创伤。孩子在成长中,从**想象**(本质上是自恋的或者是两个身体、养育者-孩子的关系)到符号的三身体阶段(与俄狄浦斯情结的发作有关)的必要过渡总是创伤性的。符号秩序必须自我治愈;它通过遗失实在界或者接受它的遗失来实现自我治愈。但是,温尼科特对创伤与符号之间的关系有更为简单的认识。按照他的设想,母子二分体发展出的过渡对象为"婴儿和母亲(或者说母亲的一部分)联合的符号"——是位于心理时空点上的客体,在这个时空点上,分离或毗邻取代了联合或连续性——然后,在符号生产失作时,创伤产生了。See Winnicott, *Playing and Reality*, esp. "The Location of Cultural Experience", pp. 95 – 103.

② Oliver Sachs 在 *The Man Who Mistook his Wife for a Hat* 中提到维特根斯坦的《论确实性》,认为它应该被命名为《论怀疑》(*On Doubt*),其中的怀疑大于确定:"(维特根斯坦)怀疑是否存在某些情况或条件会剥夺身体的确定性,这使人们有理由怀疑人的身体,或许确实会在怀疑中失去整个身体。"(p. 43)

创伤理论并不是只有在文学研究领域内起作用时,才有确定的答案。但是,与其过早地寻求知识,不如在否定性中停留更长的时间,并允许语言和思维紊乱,就像我们倾注在文学上的时间一样。对于指称的质疑,或者更积极地说,我们(用一种符号性或多义性维度)建构一种文学指称性的能力,表明了梦或创伤的临近;否定叙事性定义了一种时间结构,该结构趋向于崩溃、坍塌成一个被贯注的创伤性内核,从而,使寓言被还原为一种重复强迫,而不是真正的"及时(intime)";① 在没有被给予一个纯粹的政治或色情的解释时,主体的服从会让人联想起拉康所定义的我在大他者面前的"消隐(fading)"。这种消隐总是表示对符号秩序的干扰。②

八

在一个基本领域中,文学理论的成果已经非常丰富。可以看到,认识论的偏见(不仅支持有关知识与知识效果的进步观,而且也将我们即将了解的复杂结构主要看作是对主体性的清除)已经扭曲了读者/文本关系。我们习惯性地将文学阐释视为一种二元对立过程,这种过程发生在客体般的文本和主体般的读者之间。我们尝试称这过程为对话,用传统的拟人法来说就是文本开始对我们"讲话"。但这其中的生动隐喻太明显了。它暴露了这样一个事实:尽管我们觉得书中内容鲜活,但我们找不到一个很好的模型来描绘它。我们越是赋予书以生命力,它们越是让自己显得近似死亡——它们以墓志铭的方

---

① 有趣的是,在新古典美学理论中,亚里士多德所称的悲惨场景(可能显示出极大痛苦的潜在创伤场景)不允许在舞台上出现。它只能通过叙述来介绍(如著名的拉辛的悲剧记载)。此外,精神分析文学批评的一种重要类型在于发现和主题化儿童幻想,这里面既有系统发生的因素又有个体发生的因素。这种分析可能会出现的意想不到的结果是,它表明了个人心理发展的相对不真实性和非常有限的自主权。现在最早的经典例子是 Marie Bonaparte, "L'Identification d'une fille à sa mère morte", 幻觉中出现了天鹅,这一观点在文学上展开,大规模出现于 Charles Mauron in Des métaphores obsédantes au mythe personnel (Paris, 1963)。

② 可比较:"自己和他人之间的距离总是受到干扰……在我们中总是有一些自我表征的困难……因此我们不得不返回到'表征'的形式。"Geoffrey H. Hartman, The Fate of Reading (Chicago, 1975), p.74.

式向我们说话，或者我们在思想中、梦中与之对话。每次阅读时，我们都面临唤醒死者的危险，死者的返回既令人毛骨悚然又令人欣慰。在任何情况下，都是读者是活的，书是僵死的，书被读者复活。然而，读者强有力的诠释（exegesis）并不停留在交谈层面上，而是变成了一种文本，此文本必定在此后的某个时刻被激活。诠释性交谈无法维持其口头传统。它发现了一种别样的文学传播方式。

雄心勃勃的思想家当然不希望他们的作品只是存在着，而是希望他们的学说的未来意义得以展开。这就是柏拉图贬低写作媒介的最明显的原因，它剥夺了作者的权威，并将其置于未知之手——最好的情况是置于传统或学院之手。当然，在最坏的情况下，掌握在国家手中；这就是尼采视为正在发生的情况，而他竭尽全力与之斗争。尼采对大学的批评和对学术自由的倡议描绘了演讲系统对耳朵的颠倒："一张正在说的嘴，很多耳朵听，（与耳朵比）一半正在写的手——外表看来，你便获得了形式上的学术装置，你便获得了正在起作用的大学文化机器[*Bildungsmaschine*]。"在机器后面，在"精心计算的距离"处，站立着国家：德里达指出这样的画面，一种教育的国家机器"向你口述的东西，经过你的耳朵，沿着线路旅行下来，直到成为你的速记"，脐带线和耳朵合而为一。很神奇，"一根脐带线……创造出冰冷的怪物，即已死的父亲或国家"①。

依靠尼采和德里达，也借鉴了巴塔耶、布尔迪厄、拉康和列维纳斯等不同作家的见解，新的伦理理论试图打破教育体系的再生产专制，这种教育体系制造了伪耳（pseudo-ear），这不过是助长了对民主与客观性的幻想。② 新伦理理论承认书本和书写的体制化问题，以及教学

---

① Jacques Derrida，"Otobiographies"，in *The Ear of the Other：Otobiography，Transference，Translation*，ed. Claude Levesque and Christie McDonald, tr. Peggy Kamuf（Lincoln，Nebr.，1988；original French ed.，1982）. The Nietzsche extract I reproduce comes from educational writings in his *Nachlass*，in English as *On the Future of our Educational Institutions*，tr. Damion Searls，edited by Paul Reitter，The New York Review of Books，Inc，2015.

② Fred Botting 在 *Oxford Literary Review* 中发表了题为"Experiencing the Impossible"的文章，唤起了对巴塔耶异质性的重视，引用了 Denis Hollier 的 *Against Architecture*。"正如雅克·德里达所说的那样，也许这里从来没有其他理论，因为所有理论都是沿着同化的开路先驱展开的，在同质化感受到威胁的地方干预。"Botting 认为，理论如何通过巴塔耶和德里达变成理论的持久敌人，"扰乱过程中的因素……通过一条连接结构主义、精神分析、马克思主义和后结构主义的明显统一的线索，打破了在英国普及并（转下页）

关系、口头传播知识的教学活力的问题。文本不仅仅是认知过程的客体,它们的"时刻"包括教学(teaching)和教义(teachings)。① 这里的教学在广义上被理解为一种述行活动,一种阐释,这种教学希望能改变人,从而改变世界。同样,读者不仅仅是阅读主体,而且也是老师或学生,或者两者皆是。如果我们将教师和学生的互动关系叠加在读者和文本的互动关系上,文学研究就会少一些认知理论或记述理论强加其上的冷漠,而阅读则会恢复为伦理的(或元认识论的)。从伦理上来说,因为读物是被讲说的(addressed),不仅仅是形式上(通过明示或暗示的献词,或者是文学与文字的类比),而且对于他者来说是一种回应的、脆弱的,甚至不可预测的存在。通过一种"阅读伤口"而不是否认伤口的批评[保罗·策兰的说法是痛读(*wundgelesenes*)],原始文本(本身是脆弱的)向我们讲说,表明自己是集体生活、死中之生(life-in-death)的参与者,是传统或互文性的一个标志。②

(接上页)制度化法国作品的教育叙事". *Oxford Literary Review*, 15(1993), 206. On the negative aspect of literary pedagogy, see also John Guillory, *Cultural Capital: The Problem of Literary Canon Formation* (Chicago, 1993) and Kwame Anthony Appiah, *In My Father's House: Africa in the Philosophy of Culture* (New York, 1992), p. 55.

① Compare Susan Handelman, "The 'Torah' of Criticism and the Criticism of Torah: Recuperating the Pedagogical Moment", *Journal of Religion*, 74(1994), pp. 356 - 371. Handelman 对 Levinas 和 de Man 进行了鲜明的对比,将后者列为认识论的反派——但是他忽略了 de Man 对于"blind"knowledge 的兴趣,他对自以为是的洞察力的批判,以及他在努力描述行为句和陈述句的难题。Compare with Handelman Barbara Johnson's critique of de Man's impersonality in "Deconstruction, Feminism, and Pedagogy," in her *A World of Difference* (Baltimore, 1987), pp. 42 - 46.

② 文本之所以脆弱,是因为它的历史性,不仅仅因为它是由凡人生产的。See Thomas Greene, *The Vulnerable Text: Essays on Renaissance Literature* (New York, 1986). 对文学史的再认识符合本段认识的精神,See Sanford Budick, "The Experience of Literary History: Vulgar versus Not-Vulgar," *New Literary History*, 25(1994), pp. 749 - 777. Budick 将他的理解局限于一种传统(西方的传统,尤其是通过罗马或 Vergilian 的翻译研究确立起来的传统)。此外,他的交叉思维框架将重述词(即互文性)的"死中之生"(life-in-death)与生中之死(death-in-life)的经历联系起来,这种"不可弥补的损失"使文学史作为前世的记录或恢复,成为某种潜在的东西,而不是完全可以实现的东西。"这种经验的呈现意味着这样一种说法:思想中无法弥补的损失是一种文学史经验(和一种传统)的条件。"p. 767.

九

我对 *paidea* 这一概念的复兴有一些疑问,如今这一概念包括并且经常聚焦于女性经历。但它确实让我们重新思考我们与文学之间的关系,而不是在致力于社会正义的热情中废除它。我有一个保留意见,就是所谓的伦理可能,再次,就是被置换了的福音派冲力(a displaced evangelical intensity)。"创伤象征(memento trauma)"层面与"死亡象征(memento mori)"的距离并不那么遥远。尽管已经放弃了对宗教的总体主张,但批评作为次要观念,不是证明了一种宗教现象吗?这种观念是否在寻求一种现代的、破碎存在的诠释学?苏珊·韩德尔曼(Susan Handelman)明确写道:"诠释学和讲道术不能分开,并且……应该在教育学的范畴内联合起来。"[1]

因此,仍然存在一个问题,即这种伦理观点如何与它所倡导的教学区分开来:与强烈的个人主义(personalism)区分开来,它已经侵入教室和作为整体的专业领域,如同在政治领域,它获得成功不是通过严肃的证据或人道交流,而是通过流言、公开和展现在"景观社会"的纯粹力量。我当然不是说凯茜·卡鲁斯(Cathy Caruth)或苏珊·韩德尔曼或芭芭拉·约翰逊(Barbara Johnson)或吉尔·罗宾斯(Jill Robbins)或艾维托·罗内尔(Avital Ronell)或辛西娅·蔡斯(Cynthia Chase),或者上一代的肖珊娜·费尔曼(Shoshanna Felman)、杰奎琳·罗斯(Jacqueline Rose)和朱莉娅·克里斯蒂娃(Julia Kristeva)走了这条道路。实际上,他们是示范性的,既没有建立起对"掌控"的反模型(counterideal),也不是对层级的、自满的教学模式的女性主义的可笑反转。但是,有必要阐明**他们的**"教育时刻的复原"(recuperation of the Pedagogical Moment)如何避免政治化或宗教崇拜式的个人主义。

---

[1] Handelman, "The 'Torah' of Criticism", p. 364. 当然,我的讨论并不能解决文学批评中的元语言(或与目标语言不同的描述语言)问题。文学研究的情况与医学不同,Kathryn Hunter's chapter on "Narrative Incommensurability", in *Doctors' Stories*, pp. 123 - 47, is very suggestive.

当我们提醒自己,目前为止,教育时刻的重新引入,是以精神分析(或者一般的医学言语)、米德拉什(Midrash)及文学批评的话语进行探索的时候,我们也就前进了一步。女性主义作为对精神分析和文学话语的批评进入文学。它暴露出分析师、批评家、艺术家对性别问题的歪曲。我们面临着潜在的创伤性问题,这些问题涉及性认同和社会心理结构的专制。① 因为变得更个性化,女权主义打破了自传式思考与体制关切之间的障碍。

我的评论仅限于"教育时刻",以及从中可以学到什么以改变读者/文本关系。例如接受理论,无论它是否受到精神分析的启发(诺曼·霍兰德[Norman Holland]、大卫·布莱西[David Bleich]、简·汤普金斯[Jane Tompkins]),都有很强的教育意义。它通过允许学生有意见、偏见和立场,抑制老师的愤怒,从而提供了一个**减缓**阅读的方法。米德拉什对文学批评的潜在影响是一个更为复杂的案例。米德拉什最初是在合法宗教和专制统治的背景下蓬勃发展的。然而,正是这种评论形式的自由——它呼吁对一种书写进行创造性回应,一直是神圣的和不可替换的。符号秩序及它的复原总是受到挑战。我怀疑由于口头和听觉之间的关系,米德拉什的回应才能如此大胆。伪耳受到挑战;我们发现自己在一段评论中,这段评论复原了已消隐的、复杂的听到模式。拉比(Rabbinic)的翻译者经常发现或重建一个虚拟文本,即词中词,它通过自动("听的"[eary])双关语产生新的意义。

实际上,接收到的文本放在哪里?是在文本中还是在我们中?可以说,文本在文本中,但含义由我们掌控,但这么解释并不能令人满意。我们很快再一次迷失在认识论的细节中。最好承认一种创伤性的或者热情的因素可能会进入世俗的诠释,就像米德拉什或宗教与《圣经》的关系一样。我们在如下评论中感受它,列维纳斯的"教学

---

① 例如,参见 Elaine Showalter 对(男性)歇斯底里症的持续研究,以及 Susan J. Wolfson 的"《抒情歌谣集》和(男性)情感的语言:华兹华斯写女性的声音"对诗歌音调的敏感探索,in *Men Writing the Feminine*: *Literature*, *Theory and the Question of Genders*, ed. Thais E. Morgan (Albany, 1994), pp. 29 – 57. Susan Eilenberg, *Strange Power of Speech*: *Wordsworth*, *Coleridge and Literary Possession* (New York, 1992). 把这些声音表现为激情、诗人内在的怪异之物和抢夺(usurping)。这种陌生性或他者性可以但并非不可避免地与性别问题联系在一起。声音的身份问题(或声音如何增强或削弱身份)也与法律所有权问题以及版权问题相关。

不能被简化为产科学(苏格拉底式教学法),它来自外部,带给我们的超出了我们所能容纳的"①,以及诺曼·布朗的"这本书点燃了读者"②。爱默生的人道主义格言也提供了相似观点,他认为在阅读他人的过程中,我们也认识到自己的"异化的威严(alienated majesty)"。

拉比的米德拉什明显是狂喜与启迪实践的混合。在西奈之后,或更进一步说在毁灭(hurban)之后(第二圣殿被毁,导致犹太人流散),共同体已经**接受**了该法律,并且是一劳永逸地接受,因此该法律不是,或者说不再是异质的。即使上帝的异质性仍然存在,解释和传播它的义务现在落在共同体的老师身上。研究方法不断发展,既是评论(陈述的)也是祈祷(述行的)。这些方法鼓励公共调查和高度的知识探究,但并不排除灵感或神秘阅读的可能性。现在,文本比以往任何时候都更多地记载于文本中,而不是在上帝那里;通过合法的和更自由的米德拉什形式,通过拉比阐释者对《圣经》的主动"接受(reception)"——甚至是消费,文本被"揭露(revealed)"。③

像这种接受理论的事物,既内省又热情,也激发了文学批评的世俗实践,却没有得到承认。该理论所假设的是,接受与教学和传播是密不可分的,被学习的材料具有传染性,师生之间存在转移(transference)。[一个精彩的文本传染性——无论有没有老师,都是文学发挥作用的典型方法——的例子是,当拉康评论弗洛伊德记录的梦境时,把孩子问父亲"难道你没有看到我在烧着吗"的话描述为"火把"(firebrand)。]当然,我们有义务分析这种转移过程(transferential process),承认"主体位置"也是一个限制性事实。但希望在于,文学研究,在考虑被排斥的原始模式时,并通过创伤理论回想起宗教经验时,可能会变得更富有想象力,而不是变得更虔诚。

---

① From *Totality and Infinity*, quoted in Handelman, "The 'Torah' of Criticism", p.362. 然而,列维纳斯保留了"教学与老师一致"的理想。确切地说,这是一个超越认识论的探究并确立典范的化身的理想。

② Norman O. Brown, *Apocalypse—And/Or—Metamorphosis* (Berkeley, 1991).

③ 然而,《圣经》燃烧的灌木丛是永不会燃尽的。这让人想起的是巴塔耶的理论,即炫耀性消费和对过剩资源的清理是一种(反资本主义的)宗教现象,还有德里达的传播理论,它们都是无法找回父亲(原始作者)的著作。

十

　　我自己对精神分析与文学研究的相关性的兴趣并没有集中在创伤上。正如弗洛伊德曾经宣称的那样,诗人就在那儿,所以我更喜欢谈论"精神美学(psychoaesthetics)"和"表征强迫(representation-compulsion)"。① 但是,我和创伤研究都关心言语的缺席或间断(或者言语中意识知识);关心"言说之花"的斜角或残余暗哑和其他委婉模式;关心事故的怪怖角色;关心主体的"幽灵";关心声音和身份(秘密的、双关语的、镜像的名字的"吸引力")的联系;关心作为"盛宴"而不是"禁食"的阐释;关心作为证词行为的文学——它传递知识的方式不是科学式的,也不和总体现实主义(就好像它可能的)相符,也不和表征的分析形式相符。②

　　创伤性知识如何成为可传播的——如何扩展到个人和文化记忆中? 尽管华兹华斯在思想的成长中唤起了"沉默寡言的事物"的作用,而不是言说的心理机制,但他记录了早期的"时间之点",这对很多"远为其他的"经验形成支撑。在《华兹华斯的诗》(Wordsworth's Poetry)中,我将创伤与这种清晰的和指涉性的倒叙联系在一起。一种强化了年轻人对个性化神秘感的防御的"斑点综合征(spot syndrome)",即使标志着诗人思想的成熟,也以特殊的对象和地方(places)侵扰诗人思想("有一棵树,很多中的一棵")。③ 这些地方,神话的和现实的,永

---

①　See, for example, "I. A. Richards and the Dream of Communication," in my *The Fate of Reading*, pp. 20 - 40, and "Christopher Smart's *Magnificat*: Toward a Theory of Representation", pp. 74 - 98.

②　关于不可还原的文学知识意味着什么, see Gabriele Schwab, "Das ungedachte Wissen der Literatur", *Deutsche Vierteljahrsschrift für Literaturwissenschaft und Geistesgeschichte*, 68(1994), pp. 167 - 189.

③　我强调描写童年创伤,但是当华兹华斯描写政治背叛时,必须说他遭受了成人创伤。当英国于 1793 年向法国宣战时,或当英国于 1808 年接受《辛特拉协定》时,就出现了一种意象,尽管它与"时间之点"所发现的并不完全不同,却具有鲜明的特色。I quote from the opening paragraph of the poet's pamphlet *Concerning the Convention of Cintra*: "然而,没有人把这件事(协定)看作是公开的显著的痛苦: 对于每个人来说它确实具有大胆的、可理解的特点;但是有一些不明显的表情,那是奇怪的、黑暗的和神秘的——并且……我们非常震惊,就像没有任何先兆被压垮的人一样——我们感到害怕,像无助的人一样,我们感到义愤且生气,就像被背叛了一样。"

远都不会完全失去光晕;确实,华兹华斯的"我应该从哪里寻找起源?"激发他唤起"初次遭遇"的准神圣地点,将他的想象力和土地联系起来,就好像土地有脐(omphaloi),好像它是能够恢复诗意力量并带来与过去同样强大的未来的具体地方(localities)。这种固恋的形成和形状改变(deforming)力量可能是创伤的**创造性**症状,它与现实渴望或对"实在界"的强迫性欲望有关。① 根据亚里士多德,它们对于自然来说,就像**受难**(pathos)场景对于悲剧。

这样的考虑培养了一种不可还原的心理。同时,从华兹华斯进入当下是可能的。对于创伤研究,有些东西很有当下性,它反映出我们的一种感觉,即暴力越来越近,就像一场风暴——一场已经进入我们存在核心的风暴。暴力的现实——不简单是外在命运,而且对人类物种心理发展而言是固有的——以及它对人类制度(法律体系没有排除在外)的污染,是弗洛伊德在《文明及其缺憾》结尾页提出的终极问题。今天,我们必须将暴力事实通过技术资源(正是这种技术资源既传播小说又传播新闻)的扩张添加到弗洛伊德的洞见。视听媒体迫使思想认识到,不能再"沉睡",必须持续反应。华莱士·史蒂文斯已经将想象力定义为回应来自外部的暴力的来自内部的暴力。很快,将不会再有任何形式的田园诗;华兹华斯在现代工业化和都市化初期的田园诗,可能是最后的耀眼存在。此外,对创伤的兴趣伴随着对证词的兴趣一同而来,作为一种文体的证词确实随着记忆的勇气和耐心而起落。

同样相关的是,拉康著名的"回到弗洛伊德"很多体现在《释梦》的第七章,在这里元心理学的轮廓第一次出现。在这一章中,我们可以预见弗洛伊德的假设,即存在一种持续睡眠,不在意识中完全醒来的**有机物的**趋势,而这可能是对梦的真正解释,它是所有其他愿望的基础愿望。有机体本身寻求返回到其前意识状态;或如弗洛伊德在其最著名的格言中所说:"生命的目标是死亡。"在这些情况下,社会和历史领域中的证词,就像自然科学中的客观性和分析精确度,可以说是通过不懈的精神斗争来修整死亡驱动力。证词标志着出于警惕(vigilance)的伦理原因,并且通过清晰的见证行为,证词一直携带着警

---

① 我们看到了华兹华斯/柯勒律治的不同之处。正如我试图展示的那样,对于柯勒律治来说,欲望这个模糊的对象是符号性的,因此必须修复符号秩序。

惕,甚至可以达到否认现实(reality-denial)的地步;但,证词绝不屈服于周围的死亡-显现(death-manifestations)。对这种否认的强化(悖论性地来自睡眠内部),是梦与心理健康之间的恢复性关系,清楚表达的梦首先是由艺术的反自我意识的劳作生产的。

结语:"爸爸,难道你没有看到……?"

弗洛伊德在评论那个孩子烧着的梦时,猜测"爸爸,难道你没有看到我在烧着吗?"这句话实际上是在孩子生病期间说出的,比如发高烧的时候。尽管弗洛伊德在这里采用的是释梦的一般准则(梦包括白日的谈话和感觉的残存记忆),他的目标是表明,梦并不难**解析**,因此他可以专注于如何**解释**这个梦的问题上。但是,要解释做梦这样的心理事件,意味着要在心理链中追溯到决定性原因。由于无法做到这一点,弗洛伊德开始思考后来被称为元心理学的东西,而正是元心理学把我们带到意识生活的起点,把我们带到物质进入记忆的"唤醒"时刻。(我经常认为,给予想象这一刻的重要性本质上是色情的,就像在皮格马利翁的故事中一样:唤醒身体这一想法本身从来没有足够的活力,变成一种激情的反应。)

然后,在拉康的干预之下,梦始终在事件的心理链中进行(而不是生物学或元心理学中)。他通过自我指涉的转向也是隐喻的转向,做到了这一点:他认为,"发烧",弗洛伊德也在"发烧",即他热衷于寻找"真实",寻找那个"初次遭遇"。这种"发烧"本身是一种心理事实,不仅与弗洛伊德个人有关,而且与体制有关,即已被接受的精神分析理论不能把真实看作总是**缺乏**(*manqué*),或者看作不可能的欲望对象。同时,拉康明白"爸爸,难道你没有看到……"的痛苦不仅来自父亲自我谴责的投射——这种投射被将发烧变为火焰的隐喻(甚至在真正烧着之前)深化——而且来自,在每个人都睡着的背景下,孩子的直接言说(address)的呼求性力量。**拉康也被孩子的言说击中**,作为被击中的人,他的回到弗洛伊德意味着回到弗洛伊德的文本:恢复那个"错

---

① See Book 11 of Lacan's Seminars: *The Four Fundamental Concepts of Psycho-Analysis*. 我在这里不是重述,而是对拉康所评论的孩子燃烧的梦做自由阐释。

过的遭遇"。① 作为弗洛伊德墓地的守护者,拉康被"火把"这个词唤醒,因此将自己置于一种精神分析的序列——一种谱系,这种谱系使得孩子成为父亲的父亲。②

尽管经常出现在传记和自传中③,"初次遭遇"的概念却有梦幻的因素,它更多属于幻想,而不是可定位的"真实"。因此可以把济慈的职业生涯看作致力于通过**一个永远不会醒来的人**(*un indéfiniment jamais atteint réveil*)④寻找"幻想真实(fantastic real)"。诗人的想象力被他自己所说的"极端"的东西所吸引,试图超越田园诗模式:超越神话和花语中的"花神和古瓮"。济慈拥有弗洛伊德般的启蒙精神,并培养了一种不惧遇见现实,并用最直接的方式表达自己的意识。那么,传统上与"睡眠"相关联的诗歌——带有无意识元素的经常被称为叙梦寓言诗——必须被视为幼稚而放弃吗?

不像弗洛伊德放弃了释梦。济慈没有被绝对启蒙的虚假曙光欺骗,因为但丁、弥尔顿和莎士比亚仍然是真实的一部分,因此,被他们的力量困住,济慈的天赋不能以现实或科学进步的名义忽视他们。在由两个长长的史诗片段组成的《海伯利安》(*Hyperion*)目标中,济慈比拉康更强烈地闯入一种系谱场景,他在古老的神话诗中创造出的诸神的黄昏。在这个过渡时刻,诗人必须能在他的感觉层面推陈出新。这是一种富有想象力的再创作(re-generation)行为,它不仅回应先前诗歌及其伟大的重担,而且回应了正在失去的或未完成的元素。这一元素基本上是女性的,是缪斯形象(在史诗的伟大传统中仍处于边缘

---

① 有一个问题仍然存在,弗洛伊德本人或精神分析的历史,是否应该被视为"错过的遭遇"。正如我提到过的那样,目前对于弗洛伊德的主要批评是,他回避了"真实"这一社会事实:不谈虐待孩子的证据,只是关注幻想中的心理方面。作为医生和改革者,弗洛伊德是失败的。在这一点上,吸引人的是孩子那句可怜的"爸爸,难道你没有看到……"这让人想起一个著名民谣中致命的诱惑场景(关于一个生病的孩子的想象力),这成为德国文化中最伟大的教育作品之一:歌德的《魔王》。

② Compare Harold Bloom's concept of "revisionary ratio," *The Anxiety of Influence: A Theory of Poetry* (New York, 1973).

③ "(Newt Gingrich)经常提到,1958年他15岁时和养父一起去凡尔登(Verdun),那是第一次世界大战中最血腥的战场、尸骨存放仓库,这是他诗歌发端的开创性时刻。他在1984年的政治宣言《机遇之窗》中写道:'这是把我推进政治和历史的驱力,并塑造我的生活,'去年他说道:'像我这样的人,无法摆脱奥斯维辛的影响'。" *New York Times*, 24 November 1994, p. A28.

④ See n. 3 for this quotation from Lacan.

位置)的大幅扩展。济慈并没有像预想新一代的诗歌一样预想新一代的神灵。更确切地说，一种新心灵的诞生：不被创伤伴随的心灵醒来，也就是说，不涉及诸神或异类(in allo genere)转化。然而，无论如何富有想象力，《海伯利安的陨落》只是一个消极的、噩梦般的进程，仍然缠绕在创伤的所有修辞症状中。①

无论是属于赛吉(Psyche)还是济慈本人，《赛吉颂》最接近未受伤的而不是"睁着的眼睛"(awakened eyes)。② 这首诗模棱两可的一点是："无疑我今天曾梦见——我是否目睹/长着翅膀、睁着眼睛的赛吉?"③如果这个启蒙的时刻带有性暗示，描述了赛吉睁着的眼睛，那一定是救赎的("长着翅膀的")赛吉；因为从神话中我们知道，揭示的起源时刻是致命的。因此，诗人所看到的(或梦到的)是一厢情愿的重复——正如济慈说过的，"以更优美的音调重复"——并不是拉康所说的"初次遭遇，实在界"。

济慈在一封信中写道："想象力可以与亚当的梦相提并论：他醒来，他发现它是真的(truth)。"④济慈提到亚当时，指的是《失乐园》的第八卷，指的是那个回避且转移创伤性丧失的情景。在这里，弥尔顿上演了他的初次遭遇，最初的觉醒已经是重复。上帝让亚当在梦中瞥见夏娃，然后让他"醒来/去找她"。节奏暂停，仿佛在期待，也暗示了"醒来/将失去她"——这是济慈的歌谣《冷酷的妖女》所描述的不详选择。即使在初次遭遇时，丧失就已经在在场中投下了自己的阴影，它的前创伤压力(pre-traumaticstress)表明，弥尔顿作为一个老师，为即将来临的审判准备了想象力。⑤

---

① 在我的 The Fate of Reading, pp. 126ff. 中，我用文学史的术语描述这种修辞属于东方或顿悟意识，济慈希望将其转换成英国或西方人的模式。

② 关于将**耳朵**看作精神器官的考虑，see my "Words and Wounds"。

③ 译者注：引号中句子是济慈诗《赛吉颂》中的诗句，翻译引自屠岸译《夜莺与古瓮——济慈诗歌精粹》，人民文学出版社 2008 年版，第 7 页。

④ 即使在这里，弥尔顿也影射了形象类型学(figural typology)，赋予了时间以意义，并在很大程度上构建了基督教对历史进步的理解。因为，在亚当对女人的第一次体验中，他注定要完成对其认识从神秘型(shadowy type)到真相的提升。在创伤理论中，现实(reality)总是处于"真相"(truth,一个未同化的真实[real])的阴影之下，这使得我们"既像是出于爱慕而追寻/更像是出于畏惧而奔逸"。(华兹华斯,《廷腾寺》"Tintern Abbey")(译者注：华兹华斯这句诗的翻译引自杨德豫译《华兹华斯、柯尔律治诗选》，人民文学出版社 2001 年版，第 130 页。)

⑤ 我要感谢 Kevis Goodman 对这篇文章的有益评论。

【本译文为中国博士后科学基金面上资助项目"当代西方创伤理论与批评研究"(2019M661465)、上海市社科规划青年课题"创伤理论研究"(2020EWY012)阶段性成果】

(作者单位：耶鲁大学比较文学系)
(译者单位：河北师范大学文学院)
学术编辑：刘　卓

声音的返回：克劳德·朗兹曼的《浩劫》

[美]肖珊娜·费尔曼 著
彭逸芳 译

一

历史和见证，或誓言的故事

"如果有别人可以书写我的故事，"埃利·维塞尔（Elie Wiesel）写道，"我本不会去写它们。我为了作证（testify）而书写它们。我的角色是见证者的角色……不说，或者说另一个故事，就是……作伪证。"①

作证（To bear witness）就是承担真相的责任：在证人宣誓的法律保障和司法要求下毫无保留地言说。②作证——在法庭上或在历史和未来的法庭上；同样地，在读者和观众面前作证——不仅仅是简单地报告一个事实或事件，或者讲述经受过的（lived）、记录过的和记得的东西。记忆在此处被召唤出来，本质上是为了对另一个人言说（address），给听者留下深刻的印象，向社会发出呼吁。从隐喻的角度上说，作证总是站在证人席上，或者说是站在证人的立场上进行作证，因为证人的叙述性陈述既进行了一场呼吁，又受到誓言的约束。因此，作证不仅仅是叙事，更是向他人就自己和叙事做出承诺：在发言中，为了历史或为了事件的真相，为了那些从定义上来说超越个人的，拥有普遍的（非个人的[nonpersonal]）合法性和结果的东西——**承担责任**。

但如果证词的本质是非个人的（impersonal）（使隐喻义或字面意

---

① "The Loneliness of God," published in the journal *Dvar Hashavu'a* (magazine of the newspaper Davar), Tel-Aviv, 1984. 我的翻译译自希伯来文。
② "说真话，说全部的真话，只说真话"；然而，这种誓言就其性质而言，总是容易存在伪证。

义上的法官或陪审团对一个事件发生事实的真实性质作出决定；使人们能够对历史的真实情况进行客观的重构，而不管证人是谁），那么，为什么见证者的发言是如此独特，而且确实是不可替代的呢？"如果有别人可以书写我的故事，我本不会去写它们。"证词因其作为证词的角色，无法被另一个人简单地报告或叙述，这意味着什么？一个故事——或一段历史——无法被其他人讲述意味着什么？

我认为，正是这个问题引导着克劳德·朗兹曼（Claude Lanzmann）在其电影《浩劫》(1985)中的开创性工作，同时也构成了这部电影深刻的主题和震撼人心的原创力。

现实一种

《浩劫》是一部完全由证词制成的电影：朗兹曼在制作这部电影的十一年中(1974—1985)对大屠杀历史的经历者进行访谈并拍摄，获取了他们的一手证词。实际上，《浩劫》以一种强大的力量（这种力量是此前任何一部关于这一主题的电影都无法达到的）重演了大屠杀，它不仅从根本上替代并动摇了任何我们可能抱有的常识性概念，而且动摇了我们对于现实的看法，动摇了我们对于世界、文化、历史和我们在其中生活的感受。

但电影并不简单地，或主要的是一份大屠杀的历史档案。这也是为什么与之前关于这个主题的电影相比，它拒绝系统地使用任何历史的和档案的资料。它在当下进行访谈并拍摄照片。这部电影不是对过去的一个简单的看法，而是提供了一种令人迷失的当下的看法，为历史和见证之间的关系提供了一个令人信服和惊讶的深刻见解。

这是一部关于见证行为的电影：关于对一场灾难的见证。被见证的是极限-经历（limit-experiences），其压倒性的冲击力不断考验着见证者和见证行为的极限，同时也不断地将此种现实的极限置于不安和质疑之中。

艺术作为见证

第二，《浩劫》是一部关于**艺术和见证间关系**的电影，一部关于电影作为**扩展**了见证能力的媒介的作品。要理解《浩劫》，我们必须探索这个问题：**我们**作为旁观者要见证什么？然而，这种让我们反过来能见证些什么的扩展，并不简单出于对事件的再现，而是出于电影作为艺术作品的力量，出于它的哲学和艺术结构的精妙，以及它所从事的创作过程的复杂性。"真相扼杀了虚构的可能性"，朗兹曼在一次记者采访中说道。①但是真相没有扼杀艺术的可能性——相反，它需要它的传播，需要它在我们的意识中作为见证来实现。

最终，《浩劫》中艺术的能力不仅仅是见证，而且是站在证人席上作证：电影通过阐明我们这个时代作为一个**证词时代**（age of testimony）的重要性来承担时代的责任。在这个时代，见证本身就经历了一次重大的创伤。《浩劫》让我们见证了一场**见证的历史性危机**（a historical crisis of witnessing），并向我们展示了在这场危机中，见证如何在各种意义上成了一场批判性的活动。

在所有这些不同的层面上，克劳德·朗兹曼都在坚持问同一个残酷的问题：作为一个见证者意味着什么？作为一个大屠杀的见证者意味着什么？作为一个电影进程的见证者意味着什么？如果证词并不简单地是（我们通常认为的）对一个事件的观察、记录和记忆，而是对某一事件完全独特、不可代替的地形的立场（topographical position），那么证词意味着什么？如果证词是**一个故事的展演**（performance of a story）的独特性，而这个故事由以下事实构成：像誓言一样，它不能由其他人执行，那么证词意味着什么？

西方的证据法

证词叙事展演的独特性实际上是源于证人对于看（seeing）这一行为的不可替代的展演——源于"他/她亲眼所见"（seeing with his/her own eyes）的独特性。"维托尔德先生，"犹太人联盟领袖对波兰信使扬·卡尔斯基（Jan Karski）说，"我了解西方世界。你将要对英国人说话……如果你能说：'我亲眼看到它'的话，你的报告会更有说服力。"②扬·卡尔斯基于35年后的电影证词中报告了这一点，在讲述犹太领袖如何敦促他——并说服他——成为一个重要的目击证人（visual witness）时。

---

① *The Record*, Oct. 25, 1985; an interview with Deborah Jerome ("Resurrecting Horror: The Man behind *Shoah*").

② *Shoah*, the complete text of the film by Claude Lanzmann, New York: Pantheon Books, 1985. 对电影文本的引用将会参考这一版本，之后将仅标注页码（在以下引用的插入部分中）。

从西方世界的法律、哲学和认识论传统上来说,见证是基于,而且被正式定义为亲眼所见(first-hand seeing)。"目击者证词"("eyewitness testimony")是法庭上最具决定性的法律证据。"律师有无数的法则,涉及传闻证据、被告或证人的性格、证人所给出的看法等,这些法则或多或少都是为了改进查明事实的程序。但比这些当中任何一个更重要的——而且可能比它们加在一起还重要的——是目击者证词的证据。"①

从另一方面来说,电影是一种卓越的艺术,它和法庭一样(尽管目的不同),要求通过看来**见证**。电影如何利用其视觉媒介来反映目击者证词——它既是自身艺术的证据法则,又是历史的证据法则?

受害者,加害者,以及旁观者:关于看

因为证词是独特且不可替代的,所以电影是对异质观点间、证词立场间差异的探索,这些差异既不能被同化,也不能被归入另一个。首先,存在着三组见证者间的差异,或被访谈者的三个系列间的视角差异:在朗兹曼的探究下,历史上的真实人物作为电影中特殊的真实演员扮演着自己的角色,他们基本上分为三类②:作为灾难**受害者**的见证者(幸存的犹太人);作为灾难加害者的见证者(前纳粹分子);作为**旁观者**的见证者(波兰人)。这种划分所涉及的不仅仅是视角的多样性或影响和情感卷入程度的多样性,而且是不同地形立场和认知立场之间的**不可通约性**(incommensurability),这种差异是无法破除的。更具体地说,电影所提供的看的类型是**三种不同的看的行为的展演**。

事实上,受害者、旁观者和加害者此处的区别并不在于他们实际上看到了什么(他们都看到的东西虽然不连贯,但实际上都遵循了一种确证的逻辑),而在于他们没有看到(do not see)什么和如何没有看到,**无法见证**(fail to witness)什么和如何无法见证。犹太人看到了,但他们无法理解他们所看到的事物的目的和终点;他们被丧失和欺骗压倒,没有办法判断他们所见证之物的重要意义。理查德·格莱泽

---

① John Kaplan, Foreword to Elizabeth F. Loftus, *Eyewitness Testimony*, Cambridge, Mass.: Harvard University Press, 1979, p. vii.

② 朗兹曼从希尔伯格历史分析中借用的分类,但电影却引人注目地体现和反思了这些分类。Cf. Raul Hilberg, *The Destruction of the European Jews*, New York: Holmes and Meier, 1985.

(Richard Glazar)引人注目地叙述了一个感知与无法理解共存的时刻,一个犹太人未能读懂或破译那些亲眼所见的视觉标记和可见意义的典型时刻:

> 接着,火车非常缓慢地从干线上转弯……穿过一片树林。当他往外看的时候——我们曾经能开一扇窗——我们车厢里的老人看到了一个男孩……然后他用手语问那个男孩,"我们在哪儿?"接着,那个孩子做了一个滑稽的手势。这个:(用手划过他的喉咙)……
>
> 然后你们有人问他了?
>
> 我们没有用语言,而是用手语,问道:"这是怎么回事?"接着,他做了那个手势。像这样。我们没怎么注意他。我们弄不清他的意思。[34]

波兰人和犹太人不同,他们**的确**看到了,但是作为旁观者,他们不怎么**去看**(look),他们拒绝直接去看,因此他们同时**忽视**(overlook)了自己作为见证者的责任以及他们的合谋:

> 你们不能看这里。你们不能和犹太人说话。甚至在街上路过,你们也不能看这里。
>
> 他们到底看了吗?
>
> 是的,货车来了,然后犹太人被转移到更远的地方。你能看到他们,但是只能偷偷地看。在侧目中瞥见。[97—98]

另一方面,纳粹要确保犹太人及其灭绝都不被人看到、是不可见的:出于这个目的,死亡集中营被一层树屏包围着。弗朗茨·祖霍梅尔(Franz Suchomel),特雷布林卡(Treblinka)的前卫军成员,作证说:

> 铁丝网上编织着松树的树枝……就是所谓的"伪装"……所以,一切都被屏蔽(screened)了。人们左右都不能看到任何东西。什么都没有。你不能穿过它看到东西。不可能的。[110]

这段证词展开的时候,我们作为影片的观众很难看到见证者,这

不是个巧合。他们是被秘密拍摄的:

特雷布林卡的波兰农民

和大多数前纳粹分子一样,弗朗茨·祖霍梅尔同意回答朗兹曼的问题,但不同意被拍摄;换句话说,他同意提供证词,但条件是**他**作为见证者不应该被看到:

> 祖霍梅尔先生,我们不是在谈论你,只是在谈特雷布林卡。你是一位非常重要的目击者,而且你可以解释特雷布林卡是什么。
> 但不要用我的名字。
> 不会的,我保证……[54]

在隐秘机位所拍下的模糊的面孔影像中——摄像机不得不穿过各种墙壁和屏障进行拍摄——影片通过不可避免地影响我们看的行为(不得不成为一个在物质上的看穿的行为),让我们具体看到了大屠杀如何是一次对看的历史的袭击,以及加害者如何即使在今天,仍在大体上是不可见的:"一切都被屏蔽了。人们左右都不能看到任何东西。你不能穿过它看到东西。"

玩偶(Figuren)

纳粹计划的实质是让它自己——和犹太人——从根本上不可见。

要让犹太人不可见,不仅仅是通过杀死他们,不仅仅是通过把他们限制在"伪装的"、不可见的死亡集中营里,而且是通过把甚至是已死之身的物质性缩减到烟雾和灰烬,而且是通过把已死之身在**视觉**上根本的不透明性,以及"尸体"一词的语言指涉性和字面性,减少到一种纯粹形式的透明性和一个纯粹的修辞隐喻性的形象:一个无具身性的言语代名词(disembodied verbal substitute),它抽象地象征了语言学的无限可交换性和可替代性的规律。因此,已死之身就这样在言语上变为不可见的,其物质性和具体性都消失了,被纳粹用行话说成是"**玩偶**"(figuren),即同时是**不能被看到**(be seen),又能被**看穿**(be seen through)的东西。

  德国人甚至禁止我们使用"尸体"或"受害者"的字眼。死者是木块,狗屎堆。德国人让我们把尸体称为"figuren",也就是木偶(puppet)、玩偶(doll),或称为"schmattes",意思是"破烂"。[13]

  但悖论的是,纳粹"看"不到的不仅是犹太人的已死之身,而且在一些令人震惊的案例中,也是那些被送往死亡之地的活着的犹太人。对设计了最终运输他们的交通工具的主要设计者来说,他们仍然是不可见的。瓦尔特·斯蒂尔(Walter Stier),纳粹党帝国铁道部第33局局长、死亡列车(纳粹委婉地说成"特别列车")的首席交通规划师,作证说:

  但你知道那些开往特雷布林卡或奥斯维辛的火车是——
  我们当然知道。我是最后一个区的。没有我,火车就无法到达目的地。
  你知道特雷布林卡意味着灭绝吗?
  当然不知道……我们怎么会知道呢?我从来没去过特雷布林卡。[135]
  ··
  你从没见过一辆火车吗?
  没,从来没有……我不离开我的桌子。我们从早工作到晚。[132]

同样地,米歇尔松夫人(Mrs. Michelshon),海乌姆诺(Chelmno)一位纳粹教师的妻子,也回答了朗兹曼的问题:

你看到毒气车了吗?
没有……是的,从外面看到了。它们来回穿梭。我从来没有往里面看,我没看到里面有犹太人。我只从外面看到了一些东西。[82]

未被见证的发生(Occurrence)

因此,受害者、旁观者和加害者见证立场的多样性悖论地存在一个共同点,那就是他们不同的、特定的未看见的立场的不可通约性。他们地形的、情感的和认识论立场的根本分歧并不简单地在于作为见证者,更是在于作为**没有见证**(do not witness)的见证者——他们让大屠杀作为从根本上来说未被见证的(unwitnessed)事件发生。通过目击证人的证词,电影让我们具体地**看到**——让我们见证——大屠杀是如何这样作为一个前所未有、不可想象的历史事件,一个无人**见证的事件**(event without a witness)的出现。① 发生的这一事件在历史上由字面上对**其见证者的抹除**(erasure)计划构成,而在哲学上,它又是由感知的意外,是由这样的**目击的分裂**(splitting of eyewitnessing)所构成的;因此,它是这样一个事件:不是经验层面,而是认知(cognitively)和感知层面上未被见证的事件,既因为它排除了看见,也因为它排除了**看见的共同体**(community of seeing)的可能性;这一事件从根本上消灭了对视觉的确证(两种不同的看见之间的通约性)的求助(呼吁),从而消解了任何见证的共同体的可能性。

《浩劫》让我们能够看见——而且让我们能够洞察——大屠杀作为一个绝对的历史事件的发生,其字面上的**压倒性证据**(evidence)让它悖论性地成为一个**完全没有证明的事件**(utterly proofless event):证词的时代是没有证明的时代,是一个事件的指涉物(reference)的重

---

① 参见《证词:文学、精神分析和历史中的见证危机》(*Testimony: Crises of Witnessing in Literature, Psychoanalysis, and History*, ed. Shoshana Felman and Dori Laub. New York: Routledge. 1992)第三章"无人见证的事件"的第二节。

要性同时既低于证明,又超越证明的时代。

语言的多重性

在电影中,不同证词立场间的不可通约性,以及看见和未见的特定认知立场的异质多重性,通过证词所使用的多种语言(法语、德语、西西里语、英语、希伯来语、意第绪语、波兰语)被放大和复制,这种多重性必然包括一些异国语言,这就需要专业译者作为见证者及其访谈者朗兹曼之间的中间人。电影没有采用配音技术,也特意没有将翻译的角色在电影中剪辑掉——相反,她经常出现在银幕上,站在朗兹曼旁边,作为电影中的真实演员之一,因为翻译的过程本身就是构成电影过程所必需的一部分,既是电影场景的一部分,也是**它**的电影证词展演自身的一部分。通过异国语言的多重性以及翻译造成的长时间**延迟**,目击的分裂似乎构成了历史事件,即看无法自发地、同步地将自身转译为一种含义,而这在电影观众的层面上得到了重述。电影将我们置于见证者的位置,即**看到了**、**听到了**,却**无法理解**正在发生的事的意义,直到后来译者对视觉/听觉信息的延迟处理和译文的介入,而那位译者也在某种程度上扭曲、筛选了这些信息,因为(正如那些译者所译的异国语言的母语观看者所证明的那样,也如电影自身通过朗兹曼的一部分干预和修正所指出的那样)翻译并不总是绝对准确的。

电影语言中明显的异质性是对大屠杀经历的彻底异物性的象征,不仅仅是对我们而言,甚至对它本身的参与者而言也是如此。当朗兹曼被问到他是否邀请了参与者观看这部电影时,他给出了否定的回答:"参与者会用什么语言看这部电影呢?"原版是法语版本,朗兹曼说道:"他们不说法语。"①法语是电影制作人的母语,是证词(以及原版字幕)被翻译、电影被思考并给出它自己的证词所使用的语言的公分母,而法语碰巧(我认为并非偶然)不是任何见证者的语言。电影的隐喻在于,它的语言是一种翻译语言,并且因此,它具有双重的异物性:一方面,发生的事情发生于和电影语言不同的语言之中;另一方面,它的意义也只能通过对事件发生的语言来说是异物的语言来表达。

---

① 朗兹曼在拜访耶鲁大学的时候所作的访谈,拍摄于耶鲁大屠杀见证福图诺夫录像档案馆中(访谈者:多瑞·劳布博士[Dr. Dori Laub]和劳雷尔·沃洛克[Laurel Vlock]),于1986年5月5日。文章之后自这一录像带的引用将用《访谈》来简称。

然而,电影的标题不是法语,因此它再次体现了一种语言的陌生性,一种疏离感,其意义是神秘的,即使是法语原版《浩劫》的母语观众也无法立即理解标题的含义:Shoah 是一个希伯来语词汇,加上定冠词(此处没有)用以命名"大屠杀",但是没有定冠词的话,它就神秘地、不确定地意味着"灾难"。这里它指向的正是语言的异物性,是那个任何母语都无法把握的无名的灾难,它在翻译语言中只能被命名为**不可翻译的**(灾难):那是语言所无法见证的;那是无法用**一种**语言表达的;那是语言不反过来用分裂就无法见证的灾难。

作为见证者的历史学家

然而,符号的解码以及处理可理解性的任务——可以被称之为**译者的任务**①——在电影中不仅由专业口译员的角色完成,也由另外两个真实的演员来完成:历史学家(劳尔·希尔伯格[Raul Hilberg])和电影制作人(克劳德·朗兹曼)。他们和见证者一样反过来**扮演自己**,但与见证者和译者不同的是,他们构成了**二级见证者**(second-degree witnesses)(见证者的见证者,证词的见证者)。虽然方式非常不同,但是电影中的制作人和银幕上的历史学家就像专业口译员一样反过来又是接受过程的催化剂——或代理人。作为代理人,他们反思性的见证行为和证词的立场有助于我们自己的接受,而且不仅努力帮助我们通向理解,还协助我们和符号的外部性/异物性进行无止境的斗争,并且不仅在(像在专业口译员那里)证词字面意思的处理过程中,还在它们(关于某些观点的)哲学和历史意义的处理过程中提供协助。

因此,在电影中,历史学家既不是知识的定论者,也不是历史的最终权威,而是加上了**又一个证人**的地形和认知的立场。电影制作人的陈述——以及电影的证词——绝对无法被**归入**(subsumed by)历史学家的陈述(或证词)。虽然电影制作人的确接受了希尔伯格的历史学洞见,并且显然对他充满敬意,并从中获得启发和指导,但这部电影也因此将历史学科放入一种视角和语境当中,意外地(让我们看到)历史学特定的局限性。"《浩劫》,"克劳德·朗兹曼在耶鲁说,"一定不是一部历史电影……《浩劫》的目的不是传播知识,尽管电影中的确有知

---

① See Walter Benjamin, "The Task of the Translator", in *Illuminations*, trans. Harry Zohn, ed. Hannah Arendt (New York: Schocken Books, 1969), pp. 69–82.

识……希尔伯格的书《欧洲犹太人的毁灭》(*The Destruction of the European Jews*)的确多年来都是我的圣经……但尽管如此,《浩劫》也不是一部历史电影,它是其他的东西……用一句话概括就是,我会说这部电影于我而言是一次**现身**(incarnation)、一次**复活**(resurrection),电影的整个过程就是一个哲学的过程。"[1]希尔伯格是一种独特的、令人印象深刻的大屠杀知识的发言人。电影展示了在坚持抵抗事件的盲目影响和抵抗目击分裂的斗争中,知识是绝对必要的。但知识就其本身而言并不是一个足够积极有效的看的行为。另一方面,电影视角的新意恰恰在于它所传递的令人惊讶的洞见,也就是我们在不知不觉中都陷入了对现实历史事件的根本性无知。这种无知并没有简单地被历史所驱除——相反,它如此**包含了**历史。电影展示了历史如何被用于一个历史的(正在发生的)**遗忘过程**,讽刺的是,这个过程**包括**了历史学的姿态。历史学既是遗忘热忱的产物,也是记忆热忱的产物。

瓦尔特·斯蒂尔,前德国铁道部局长,将犹太人运往死亡集中营的主要策划者,因而可以这样作证:

> 对你而言特雷布林卡是什么?……一个目的地?
> 对,就是这样。
> 但不是死亡。
> 不,不是……
> 灭绝对你来说是个很大的意外?
> 完全是……
> 你不知道。
> 丝毫不知。就像那个营地——它的名字叫什么?当时在欧佩伦区……我知道了:奥斯维辛。
> 是的,奥斯维辛是在欧佩仑区……从奥斯维辛到克拉科夫是四十英里。
> 这不是很远。而我们什么也不知道。丝毫不知。

---

[1] "An Evening with Claude Lanzmann", May 4 1986; first part of Lanzmann's visit to Yale, videotaped and copyrighted by Yale University. Transcript of the first videotape (hereafter referred to as *Evening*), p. 2.

但你知道纳粹——希特勒不喜欢犹太人？

我们知道。这是众所周知的……但至于他们的灭绝，对我们来说是新闻。我的意思是，即使是今天，人们也否认这一点。他们说不可能有过这么多犹太人。是真的吗？我不知道。他们是这么说的。[136—138]

为了证实他自己（对于奥斯维辛的名字）的失忆症，以及他自己对于不知（not knowing）的断言，斯蒂尔在这里隐晦地提到了历史权威——"修正主义史学"对于知识的断言。最近在不同国家历史学家的出版作品中，他们更倾向于认为死者的数目无法被证明，而且由于这里没有科学的、学术上确凿的证据说明那一大型谋杀的确切程度，种族灭绝从而只是犹太人的一个发明、夸大，事实上，大屠杀从未存在过。①"但至于他们的灭绝，对我们来说是新闻。我的意思是，即使是今天，人们也否认这一点。他们说这里不可能有过这么多犹太人。是真的吗？我不知道。他们是这么说的。"我不是那个知道的人，但也有知道的人说，我不知道的那些东西不存在。"是真的吗？我不知道。"

而弗朗兹·格拉斯勒（Franz Grassler）博士（前纳粹华沙犹太区专员）则在镜头前模仿历史学的姿态，作为他的遗忘的托词。

你不记得那些日子了？

不多……事实是：我们想要遗忘，感谢上帝，那些糟糕的日子……

我会帮你想起来的。在华沙，你是奥尔斯瓦尔德（Auerswald）博士的副手。

是的……

格拉斯勒博士，这是切尼亚科夫（Czerniakow）的日记。你在

---

① 例如，法国学者罗贝尔·福利松（Robert Faurisson）写道："我分析过上千份文档。我孜孜不倦地带着我的问题追寻专家和历史学家们的线索。我努力寻找一个能够向我证明他确实亲眼看到毒气室的曾经的被驱逐者，但徒劳无功《世界报》[Le Monde]，1979 年 1 月 16 日）。"我们有"一个对于历史的选择性的观点"，比尔·莫耶斯（Bill Moyers）评论道，"我们生活在一个善良和仁慈经历的神话当中……很难相信，现在有大约一百本书都在专门讲授大屠杀是虚构的，大屠杀没有发生过，它是犹太人出于各种原因编造的。"与玛戈特·斯特伦（Margot Strom）的访谈，收入《面对历史和我们自身》（Facing History and Ourselves），1986 年版，第 6、7 页。

里面被提到了。

它已经印好了。它存在吗？

他有一本最近出版的日记。他是在1941年7月7日写的……

1941年7月7日？这是我第一次重新学习一个日期。我可以记下来吗？毕竟，我也很感兴趣。所以7月的时候我已经在那里了！［175—176］

与对责任和记忆的否认一样，历史学的姿态只不过是用于做"笔记"的空白页，除此之外什么也没有体现。

电影的下个部分聚焦于历史学家希尔伯格拿着切尼亚科夫的日记对它进行讨论的场景。电影接下来的剪辑以一种穿梭运动的方式，在格拉斯勒的脸（他继续表达他对于犹太区的看法）和希尔伯格的脸（继续表达日记的内容，以及日记作者——切尼亚科夫——呈现的对于犹太区的视角）之间来回切换。因此，犹太区的纳粹专员在结构上面对的与其说是来自历史学家的反驳，不如说是日记作者（现已去世）的亲眼所见，而日记作者作为犹太区的犹太人领袖，由于犹太区无可避免的命运，以自杀的方式结束了他的领导并给他的日记签名。

因此，历史学家的主要作用不是叙述历史，而是**扭转这场自杀**，参与到影像视景中。朗兹曼将其定义为关键的"现身"以及"复活"。"我选择了一位历史学家，"朗兹曼神秘地说道，"这样他就会使死者现身。尽管我采访到一个活着的人，他曾是犹太区的领导。"①历史学家在这里的作用是让死去的日记作者具体化（embody），赋予他血肉。不同于基督教的复活，电影的视景是为了让切尼亚科夫**恰恰是作为死者活过来**（come alive precisely as a dead man）。他的"复活"没有取消他的死亡。电影的视景既让死去的作者作为一个历史学家苏醒过来，然后反过来，又让历史和历史学家在死者活着的声音（the living voice of a dead man）的独特性，以及他自杀的沉默中苏醒过来。

作为见证者的电影制作人

在历史学家一边，《浩劫》最终在它的角色名单（它的见证者名单）

---

① 在巴黎的一段私人对话中作出的陈述，1987年1月18日："*J'ai pris un historian pour qu'il incarne un mort, alors que j'avais un vivant qui était directeur du ghetto.*"

中包括了电影制作过程中——或创作过程中——的电影制作人形象。电影制作人游走于生者与死者之间,在电影中不同的地点和声音之间来回穿梭,他持续地——虽然是分散地——出现于银幕的边缘,或许是最无声的表达,也是最具表达力的沉默见证者。然而,电影的创作者用他自己的声音通过他的三重身份言说并见证。他是电影的**叙事者**(以及剧本的第一签字人)、见证者的**访谈者**(证词的辩护者[solicitor]和接收者),以及**探究者**(作为主体的艺术家探索证词作了什么证;作为发问者和提问者的见证者形象不仅仅是真相的调查者,而且是电影的哲学言说和探究的承担者)。

电影制作人的三种角色混杂在一起,并且实际上只存在于它们彼此的关系中。因此,由于叙事者是严格意义上的见证者,他的故事受限于访谈的故事:叙事是由访谈者听到的内容组成的。朗兹曼作为叙事者的严谨性正是在于严格地以访谈者(也是探究者)的身份来避免直接用他自己的声音叙述任何事情,除了在开头——唯一一个明确地将电影指向作为叙事者的电影制作人的第一人称的时刻:

> 故事开始于现在的海乌姆诺……海乌姆诺地处波兰,是犹太人第一次被毒气迫害的地方……有四十万男人、女人和儿童曾去过那里,只有两个活着出来了……斯莱伯尼克(Srebnik),最后阶段的幸存者,在被送去海乌姆诺的时候是一个13岁的男孩……我在以色列找到他,然后劝说这位曾经的歌星和我一起回到海乌姆诺。[3—4]

开场由电影制作人自己的声音叙述,既将故事置于当下,又总结了过去,但过去不是通过故事呈现,而是作为一段前-历史,或者前-故事出现:故事本身与电影的演讲同时进行,而演讲实际上通过斯莱伯尼克真实的歌曲在当下的重唱(重演),开始于叙事者的书面序言之后。叙事者是"找到了"斯莱伯尼克并"劝说"他"和我一起回到海乌姆诺"的"我"。因此,叙事者是那个在当下讲述中开启了,或重启了过去的故事的人;但是叙事者、电影签名人"我",没有声音:开场白被投射到银幕上,作为一段叙述性旁白,一段没有声音的**书写**(writing with no voice)。

一方面,叙事者没有声音。另一方面,叙事的连续性除了朗兹曼的声音以外,没有别的东西可以保证。朗兹曼的声音贯穿了整部电影,构成了不同声音和不同见证情节之间连续的、连接的线索。但是朗兹曼的声音——我们听到的电影制作人说出的主动的(active)声音——又一次在严格意义上是访谈者和探究者的声音,而不是叙事者的声音。作为叙事者,朗兹曼没有说话,而是用声音背诵了别人的话,(两次)**借他的声音**朗读了两份书面文件。文件的作者无法用自己的声音说出:一封格拉博的拉比(Rabbi of the Grabow)的信,信中告诫罗兹市的犹太人灭绝将在海乌姆诺发生。这封信的署名者本人也因此和他的整个社区被毒气毒死("不要认为"——朗兹曼背诵道——"这是一个疯子写的。唉,这是一个可怕的、悲惨的事实",83—84)。还有一份标题为"秘密帝国事务"的纳粹文件。它涉及毒气车的技术改进("对特殊车辆的改造……由使用和经验表明是必要的",103—105),这是一份非同寻常的文件,可以说是让纳粹主义有了形式(将最不正当的和最具体的灭绝行为抽象为一个纯粹的技术和功能问题的方式)。我们见证了朗兹曼声音均匀的调节——没有感情,没有评论——这份文件的荒谬措辞被签字人的名字所体现的无意的、巧合的反讽所中断:"签名人:公正(Just)。"

除了对书面文件的背诵,以及他在无声开场的电影序言中提到自己的声音之外,朗兹曼作为访谈者和探究者说话,但作为一个叙事者,他保持沉默。叙事者让叙述由他人进行——由他所访谈的不同见证者的活生生的声音(live voices)。如果他们要作证,也就是说,去展演他们独特的、无可替代的亲眼所见,他们的故事必须能够**代表他们自己说话**(speak for themselves)。只有以这种方式,即通过叙事者的缺席,电影才能实际上成为证词的叙事:正是一种既不是由另一个人报告,也不是被另一个人叙述的叙事。叙事因此从本质上来说是一段沉默的叙事,一个电影制作人倾听的故事:叙事者仅仅当他是电影中沉默的持有者(bearer)时才成为电影的讲述者(teller)。

然而,在他其他的角色当中,也就是访谈者、探究者和电影制作人的角色中,他反而从定义上来说是沉默的侵越者(transgressor)和打破者。对于他本人对沉默的侵越,访谈者对被访谈者(其声音不能被放弃,其沉默必须被打破)说:"我知道这很难。我知道,并且我道歉(117)。"

作为一位访谈者,朗兹曼要的不是对大屠杀的一个宏大的解释,而是对微小独特的细节和明显琐碎的详情的具体描述。① "天气很冷吗?"(11)"从车站到营地那个卸货的坡道有多少英里? ……旅途持续了多久?"(33)"集中营确切来说是从哪里开始的?"(34)"正是那段沉默给他们通风报信的吗? ……他能描述那段沉默吗?"(67)"那些[毒气]车长什么样? ……什么颜色?"(80)不是大而化之的归纳总结,而是具体的细节转化为了一种视角,它既有助于消除事件的盲目影响,也有助于打破由目击的分裂使见证者陷入的沉默。只有通过琐事,通过小步子——不是通过大步调或大跳跃——沉默的障碍才能有效地被置换,并在一定程度上被移除。有针对性的且特定的提问所首要抵制的是对大屠杀经历的任何可能的经典化。就访谈者既挑战了死亡的神圣性(不可言说性[unspeakability]),又挑战了见证者死寂(deadness)(沉默)的神圣性而言,朗兹曼的问题本质上是去神圣化的(desacralizing)。

> 女人进毒气室的时候发生了什么? ……你第一次看到所有这些裸体女人的时候有什么感觉?
> ……………………………………………………………………
> 但我问了,你没有回答:当你第一次看到这些裸体女人和孩子们一起抵达的时候,你的印象是什么?你有什么感觉?
> 我告诉你一件事。对那个有什么感觉……很难有任何感觉,因为在那里工作,从早到晚和死人在一起,和身体(bodies)在一起,你的感觉消失了,你已经死了。你完全没有任何感觉。
> [114—116]

《浩劫》是一个通过去神圣化来解放证词的故事;是一个为了大屠杀此前不可能的历史化而去经典化的故事。访谈者首先要避免的是与见证者的沉默结盟。访谈者和被访谈者往往通过这种坚定的、善意的结盟,暗中达成一致、共同合作,以实现回避真相的相互安慰。

朗兹曼在这里必须对见证者关于死亡的沉默进行历史性挑战,为

---

① 从这个角度上来说,电影制作人共享了历史学家希尔伯格的方法:"在我所有的工作中,"希尔伯格说,"我从来没有从问大问题开始,因为我一直担心我会得到小的回答;我更喜欢问这些不重要的细节或小事,以便我之后可以将它们放在一起拼成一幅图景,就算不是一种解释,也至少是一种描述,一种对于显露出来的事情的更充实的描述(70)。"

的是重演大屠杀,并将一个**"无人见证的事件"**重新写入见证,重新写入历史。必须要打破和侵越的正是有关"见证之死"的沉默(silence of the witness's death),以及见证者死寂般的沉默(and of the witness's deadness)。

> 我们必须要这么做。你知道的。
> 我做不到。
> 你必须做。我知道这很难。我知道,并且我道歉。
> 不要让我继续下去,求你了。
> 求你了。我们必须继续(go on)。[117]

继续意味着什么?对于亚伯拉罕·邦巴(Abraham Bomba)来说,必须不惜一切代价继续作证的困境与他之前所面临的困境是相似的,即必须继续**活下去**(live on),不顾毒气室的侵蚀,面对周围的死亡而生存。但现在不得不**继续**,不得不继续作证,这就不仅仅是被迫面对重复过去并从而重复自身的**生存**的命令。朗兹曼现在矛盾地要求邦巴从那种让他的生存成为可能的死寂中挣脱出来。叙事者呼吁见证者从单纯的生存模式回到生活(living)模式——以及生活的痛苦中来。如果访谈者的角色因此是要打破沉默,那么叙事者的角色则是保证故事可以(作为沉默的故事)继续下去。

但正是探究者的哲学诘问和质询不断地将原本可能被视为故事的终结处重新打开。

> 彼德拉太太(Mrs. Pietyra),你是住在奥斯维辛吗?
> 是的,我出生在那里……
> 战前的奥斯维辛有犹太人吗?
> 他们占据了百分之八十的人口。他们甚至在这里有个犹太人集会……
> 奥斯维辛有犹太人墓地吗?
> 它还存在。它现在关闭(closed)了。
> 关闭了?这是什么意思?
> 他们现在不在那里下葬了。[17—18]

因此，探究者所探究的是所有"**关闭**"(closure)的含义(meaning)，以及叙事、政治和哲学上的**封闭**(enclosure)。朗兹曼向格拉斯勒博士，这位前纳粹犹太区"政委"的助手问道：

> 我的问题是哲学意义上的(philosophical)。在你看来，犹太区意味着什么？[182]

差异

当然，格拉斯勒逃避了这个问题。"历史上充满了犹太区，"他回答道，再一次引用他的学识、"知识"和历史学科本身来回避尖锐的质询，"对犹太人的迫害不是德国人的发明，也不是从第二次世界大战开始的(182)。"换言之，每个人都知道犹太区是什么，犹太区的含义并不需要一个特定的**哲学**关注："历史上充满了犹太区。"因为"历史"太清楚犹太区是什么了，这一知识不妨留给历史，它不需要反过来让我们探究。因此，"历史"既被用来否认问题的哲学推力，又被用来忘却纳粹历史的特殊性——**差异性**。由于回答恰恰否认了探究者对于将犹太区的概念——更不用说是先入为主的概念——视作**理所当然**的拒绝，因此，这种刻板的、先入为主的答案实际上**忘记**了提出这一问题的力量。格拉斯勒从根本上忘记了差异：忘记了犹太区作为纳粹将差异框架化和封闭化这一总体规划的第一步的**含义**。而这种差异之后被归属于死亡集中营的最终封闭和灭绝的"最终解决方案"。格拉斯勒的回答没有应对问题，而且还试图**减少**问题中的差异。但关于犹太区的问题——即试图遏制（减少）差异的问题——一直存在于探究者-叙事者的言说和沉默中。叙事者正是在那里以保证这个问题会**继续下去**（会在观者当中继续下去）。换句话说，探究者不仅仅是提问的代理人，而且是一股将之前所有的答案分离开来的力量。在访谈过程当中，探究者-叙事者和在其他人身边一样在格拉斯勒的身边，同时作为对问题的见证和对问题与回答之间的间隙——或者差异——的见证。

通常来说，探究者为问题作证（而叙事者则沉默地为故事作证），仅仅是通过逐字逐句地复述答案的片段，通过在字面上重复——如同回声一般——谈话者刚刚说出的最后一个句子、最后一个词。但回声的功能——在它放大效果的共鸣当中——本身就是探究性的，而不是简单的重复。"毒气车进到这里,"斯莱伯尼克叙述道,"那里有两个巨大的火炉,后来尸体就被扔进这些火炉,火焰冲天(6)。""冲天[zumHimmel],"访谈者默默低语道,一下子在简单的叙事性描述中,在天空意象的特定的蓝的黑洞中,打开了一道哲学的深渊。当后来教堂周围的波兰人叙述他们如何听着被毒气毒死的犹太人尖叫的时候,朗兹曼重复的回声记录了叙述中无意的反讽:

> 他们在晚上听到了尖叫?
> 那些犹太人呻吟着……他们很饿。他们被关在里面挨饿。
> 晚上听到的是怎样的哭声和呻吟?
> 他们呼唤耶稣、玛丽亚和上帝,有时候是用德语……
> 犹太人呼唤耶稣、玛丽亚和上帝![97—98]

朗兹曼作为回声的作用是另一种方式,它通过叙事者的无声(voicelessness)和探究者的声音在特定的答案中生产了一个**问题**,并通过言语的重复(verbal repetition)演绎了(enact)一种**差异**。在叙事者作为影片沉默的持有者中,尖叫的**问题**一直存在。尖叫实际所呼唤之物的差异也是如此。此处和影片的其他地方一样,叙事者既守护了问题,也守护了差异。

探究者的调查恰恰是关于(既是哲学的也是具体的)差异的特性。"一辆特殊的和一辆正规的火车之间的**差异是什么**?"探究者询问纳粹交通规划师瓦尔特·斯蒂尔(133)。对于纳粹教师的妻子——她在弗洛伊德式的错误中混淆了犹太人和波兰人(二者相对德国人而言,都是"他者"或"异国人"),朗兹曼提出了以下细致的疑问:

> 自第一次世界大战以来,这座城堡就变成废墟了……那里是犹太人被关押的地方。这座荒废的城堡被用来安置和驱逐波兰人,等等。
> 犹太人!
> 是的,犹太人。
> 为什么你称他们为波兰人而不是犹太人?
> 有时候我会把他们混淆起来。
> 在波兰人和犹太人之间是有差异的?

哦,是的!

什么差异?

波兰人没有灭绝,而犹太人灭绝了。这是差异。一个外部的差异。

那么内部的差异是?

我不能评价它。我对心理学和人类学没有足够的知识。波兰人和犹太人之间的差异?无论如何,他们不能容忍另一方。[82—83]

作为对差异之不可捕捉性的哲学探究,以及作为对不同见证之间具体差异的叙述,《浩劫》暗示了证词的碎片化——既是语言的(tongues),又是观点的碎片化——最终无法被超越。正是因为电影是从一个奇点(singular)向另一个奇点运动,因为一位见证者不可能被另一位见证者所**代表**(representation),所以朗兹曼需要我们坐十小时来看这部电影,去开始见证——开始有一种具体的感受——既是对我们自身的无知,也是对事件发生的不可通约性的见证。这种发生恰恰是通过证词的碎片化被传达出来,演绎了见证的碎片化。电影是碎片化见证的集合。但即使在电影放映了十个小时后,这些碎片的收集也没有产出任何可能的总体性或任何可能的总体化:证词之不可通约性的集合既不等于一个可普遍化的理论陈述,也不等于一个叙事性的独白总和(monologic sum)。当朗兹曼被问到他的大屠杀概念是什么,他回答道:"我没有概念;我有迷恋,这是不同的……对寒冷的迷恋……对第一次的迷恋。第一次震惊。犹太人在特雷布林卡集中营的第一个小时,第一分钟。我会一直问关于第一次的问题……对最后时刻的迷恋,等待,恐惧。《浩劫》是一部充满恐惧的电影,同时也充满能量。你不能用理论来制作这样一部电影。每个我之前理论性的尝试都失败了,但这些失败是必要的……你在你的脑海,你的心里,你的肚子里,你的内脏里,无处不在地构筑了这样一部电影。"(《访谈》第22—23页)矛盾的是,这种"无处不在"无法被总体化,它抵制了理论本身。这种肉体的(corporeal)碎片化和列举描述了电影的"构筑"——或者说生成(generation)的过程——同时抵制了任何概念化的尝试,它本身就是电影证词模式的特殊性——和独特性——的象征。这部电影并不仅仅通过收集和集合见证的碎片来作证,更是通过主动打破任何可能的封闭——任何声称**包含**了这些碎片,并将它们整合为一个连贯整体的概念化框架来作证。《浩劫》作为对所有定义、所有指涉的界限、所有已知的答案的彻底否定(invalidation),在其残酷的确认中——在其物质上的创造性验证(validation)中——其言说的绝对必要性中,为证词的碎片化作证。电影通过展演历史的和矛盾的双重任务,即打破沉默,同时粉碎任何给定的话语,并且打破——或者说打开——所有的框架,从而使它令人惊讶的证词运作起来。

二

证词的不可能性

那么,《浩劫》作为一部关于证词的电影,就比它起初看起来的更深不可测、更矛盾、更加问题重重:它所申明的现实中**证词的必要性**非常矛盾地来自电影同时戏剧化了的**证词的不可能性**。横贯这部电影的正是这种证词的不可能性,而这部电影也正是在与这种不可能性斗争,事实上,我认为,这正是这部电影最深刻、最关键的主题。在将大屠杀演绎为一个"未被见证的事件",一个历史上无法掌握的**原初场景**(primal scene)(它既抹杀了见证者,也抹杀了见证行为)的创伤性影响时,《浩劫》通过同时探索见证行为的历史的不可能性,以及逃脱(escaping)作为见证者存在(being)和不得不成为(having to become)见证者这一困境的历史不可能性,探索了证词的界限。位于证词世界的边缘,也即我们所处时代的边缘,也位于言说之必要性的边界,《浩劫》是一部关于沉默的电影:它是对于**声音的丧失**以及精神的丧失的悖论性阐述。电影是为记忆而不懈斗争的产物,却是为了自我否定的、充满矛盾和冲突的事物的记忆——确切来说是对**失忆症**的记忆。证词断断续续地继续着,同时也讲述着讲述行为本身的不可能性。

> 没有人可以描述它。没有人能再现这里发生的事。不可能?也没有人可以理解它。甚至是我,在这里,此时此刻……我无法相信我在这里。不,我就是无法相信它。这里一直都是这样平静。一直。当他们烧死了两千个人——犹太人——每天如此,这里也一样平静。没有人喊叫。每个人都在做自己的事。周围是

寂静的。平静的。就像现在一样。[6]

在"未被见证的事件"中无法把握的,而见证者现在却必须(不可能地)去作证的,不仅仅是谋杀,确切地说,是见证者之死的自传时刻,是如此见证的主体的**死亡过程**(dying)的历史发生。

在海乌姆诺,他有什么被杀死了?
一切都死了。但他只是个普通人(human),*而且他想要活下来。所以他必须忘记。他感谢上帝……他可以忘记。我们不要再谈论那个了。*
他认为谈论它是有益的吗?
对我来说不是。
所以他为什么还在谈论它?
因为你坚持要谈。他收到了有关艾希曼(Eichmann)*审判的一些书。他是一位见证者,而他甚至没有读这些书。*[7]

波迪克雷尼克(Podchlebnik)——作为见证者他的"一切都死了"——回溯性地在有关艾希曼的审判中给出了自己的证词,但他仍然宁愿让那个见证者死去,通过不去阅读任何他自己在审判中的角色,让见证者成为一个(死去的)秘密不被自己看到。不去读、不去说的欲望源自听到或见证自己的恐惧。**"沉默的意愿"**(will-to-silence)是将一个人自身内部那个已死的见证者**埋葬**(bury)的意愿。

但是电影在这里再次"坚持","犹太人墓地"(回到与彼德拉太太的对话)不可能一次性彻底地"关闭"(18),见证者现在必须由他本人(作为见证者)重新开启自己的坟墓,即使非常矛盾的是,这一坟墓正是作为他得以幸存下来的前提而被经历的。

见证者的问题,或消失的身体

然而,为了从尚未关闭的墓地内部(inside)作证,见证者要重新打开自己的坟墓,这意味着什么?另一方面,从见证者的空坟(empty grave)内部见证又意味着什么——说坟墓是空的,不仅因为见证者实际上没有死,而只向着自身死去(die unto himself),也因为确实死去的见证者在被成堆埋葬之后,又从坟墓里被挖了出来烧成灰烬,因为死去的见证者甚至没有留下一具尸体或死亡的身体?《浩劫》作为一部讲述种族灭绝和战争暴行的电影,其最引人注目、最令人惊讶的地方之一是银幕上没有出现死亡的身体。但《浩劫》让我们见证的正是**消失的**尸体。电影通过在没有尸体的墓地间"旅行",通过不懈探索空旷的墓地——那个既被幽灵缠绕,也**没有**死去的见证者**居住**的地方。

这是最后的坟墓了吗?
是的。
纳粹计划是从最旧的开始打开他们的坟墓?
是的。最后的墓地是最新的,我们从最旧的开始,那些第一个犹太区的……你挖得越深,身体越薄……当你想抓住一具身体时,它就会碎裂,不可能被挖出来。我们不得不打开坟墓,但是没有工具……任何说了"尸体"或"受害者"的人都会被打。德国人让我们把这些身体称为"玩偶"……
他们一开始就被告知所有墓地里一共有多少玩偶吗?
维尔纽斯盖世太保的负责人告诉我们:"这里躺着九万人,绝不能留下任何他们的痕迹。"[12—13]

"没有身体留下来以供作证。"理查德·格莱泽转而作证说(50)。实际上,纳粹计划不仅**没有留下**历史上大规模屠杀这一罪行本身的**任何踪迹**,也没有留下从物质上见证这一罪行的人的**任何踪迹**,不留踪迹地抹除了任何可能的目击行为。事实上,讽刺的是,即使是已经死去的见证者或玩偶(Figuren)的尸体也仍然是物质证据,纳粹分子可能会通过这些证据被**辨认出来**(figured out)。尸体仍然继续从物质上见证他们自身的凶手。因此,抹除见证者的计划必须由一个字面意义上的直接的抹除完成,即焚烧身体。见证者必须,相当字面意义上的,**被烧掉**,从视线中烧掉。

突然,从营地,那个被称为死亡集中营的地方,火光冲天……刹那间……整个营地似乎都烧起来了……突然,我们当中的一个人站了起来……他面对着火幕,开始吟唱一首我不知道的歌:
"……我们曾被推入火坑,但我们从未否认圣法。"
他用意第绪语唱歌,而在他身后,火堆正在燃烧,那是他们于

1942年11月开始焚烧特雷布林卡的身体用的火堆……我们知道那晚的死者不会再被埋葬,他们会被烧掉。[14]

从内部作证

是否有可能直接**从大屠杀内部说话**(speak from inside the Holocaust)——从见证者的**燃烧**的内部作证？我认为,电影正是通过提出、经历和阐述这样一个问题,带我们进行了一次如梦般的(oneiric),而又在物质层面是历史性的旅行,从而对彻底的**证词的不可能性**进行了影像的探索,并将其与哲学上的探索融合。换句话说,正是这部电影的证词(它的确是一种突破性的证词)积极地向我们提出这样一个问题：以什么样的方式、以何种创造性的手段(以及以什么样的代价)让**我们**有可能见证"未被见证的事件"？这个问题转化为电影中的如下术语：是否有可能从内部见证**浩劫**(大屠杀和/或电影)？① 还是说我们一定要在外部(在大屠杀的烈火之外,在见证者的燃烧之外,在吞噬着电影的大火之外),并从外部去见证它？从内部见证**浩劫**意味着什么？

我认为,正是这一严酷、煎熬的问题所蕴含的含义引导着影片的地形学调查,尤其是朗兹曼对扬·皮翁斯基(Jan Piwonski)的追问。他是指挥死亡列车从外部世界驶入灭绝营真实内部的波兰交通警察：

集中营确切来说是从哪里开始的？

……这里之前有个栅栏,延伸到你在那儿看到的那些树那里……

所以我现在站在集中营的外围(inside the camp perimeter),是吗？

是的。

我现在所在的地方离车站有50英尺远,而我已经在集中营**外部**(outside)了。这里是波兰人的地盘,而那边是死亡。

是的。在德国人的命令下,波兰铁路工人把火车分开。所以

---

① 最后这一点的提出要归功于彼得·坎宁(Peter Canning),他在我当时讲授的关于见证问题和《浩劫》的课程中就这一问题给出了深刻的论述。

> 火车头拖着 20 节车厢,向海乌姆诺开去……与特雷布林卡不同,这里的车站是集中营的一部分。而我们现在就在集中营**内部**。[39,粗体为笔者所加]

我认为,这种精确性,这种电影影像空间的细微调查以及具体化,不仅仅源于从地理学与地形学上给出定义的尝试,更是来自整部电影要精确地从死亡集中营的内部抵达见证的追求。相较之下,纳粹教师的妻子坚持只从外部看到了毒气车——

> 你看到毒气车了吗?
> 没有……是的,从外面看到了……我从来没有往里面看;我没有看到里面有犹太人。我只从外面看到了一些东西。[82]——

将《浩劫》与所有先前的电影区分开来的,它的关键任务以及具体的努力,正是试图从内部见证。

然而,又一次地,从死亡集中营的内部作证是什么意思呢?而且假设这种见证本身是可能的(或因电影而成为可能),那么**从那一内部作证**(testifying out of that inside)的必要性又意味着什么?朗兹曼一一探讨了这种来自死亡集中营内部的证词所带来的哲学挑战和具体的不可能性/必要性:

1. 这将意味着从**见证者的死亡、死寂及其自杀的内部作证**。电影中有两起自杀事件,是两个(彼此不相关的)犹太领导的自杀。① 在这两起事件中,自杀被选择,用以绝望地解决见证的不可能性问题,而他们的自杀所物质化的正是见证行为的双重束缚和绝境。杀死自己,实际上是同时**杀死见证者**,并通过自己的死亡停留在**见证行为的外部**。因此,这两起自杀都是被**不在内部的欲望**(the desire not to be

---

① 一个是华沙犹太区的犹太人领袖 Czerniakow,他一开始试图与德国人谈判,但当他认识到自己的谈判失败后便自杀了,就在第一次运送华沙犹太人到特雷布林卡的第二天(188—190);另一个是 Freddy Hirsch,他是捷克家庭集中营的犹太领导人之一,特别是(一百)个孩子的保护人。当他被催促去参加集中营的武装抵抗时,他自杀了,因为他一旦参加了就必须抛弃孩子们,而这可能会把他们推向死亡(157,159—162)。

inside)所激发。① 那么,如何**从不在内部的欲望的内部**(from inside the desire not to be inside)去见证呢?

2. 从死亡集中营的内部作证同时意味着,同样不可能的是,**在一个致命秘密的绝对约束的内部作证**的必要性,人们感到这个秘密具有如此的约束力和如此的强制力,又是如此可怕,以至于它甚至对自我也经常是保密的。② 基于诸多理由,对于那些感觉自己既受其约束(bound)又被其担保(bonded)的人而言,侵越这种秘密似乎是不可能的。"因为我们是'秘密的持有者',"前特遣队成员菲利普·穆勒(Philip Müller)说,"我们是被行缓刑的死人。我们不被允许和任何人交谈,也不被允许和任何囚犯联系,甚至不被允许和纳粹党卫军(SS)联系。只有那些负责'行动'(Aktion)的人。"(68)受害者以及行刑者③开始相信他们被选中的命运,即加入了一个将舌头系起的对缄默的祭仪(tongue-tied cult of muteness),成为注定的**沉默的持有者**。因为秘密既是一种束缚(bondage),又是一种担保,打破沉默有时不再被交付给意识的选择(conscious choice)或者简单的(理性的)意志决定。所以,集中营的幸存者即使在战后多年,也会在历史的层面上坚守秘密和沉默。

既然证词和沉默的誓言一样,也是一种言语行为(speech act)(但这种言语行为无论从它说出的方式还是从其利害关系来看,都显然是与保密宣誓相反的行为),那么,证词不但不忽视,而且恰恰就是要**从**

---

① 华沙犹太区的自焚事件也是如此,这可以被视为又一起自杀事件,也可以被视为不在内部(不在犹太区内部)的欲望又一次的物质化。

② 参考波迪克雷尼克拒绝阅读有关艾希曼审判的书籍,从而将自己的见证、自己在审判中的证词作为一个秘密对自己保守的方式(7)。

③ 在德国人这边,参看弗兰茨·沙林(Franz Schalling)的叙述:
你不是党卫军,你是……
警察。
哪种警察?
保安……一个党卫军的人立马告诉我们:"这是一个最高机密的任务!"
机密?
"一个最高机密的任务。""签了这个!"我们每个人都必须签字。他们给我们每个人都准备了一份表格,一份保密承诺书。我们甚至都没来得及看完。
你们要宣誓?
不用,只要签个字,保证对我们所看到的一切都不说出去。一个字也不说。在我们签字之后,我们被告知:"犹太问题的最终解决方案。"(74)

秘密的约束内部去作证,这如何成为可能?

3. 在具体的和哲学上的不可能性序列中,**从死亡集中营内部**作证同样意味着**从根本的欺骗的内部**(inside a radical deception)作证这一充满矛盾的必要性,而且,这种欺骗通过**自我欺骗**而加倍并增强:

> (菲利普·穆勒)
>
> 所有的目光都集中在火葬场的平顶上……奥迈尔(Aumeyer)对众人说:"你们在这里是为我们的士兵工作的……能工作的人都会没事的。"
>
> 很显然,这些人心中燃起了希望……行刑者们已经越过了第一重障碍……然后他问了一个女人:"你是做什么的?""护士。"她回答道。"好极了!我们的医院需要护士……我们需要你们所有人。但首先,脱衣服。你们必须被消毒。我们要你们是健康的。"我看到人们平静了下来,他们听到的东西让他们放心了,然后他们开始脱衣服。(69)
>
> (弗朗茨·祖霍梅尔)
>
> 我们坚持说:"你会活下去的!"我们几乎自己都相信了。如果你撒的谎够多,你就相信自己的谎言。(147)

如何**从妄想和假象的情境中证明**事物曾经的存在方式?如何从完全盲视的内部证明现实中的事物曾经是什么?如何从(被自我欺骗放大的)**根本的欺骗内部**为历史真相作证呢——当人们在其最卷入历史真相的时刻,反而被这种欺骗从历史的真相中分离出来?

4. 最后,**从内部作证**(从死亡集中营内部作证的地形学式的决心)的必要性相当于电影中最高要求的、最不能妥协的、最关键的问题:**如何从"他者性"的内部作证?**

> 当犹太人互相交谈时……乌克兰人要周围保持安静,然后他们要求……是的,他们要求他们闭嘴。所以犹太人闭上了嘴,警卫也走开了。然后犹太人又开始用他们的语言说话……:*ra-ra-ra*,等等。(30)

朗兹曼在口译员的陪同下听着波兰农民切斯瓦夫·博罗维

(Czeslaw Borowi)的话,当他在凝神倾听中一听到"ra-ra-ra",他就知道自己正在听的异国语言不再单纯是波兰语了。他打断了那个波兰人,还没等口译员全部翻译完,就通过译员向他说话,问道:

他是什么意思,la-la-la?他在努力模仿什么?
他们的语言——

口译员用解释或翻译的方式来回答,用的不是博罗维的声音,而是他的意图。但这是朗兹曼**不想要翻译**的一个时刻。在回应口译员的解释时,探究者坚持道:

不,问他。犹太人的声音有什么特别之处吗?
他们说犹太语——

博罗维回复道。他误称(misname)了意第绪语,但最后还是回到了话语的现场,并很好地给出了一个含义以**解释**他之前声音中的陌生性,并消除了它们的不可理解性。

博罗维先生懂"犹太语"吗?
不懂。(30—31)

从"他者性"内部作证也许就是做好从"ra-ra-ra"中作证的准备,准备不单是用一种异国语言作证,而且是**从"他者"的那个语言内部**作证:从"他者"的语言中说话,因为"他者"的语言从定义上说就是**我们不说的语言**,是一个从其本质和立场上被一个人所**不理解**的语言。因此,从"他者性"内部作证,就是从一种活生生的语言的悲怆中去作证,而这个语言却只能被听作简单的噪音。

内部者和外部者

因此,在现实中,从他者性的内部或从坚守秘密的内部、从失忆症的内部或从欺骗和强迫自我欺骗的妄想的内部来作证是不可能的,就像不可能从死亡内部作证一样。从内部作证是不可能的,因为**内部没有声音**,这也是影片试图向我们传递和传播的事情。从里面(within),

内部(the inside)是不可理解的(unintelligible),它并不**向自身呈现**。菲利普·穆勒曾在奥斯维辛火葬场的尸体管理部门工作多年,他作证说:

> 我无法理解其中的任何东西。这就像头上挨了一击,我像是已经被打晕了。我甚至不知道我在哪儿……我受到了惊吓,好像被催眠了一样,已经准备好做任何我被要求的事情。我是这样没有思维(mindless),如此惊恐……[59]

在内部对它自身来说都是缺席的情况下,甚至对已经在里面的人来说,它也是**不可想象的**(inconceivable)。"我还是无法相信在大门的另一边,在人们进去的地方发生了什么,"邦巴说,"一切都消失了,而且一切都安静了(47)。"作为沉默的所在之处和声音的消失之处,内部是**不可传播的**。"对任何一个跨进火葬场门槛的人说实话,"穆勒说,"都是毫无意义的(125)。"这部电影讲述的是真相与门槛(threshold)之间的关系:关于讲述真相的不可能性,以及关于由此产生的重获真相的历史必要性,恰恰就是跨过了一个特定的门槛。而现在需要的正是从历史和哲学上重新跨越这个门槛。在火葬场的内部,"在门的另一边",在"一切都消失了,而且一切都安静了"的地方存在着丧失:声音的丧失,生命的丧失,知识的丧失,意识(awareness)的丧失,真相的丧失,感觉能力的丧失,说话能力的丧失。这种丧失的真相恰恰说明了处于大屠杀的内部意味着什么。但是,这种丧失也定义了从内部去见证内部真相的不可能性。

那么,谁能有这个立场去讲述呢?内部的真相,对外部者而言更难以接近。如果说确实无法从内部为大屠杀作证,那就更不可能从外部为它作证。从外部看,内部是完全**无法把握的**,即使它并不单是完全逃离感知的东西,不单是保持不可见的东西(比如对纳粹教师的妻子"不可见"),甚至也不单是(如博罗维的案例)作为纯粹噪音被见证的、作为简单的声学干扰被感知的。扬·卡尔斯基是最诚实、最慷慨、最富有同情心的外部见证者,是战时的信使——他在政治上接受波兰地下信使的任务,即用自己的眼睛看到犹太隔离区以便向西方盟军报告这些情况。而在他看来,自己的证词**毫无意义**。实际上,**犹太区的内部**对他而言仍然像一个恶梦一样完全**无法穿透**(impenetrable),他茫然、悲痛的记忆只留下了这个悲惨的内部形象,而这个形象仅仅使他成为一个永久的外部者。

  它对我来说是一场噩梦……
  它看起来像是一个完全陌生的世界吗？我是说，另一个世界？
  那不是一个世界。那里没有人性……它不是人性。它是类似……类似地狱……他们不是人类（human）……我们离开了犹太区。坦白讲，我再也受不了了……我感到难受。即使现在我也不想……我理解你的角色。我在这里。我不再回到我的记忆中了。我不能再讲了。

  但我报告了我所看到的。它不是一个世界。它不是人性的一部分。我不是它的一部分。我不属于那里。我从来没有见过这样的事情，我从来没有……没有人写过这样的现实。我从来没有看过任何戏剧，从来没有看过任何电影……这不是世界。我被告知这些是人（human beings）——他们看起来不像人。[167，173—174]

  因为对局外人来说，即使他充满共情和同情的悲痛，内部的真相仍然是**排除**的真相——"那不是一个世界。那里没有人性"——从外部**讲述真相**，从外部作证，是不可能的。正如我们所看到的那样，从内部作证也是不可能的。我认为，这部电影作为一个整体，它的不可能的位置和作证的努力，恰恰就在于它并不单纯地在内部或是在外部，而是悖论性地**既在内部又在外部：在内部和外部之间**建立一种在战争期间不存在、今天也不存在的联结——使它们都处于动态之中，处于互相对话之中。

  【本译文为中国博士后科学基金面上资助项目"当代西方创伤理论与批评研究"（2019M661465）、上海市社科规划青年课题"创伤理论研究"（2020EWY012）阶段性成果】

（作者单位：埃默里大学比较文学系）
（译者单位：上海大学文学院）
学术编辑：刘 卓

创伤、经历与言说

[美]凯茜·卡鲁斯 著

李 飞 译

创伤与经历

越南战争以来,精神病学、精神分析和社会学领域对创伤问题重新燃起了兴趣。1980 年,美国精神病学协会最终在"创伤后应激障碍"(PTSD)的名头下,正式承认了创伤这种很早就被认识到但又经常遭到忽视的现象。PTSD 囊括了以前被称为炮弹休克、战斗应激、延迟应激综合征和创伤性神经症的症状,以及对人类和自然灾难的各种反应。一方面,PTSD 及其对病理的正式承认提供了如此强大的诊断类别,以至于它似乎吞没了周围的一切:不仅对战斗和自然灾难的突然反应,而且对强奸、儿童虐待和其他暴力事件的突然反应,都在 PTSD 的名头之下得到理解,对 些分离性障碍(dissociative disorders)的诊断也转向了创伤。另一方面,这一强有力的新工具却没有提供对疾病的确切解释。的确,创伤冲击作为一种概念和类别,如果要有助于诊断,只有在付出下述代价后才可能实现,即对我们普遍接受的理解模式和治疗模式的根本性破坏,以及对我们关于什么构成了病理学这一问题的理解的巨大挑战。这一点可以在围绕美国精神病学协会 PTSD 定义中的"A 类"(对"人类通常经验范围之外"的事件的反应)的争论中看到。这些争论涉及的问题是,PTSD 必须多么紧密地与特定类型的事件绑定在一起;[①]或者,也可以在精神分析问题中看到,这个问题可以表述为创伤是不是通常意义上所说的病理性的,即是否与欲望、愿望和压抑引起的扭曲有关。事实上,我们越是对 PTSD 症状

---

① 这个定义在 DSM III-R(*Diagnostic and Statistical Manual of Mental Disorders*, 3d)中被使用。这一短语已从 1994 年 DSM IV 的定义的 A 类中被删除(在这个导言刚刚出版后)。尽管如此,关于什么样的事件可以被认为是潜在创伤性的辩论仍在继续。

进行可靠的定位和分类,我们似乎就越偏离我们理解模式的边界——因此,精神分析、医学精神病学、社会学、历史学甚至文学,似乎都被召唤去解释创伤、治愈创伤或说明为什么我们不能再简单地解释或治愈创伤。创伤现象似乎变得包罗万象,但它之所以如此,恰恰是因为它把我们带到了理解的极限:如果精神分析、精神病学、社会学甚至文学在创伤研究中重新开始听到彼此,那是因为它们正在通过创伤性经历的根本性崩塌和裂口来倾听。

在本卷中,我征求许多不同学科的引领性思想家对这种崩塌和它可能带来的洞见作出回应,通过创伤在我们之中引入的新未知来相互交谈。正如我所设定的,本卷的目的是研究创伤经历和创伤观念对精神分析实践和理论的影响,以及对文化的其他层面(如文学和教育学,文字书写和电影中的历史建构,社会或政治活动)的影响。我所感兴趣的,并不是深入界定创伤,而是尝试理解它的惊人的影响:探究创伤如何使我们不安,如何迫使我们重新思考我们在治疗中、在课堂中、在文学以及精神分析理论中的经历概念和交流概念。在引言中,我将简要介绍我所看到的创伤对精神分析理论构成的挑战,以及创伤在精神分析中以及更普遍地在当代思想中打开的可能性。

虽然创伤后应激障碍的确切定义是有争议的,但大多数文献通常同意,对一个或一组压倒性事件(an overwhelming event or events)会有一种反应,这种反应有时是延迟性的,其形式是重复的、侵入性的缘起于事件的幻觉、梦、意念或行为表现,相伴随的是在经历期间或之后开始的麻木,也可能伴随着对可以召回事件之刺激的唤起(或避免)的增加。① 这个简洁定义掩盖了一个非常特殊的事实:创伤的病理既不能由事件本身来定义——事件本身可能是灾难性的,也可能不是灾难性的,也不会对每个人造成同样的创伤;也不能用事件的**扭曲**(distortion)这样的术语来定义,因为事件的扭曲意味着,事件的侵扰性力量要通过扭曲个人附着在事件之上的意义来实现。相反,创伤病理完全是在**其经历结构或接受**(reception)中构成的:事件在当时没有被完全吸纳或经历,只有在事件经历者的反复**占据**(repeated possession)中,它才被延迟性吸纳或经历。遭受创伤,恰恰是被一个

---

① 例如,美国精神病学协会对 PTSD 的定义(1987)和范德科尔克(1984)在导言中对 PTSD 的讨论。

形象或事件占据。因此,创伤性症状不能简单地解释为对现实的扭曲,也不能解释为无意识意义对它希望忽视的现实的出让(the lending),也不能解释为对曾经希冀之物的压抑。事实上,在1920年,面对源自第一次世界大战的"战争神经症"的爆发,弗洛伊德非常惊讶,因为战争神经症抵抗整个愿望和无意识意义领域。弗洛伊德将其与他所处理的另一种长期抵抗现象(即事故神经症)相比较:

> 在创伤性神经症中,梦的生活就有这样的特性:它不断地把病人带回到他遭受灾难时的情境中去,由此在重新经受惊恐之后,他又惊醒过来。这个事实所引起的惊吓并不比实际遭受的惊吓少……如果有人认为,夜间做的梦自然会把他们带回到引起麻烦的情境中,并认为这是不证自明的事,那就误解了梦的实质。(SE 18:13)

这种返回的创伤之梦困扰着弗洛伊德,因为它不能用愿望的满足或无意识含义来理解,而是纯粹地难以理解事件的照实返回(the literal return),是违背当事人意志的返回。事实上,当代分析者也提到了创伤性噩梦和闪回令人惊讶的**直白性**(literality)和非符号性,这些梦和闪回对治疗的抵抗已经达到了这种程度,即它们就是要保持为直白的。因而,正是这种直白性及其持续返回构成了创伤,并指向了创伤的神秘内核:对于压倒性的发生(occurrence)而言,知晓(knowing)甚至看到(seeing)总是延迟的或未完成的,而发生过后,在其持续返回中,它却保持着对事件的绝对**真实**(true)。事实上,创伤性经历的这一真相构成了其病理或症状的中心;也就是说,它不是意义虚假或意义置换的病理,而是历史本身的病理。如果PTSD必须被理解为一种病理症状,那么,与其说它是无意识的症状,不如说它是历史的症状。我们可以说,受创者在其内心中携带着一段不可能的历史,或者说,受创者自身成为他们不能完全占据的历史的症状。

然而,历史作为一种症状发生,又意味着什么呢?正是这种奇怪的现象,使创伤或PTSD,在其定义中,在其对遭遇创伤者的生活的影响中,与真相问题密切绑定。问题不仅出现在倾听受创者的人那里——倾听者不知道如何确立受创者幻觉和噩梦的现实;这种情况往往最令人不安地发生在受创者自己的知识和经验中。因为,一方面,梦、幻觉和意念是绝对直白的,未被吸纳进意义的联想链。正如我所说过的,正是这种直白性占据着遭受者,抵抗着精神分析的解释和治疗。① 不过,这种场景或想法并不是一种被拥有的知识,相反这种场景或想法自身随性地占据它所栖居的个人,这个事实往往会在场景或想法的真相层面上造成深刻的不确定性:

> 一位曾在特雷津集中营待过的大屠杀儿童幸存者不断地回想起火车,却不知道它们来自哪里;儿童幸存者认为自己快要疯了。直到有一天,在一群幸存者的见面中,一个人说:"是的,在特雷津集中营,你可以看到火车穿过儿童营房的护栏。直到这时,她才放松下来,发现自己并没有疯掉。"(Kinsler,1990)

幸存者的不确定,不是单纯的失忆症;因为,正如弗洛伊德所指出的,事件的返回是固执的和违背幸存者意愿的。这也不是一个间接进入事件的问题,因为幻觉通常是有关事件的,在其骇人真相中,事件是容易进入的。换言之,并不是对创伤性经历过少或过于间接的进入,将它的真相置于问题之中;相反,在这个案例中足够悖论的是,恰恰是事件的压倒性的无中介性(immediacy)产生了它滞后的不确定性。事实上,在这些不确定性的地方性经验(local experiences)背后,我想提出的是由创伤事实引出的一个更大的问题,它就是肖珊娜·费尔曼(Shoshana Felman)在本卷的文章中所说的"更庞大、更深刻、更不能定义的真相危机……从当代创伤中出现"。这种真相危机溢出了个人治疗的问题,并质询着,在这个时代我们如何能够进入我们自己的历史经历——因其无中介性,这种历史是一种危机,我们无法简单地获得其真相。

我认为,正是这一真相危机,这一被创伤暴露出的历史谜团,对精神分析提出了最大的挑战,并且可以说更广泛地存在于当下创伤探究的中心。因为,理解创伤的尝试使人们一再面对这种奇怪的悖论:在

---

① See Cohen, "The Role of Interpretation in the Psychoanalytic Therapy of Traumatized Patients", Paper prepared for the Sixth Annual Meeting of the International Society for Traumatic Stress Studies, New Orleans. Cohen, "The Trauma Paradigm in Psychoanalysis", Paper prepared for the Sixth Annual Meeting of the International Society for Traumatic Stress Studies, New Orleans.

创伤中，与现实的最大遭遇可能也作为对现实的绝对麻木发生，矛盾的是，那种无中介性，可能采取延迟(belatedness)形式。经济的和心理的解释似乎与这一奇怪事实的全部含义不能完全相符。为了说明此类事件——在这种事件中，"没有任何类型的注册(registration)痕迹留在心灵，相反，只能发现一个空白，一个洞"——的影响，亨利·克里斯托(Henry Krystal)在本卷的文章中提到了科恩(Cohen)和金斯顿(Kinston)的作品。同样，多里·劳布也认为，巨大的心理创伤"阻塞了它的注册"；它是"有待作出的记录"(Laub, 1991)。劳布博士在本卷的文章中提出了创伤性事件（其力量以缺乏注册为标志）的一个特征，他指出，大屠杀涉及"见证的崩溃"：

> 历史是在没有见证者的情况下发生的：正是**在事件内部**(being inside the event)这一情形，使人无法想象可能存在见证者这种观念……这种历史要求（即去见证的要求），根本**不可能在实际发生过程中被实现**。

虽然劳布博士的评论界定了大屠杀的一种具体性质，我们却特别不希望过快地对此加以普遍化。不过，他确实谈到了一些看起来怪异的东西，它们栖息在所有创伤性经历中：不能在事件发生时充分见证它，或，只有在牺牲见证过程的代价下才能充分见证**事件**。也就是说，这种经历的非中介性的核心，是一个裂口(a gap)，它承载着事件的力量；而它对事件力量的承载，恰恰是以牺牲简单的知识和记忆为代价。换言之，这种经历的力量似乎正是在对其理解的崩溃中产生的。

而正是这种难以解释的创伤性空白与历史经历的性质之间的联系，成为弗洛伊德伟大的犹太史研究著作《摩西与一神教》的焦点。在这本著作中，弗洛伊德将犹太人的历史与创伤的结构进行了比较。对弗洛伊德来说，令他吃惊的是延迟期之后事件的返回：

> 一个体验过某种恐怖事件——例如火车相撞——的人，他侥幸在这次事件中没有受伤。然而，在以后几个星期的过程中，他产生了许多严重的精神和运动症状，这些症状只能溯源于他受到的惊吓、震惊等情况。他现在患了一种"创伤性神经症"。这是一个相当不可理喻的——就是说，一个新的——事实。在那次事故

和第一次出现这些症状之间经过的那段时间被描述为"孵化期"，是对传染性疾病病理学的一种明显暗示。经过思考之后，我们一定会深感震惊，尽管这两种情况——创伤性神经症问题和犹太一神教——之间存在着根本的差异，却有一个共同点：也就是可以描述为**潜伏期**（latency）的这种特点。（Freud，1939，84）

在使用"潜伏期"（在这个时期，经历的效应并不明显）这个术语时，弗洛伊德似乎将创伤描述为从事件到压抑到返回的连续运动。然而，事故受害者对事件之经历最引人注目的，以及实际构成弗洛伊德的例子所揭示的中心谜团的，与其说是事故发生后的遗忘时期，不如说是这样一个事实，即车祸受害者在事故发生期间不能完全意识到发生了什么：弗洛伊德说，人离开了，"显然没有受伤"。因此，创伤的经历，潜伏期的事实，似乎并不在于忘记一个从未被彻底了解的现实，而是在于经历本身所固有的潜伏期。创伤的历史力量不仅仅是经历在遗忘之后依然被重复，而是只有在固有的遗忘中和只有通过固有的遗忘，创伤才能被初次经历。正是事件固有的潜伏期，悖论地解释了历史经历特殊的时间结构和延迟性：由于创伤性事件在发生时未被充分经历，所以只有在与另一个地方和另一个时间相连时，它才会完全显现。如果在创伤中，压抑被潜伏期所取代，那么，这就是重要的，因为正是空白（blankness）——无意识的空间——悖论性地以直白性（literality）保存了事件。要使历史成为一部创伤的历史，就意味着在事件发生时没有被充分感知的程度上它恰恰是指称的；或者用稍微不同的方式说，历史只有在事件发生的不可进入性中才能被把握。①

弗洛伊德晚期对历史与创伤之间这种缠绕而又悖论的关系的洞见，可以给我们一些启发，有关创伤对当下精神分析提出的挑战的启发；因为弗洛伊德的洞见表明，创伤所必须告诉我们的——它所传递的历史真相和个人真相——与它对历史边界（historical boundaries）的拒绝密切绑定；它的真相与它的真相危机密切绑定。我认为，这就是为什么精神分析一直被某些问题困扰。确切来说，这些问题围绕着对应创伤的历史真相，或者说，创伤的最终起源究竟应该定位在心灵

---

① See Caruth, "Unclaimed Experience: Trauma and the Possibility of History", Yale French Studies 79 (1991).

内部还是心灵外部。一方面,在围绕着弗洛伊德理论中创伤的历史现实性问题的辩论中,许多人已经指出,弗洛伊德从一开始就一直关注真正创伤性事件的发生与病理学经验之间的关系;在这里,很多人指的是弗洛伊德早期的《歇斯底里症研究》和《初步沟通》,不过,我们在弗洛伊德出版的第一本著作《论失语症》中或许就已经可以看到这种兴趣的开始,这本书探讨了大脑的物理创伤(physical trauma)。另一方面,也有许多人认为,弗洛伊德对童年诱惑(childhood seduction)的现实的明显"放弃"——即使弗洛伊德本人没有完全放弃,他的许多追随者确实这样做了——将创伤的起源完全转移进心灵内部,转移进个人的幻想生活中,从而否定了暴力的历史现实性(Masson,1984)。虽然坚持暴力的现实性是一项必要且重要的任务,特别是作为对分析疗法的矫正,这种坚持将减缓幻想生活的创伤或童年事件引发的成人创伤,但是关于创伤性经历的起源在心灵内外位置的辩论也可能会错过弗洛伊德有关创伤的核心洞见,即创伤性事件的影响恰恰在于它的延迟性(belatedness),在于它对简单定位的拒绝,在于它在任何单一地点或时间的边界之外持续出现。早期的弗洛伊德在《科学心理学设计》中声称,创伤包括两个场景——早先的场景(在童年)有性内容但没有意义,后一个场景(青春期后)没有性内容但有性意义;晚期的弗洛伊德在《摩西与一神教》中声称,只有经过潜伏期,创伤才会发生。正如我们所建议的那样,从早期到晚期,弗洛伊德关注的似乎是这样的情况:在其中,创伤不是简单或单一的对事件的经历;而是说,事件,只要它们是创伤性的,就会在它们的时间延宕中设定其力量。精神分析理论中外部创伤和内部创伤的明显分裂,以及精神病学中创伤定义的相关问题——无论是从事件或对事件的症状性反应来定义创伤,还是之前创伤对当下创伤的相对促成——在弗洛伊德的定义中,都是内在于直接经历的分裂(split)的一种功能,这种分裂就是创伤性事件的特点。创伤性经历所隐含的根本错位,既证明了事件本身,也证明了它的无法直接进入。而正是这种自相矛盾的概念,对任何先入为主的有关经历的理解构成了挑战,使劳拉·布朗(Laura Brown)所谓的"精神分析的激进潜能"能够"重述我们之中痛苦的丢失真相"。

这种创伤的历史概念也可以被理解为一种传达,它传达了危机与生存之关系在精神分析思考中的迫切中心性。哈罗德·布鲁姆

(Harold Bloom)在本卷中的文章,焦点就是驱力的"非位置(nonlocation)"。在文章中,布鲁姆从"驱力和防御的混合"的角度,将弗洛伊德的驱力概念解释为"边境概念(borderland concept)"。通过含蓄地征引死亡驱力理论——弗洛伊德在与第一次世界大战战争创伤的遭遇中产生的这一理论——的核心悖论,布鲁姆提出了上述危机与生存的问题:驱力作为一种防御起源于无生命物质,特别是作为对生命的创伤性强加的防御;生命开始于一场向死亡返回的斗争(Bloom,1982)。弗洛伊德的复杂思想——通常被理解为解释战争创伤经历的尝试,提供了对创伤与生存之间神秘关系的令人深感不安的洞见:对于那些遭受创伤的人来说,不仅事件的时刻是创伤性的,而且走出它也是创伤性的;换句话说,**生存本身可能是一种危机**。

因为这种洞察力,精神分析就不再仅仅是针对他者的陈述,它本身就是一种复杂的行为,一种**有关**生存的陈述。事实上,当罗伯特·杰伊·利夫顿(Robert Jay Lifton)含蓄地将弗洛伊德晚期的创伤理论和死亡驱力理论,描述为与第一次世界大战之创伤进行的生存斗争的结果时,他似乎暗示了这一点。利夫顿让我们意识到,精神分析理论在与死亡激烈的、未被完全同化的对抗中,言说出其晦涩思想。布鲁姆对弗洛伊德的描述,也要求我们不仅仅要倾听作为理论家的弗洛伊德,而且要倾听作为见证者的弗洛伊德,作为见证者的弗洛伊德谜一般地通过自身的生存危机来言说:"弗洛伊德的独特力量是说无法被说出的话,或者至少是试图将其说出来,因而拒绝在面对不可言说的情形下保持沉默。"从这个角度看,精神分析理论和创伤的确会在这种不可能的说(this impossible saying)的基础上遭遇。

一方面,本卷的文章提醒了我们创伤的不可进入性,以及创伤对全面的理论分析与理解的抵抗;另一方面,这些文章也打开了一种视角,这种视角有关创伤如何使生存成为可能,有关如何通过不同模式的治疗、文学和教育接触参与上述可能性。如上文已述,这些文章的作者通过将创伤性经历从神经质扭曲的概念中移开,使我们不断回到一个令人惊异的事实,即创伤不仅仅作为压抑或防御被经历,而且作为一种时间延宕(a temporal delay)被经历,而这种时间延宕将个人带离初始时刻的震惊。创伤是对事件的反复遭受(a repeated suffering),但也是从事件位置的持续离开。因此,对事件的创伤性再体验**携带着**多里·劳布所说的"见证的崩溃",即知晓创伤原初构成的不可能性。通过将这种知晓的不可能性带出经验事件本身,创伤打开了一种新形式的倾听,即对这种**不可能性**的见证,并以此对我们提出了挑战。

我们如何倾听那些不可能的事物?当然,这种倾听的一个挑战是,它可能不再是简单的选择:也就是说,能够倾听不可能之物,就是在知识掌控的可能性**之前**,已经被它**选中**(chosen)。这就是它的危险,正如一些人所说的,是创伤"传染(contagion)"的危险,是倾听者的受创危险(Terr,1988)。但是,这也是创伤传递的唯一可能性。多里·劳布认为,作为一名临床医生,"有时候最好不要知道太多"(Laub,1991)。也就是说,倾听一种创伤的危机,不仅是对事件的倾听,更是在证词中听到幸存者从创伤性事件中的离开,换言之,治疗性倾听者的挑战是**如何倾听离开**。

对创伤的精神分析和历史分析最终的目的是要表明,从创伤原初之发生的固有离开(这种离开内在于创伤),也是摆脱事件所强加的孤立(isolation)的一种手段:由于其固有的延迟性,创伤的历史只能通过另一人的倾听来发生。事实上,溢出自身的创伤言说(trauma's address)之意义,涉及的不仅是个人孤立,而且是更广泛的历史孤立,在我们这个时代,这种历史孤立是在文化层面上交流的。例如,在英国流亡期间,弗洛伊德坚持在生前将他最后一本关于创伤问题的著作《摩西与一神教》翻译成英语,我们可以在弗洛伊德的坚持中找到这种创伤言说;当广岛核爆的幸存者首先通过约翰·赫西(John Hersey)的叙述向美国传达他们的故事时,或者更普遍地说,当一种文化中的灾难幸存者向另一种文化中的灾难幸存者言说时,我们也可以发现这样的创伤言说。① 我认为,这种说话(speaking)和这种倾听(listening)——**来自创伤地点**的说话和倾听——不依赖我们对彼此的了解,而是依赖我们还不知道的自身的创伤性过去。也就是说,在一个灾难性的时代,创伤本身可能提供了文化之间的联系:不是作为对他人过去的简单理解,而是——在当代历史的创伤内部——作为这样

---

① 《摩西与一神教》不仅讲述了犹太人的古老创伤,而且讲述了弗洛伊德在1938年离开维也纳的令人不安的经历。关于这本书翻译的情况,见盖伊(Gay,1988),637、638和643。关于广岛幸存者,赫希的《广岛》(Hersey,1985)以第三人称撰写,但以直接得到的第一人称描述为基础,这本书使得核爆炸的人道后果在美国产生了第一次广泛反应。

一种倾听的能力,通过我们已经展开的从自身的离开(departure)来倾听。

重获过去

第二卷的核心是与一种特殊形式的历史现象——正在被逐渐命名为"创伤后应激障碍"(PTSD)的现象——的相遇,它指的是过去的压倒性事件,以侵入性的形象和意念,反复占据事件经历者。正如我们在第一卷中所看到的,这种独特的**被过去占据**超出了狭义的病理学边界,并且已成为我们时代的幸存者经验的一个核心特征。然而特别令人震惊的是,在这种独特的经历中,过去的固执重演(reenactments)不仅是对某个事件的证明。十分悖论的是,它也可能见证了一个在发生时未被完全经历的过去。也就是说,创伤并不仅仅是过去的记录,而且准确地注册(register)了一种尚未被完全拥有(owned)的经历的力量。第二卷的文章,考察了这种矛盾经历对我们表征和交流历史经验的方式的影响。正如这些文章所指出的,创伤现象既迫切需要历史意识(historical awareness),又拒绝我们通常进入历史的方法。因此,这些文章问道:如何才能进入一种创伤性历史?

也许创伤性回忆最显著的特点是这样的事实:它不是简单的记忆。从最早的有关创伤的研究开始,一个令人困惑的矛盾已经成为许多创伤定义和描述的基础:尽管创伤性重演的形象保持着绝对准确和精确,但是在很大程度上它们不接受有意识的召回和控制。面对第一次世界大战制造的"战争神经症",正是这种奇怪的现象挑战了弗洛伊德。像事故受害者的噩梦一样,创伤性再经历(traumatic reliving)看起来像清醒的记忆(a waking memory),却只能以梦的形式一再返回:

> (人们)认为,创伤性经历甚至在睡眠期间也一再强加于病人身上,这个事实被看作是它的力量的证明。可以说,病人已经对创伤进行了精神固着……但是,我并没有意识到,患有创伤性神经症的病人在清醒的生活中也被他们事故的记忆所占据(occupied)。他们更关心的或许是力求不去想它。(Freud,1920,13)

创伤性噩梦——没有被压抑或无意识的愿望扭曲——似乎直接指向事件，并且也正如弗洛伊德所论述的，它占据了一个空间，在其中，意愿性的进入是被拒绝的。事实上，如当下研究者指出的那样，事件生动、精确的返回似乎伴随着对过去的**失忆**（amnesia），这个事实足够惊人，以至于被几位主要作者称为**悖论**：

> 在PTSD患者中出现了许多**时间悖论**……[一是]对实际创伤的回忆可能经常受到损害，而患者却可能以侵入性的想法、噩梦或闪回的形式重新体验创伤的各个方面。（John Krystal, 1990, 6；重点符为笔者所加）

> 记忆的病理学是创伤后应激障碍（PTSD）的特征。病理范围是从部分或全部地对创伤性事件的失忆，到直接的分离，在分离中，经历的大部分或个人身份认同的大多层面都遭到剥夺（disowned）。这种回忆失效可能与其对立面**悖论地共存**：侵入的记忆，和不受控制的、反复出现的创伤性事件的形象。（Greenberg and van der Kolk, 1987, 191；黑体为笔者所加）

闪回，似乎也提供了一种回忆形式，不过其代价是牺牲意愿记忆（willed memory）或意识思维的连续性。虽然受创者被召唤去看和去重历过去的固执现实，但他们恢复的是这样的过去，这个过去恰恰要通过对主动回忆的否定才能触碰意识。

因此，在创伤中，恢复过去的能力与进入过去的无能为力紧密而悖论地捆绑在一起。这表明，在闪回中返回的不仅仅是一种压倒性的经历，这段经历被后来的压抑或记忆缺失所阻碍；在闪回中返回的更是一个事件，这个事件本身在某种程度上是由其缺乏（即没有被整合进意识）构成的。事实上，在创伤性经历中，事件的直接注册——持续地以精准细节的形式（如在闪回中）再生产这个事件的力量（capacity）——似乎恰恰与事件发生时其**躲避**全然意识的方式相关联。实际上，现代神经生物学家认为，在创伤中，事件在精神上的精准"刻印"或"蚀刻"进大脑，可能与记忆中标准编码过程的略去有关。记忆的**略去**和召回（recall）的**精确**之间这种奇怪的联系，已经位于弗洛伊德著作的中心，甚至在更早的时候，正如范德科尔克（Van der Kolk）和范德哈特（Van der Hart）在本卷中所指出的，已经成为皮埃尔·让内(Pierre Janet)著作中的焦点。让内认为,创伤性回忆保持不懈和不变到了如此精确的程度,从一开始它就未能完全被整合进理解之中。创伤是与事件的直面,因其意外性或惊悚性,这个事件不能被放置进先在知识的图示中——或如乔治·巴塔耶(George Bataille)所说,不能成为一种"智识"事务——并因而在一段时间后以精确的方式持续返回。由于发生时未被完全整合,事件就不能成为让内所说的"叙述性记忆(narrative memory)",即无法被整合进有关过去的完整故事中。因此,正如精神病学、精神分析和神经生物学共同认为的,闪回所讲述的历史,是字面意义上**没有位置**的历史:在过去没有位置,它没有被完整经历到;在当下没有位置,其准确形象和搬演(enactments)无法被完全理解。因而,在其(作为形象和失忆症)反复强加中,创伤似乎唤起了一种历史的难解真相,这种历史恰恰由其发生之不可理解性构成。

因此,对于创伤幸存者来说,事件的真相可能不仅存在于残酷的事实中,而且也存在于事件之发生对简单理解的抵抗方式中。也就是说,闪回或创伤性重演(traumatic reenactment)既传达了**事件的真相**,也传达了**它的不可理解性的真相**。但是,这种情形为历史理解带来了困境。一方面,如范德科尔克和范德哈特所论述,失忆症重演(the amnesiac reenactment)是一个难以讲述和听见的故事:"它不针对任何人,病人不是在回应任何人:它是一种孤立的活动。"因此,创伤需要整合,既是为了见证也是为了治疗。但另一方面,将创伤转化为叙述性记忆——叙述性记忆允许故事被言词化、被交流,允许故事被整合进自身和他人有关过去的知识中——则可能会失去标志着创伤性回忆之特征的精确性和力量。因此,在让内的病人艾琳的故事中,她可以向不同的人讲述一个"稍微不同的故事",这个事实标志着她的治愈:记忆的能力也是逃避或扭曲的能力,就像范德科尔克和范德哈特所展示的那样,在某些案例中,记忆的能力可能仅仅意味着遗忘的能力。然而,除了失去精确性,还有另一种更深刻的消失:失去事件根本的不可理解性,以及**它的使理解遭受冒犯的力量**(affront to understanding)。正是这种困境使许多幸存者不愿将他们的经历转化为言说:

人们说过,只有幸存者自己才明白发生了什么。我会再走远一步。我们不…我知道我不…

所以存在一个两难(dilemma)。我们该怎么办？我们不谈论它吗？埃利·威塞尔(Elie Wiesel)曾多次表示，沉默是唯一恰当的回应，但后来我们大多数人，包括他，都觉得不说话是不可能的。

说话是不可能的，不说话是不可能的。(Schreiber Weitz, 1990)

言说的危险，整合进记忆叙事的危险，可能不在于它无法理解之物，而在于它理解得太多。像凯文·纽马克(Kevin Newmark)说过的那样，言说似乎只是提供这样的尝试，"通过将震惊重新整合进有关它的稳定理解中，从而摆脱震惊体验(experience)"。范德科尔克和范德哈特最终观察到，整合进记忆和历史意识(the consciousness of history)的可能性提出了一个问题："与过去的现实进行游戏(play with)，是否是对创伤性经历的亵渎？"

然而，可理解的故事的不可能性，并不一定意味着对可传递的真相的否认。"恰恰是从讲述这个故事的不可能性开始，"克劳德·朗兹曼在评论自己的大屠杀证词电影《浩劫》(*Shoah*)时写道："我已经把这种不可能性作为我的出发点。"(Lanzmann, 1990b, 295)我们又如何从不可能性**开始**呢？我们通常所持的期待是这样：讲述、倾听和触碰过去究竟有什么意义？朗兹曼质疑这种期待。他认为，在某些情况下，历史真相可以通过对特定理解框架的拒绝而获得传递，这种拒绝也是一种创造性的倾听行为。在对朗兹曼在西新英格兰精神分析研究所发表的演讲的介绍中，肖珊娜·费尔曼引用了朗兹曼自己对这种拒绝的雄辩声明：

用简单的措辞来表述这个问题就足够了(即：为什么犹太人被屠杀)，因为让这个问题立即揭示了它自身的淫荡性(obscenity)。恰恰是在理解的目标中，有一种绝对淫荡。在制作《浩劫》的整个十一年间，不去理解是我的铁律。我坚持这种拒绝理解的态度，并认为这种拒绝是唯一可能的伦理态度，同时也是唯一可能的行动态度。(Lanzmann, 1990a, 279)

朗兹曼认为《浩劫》的制作过程正是从它所不理解的方面进行的。因而，这里的拒绝行为不是对过去知识的否认，而是获取尚未被添加进"叙述性记忆"形式的知识的一种方式。在对有关知识的陈词滥调的主动抵抗中，这种拒绝为证词开辟了空间；这种证词可以讲出的东西，超出了已被理解的知识。事实上，在朗兹曼看来，《浩劫》不仅是通过对事实积极地和直截地获取——尽管每个人的故事的细节确实构成了它的核心——而且也是通过对理解行为的崩塌方式的发现过程，被创造出来：

> 我就像一个不太擅长跳舞的人，一个像 20 年前的我那样上课的人，努力去做，但没有成功。我获得的书本知识和这些人告诉我的东西之间存在着绝对龃龉（absolute discrepancy）。我再也无法理解任何东西。（Lanzmann, 1990b, 294）

因此，拒绝理解也是一种根本的创造性行为，朗兹曼写道："这种盲视对我来说，是创造的关键条件（Lanzmann, 1990a, 279）。"这里所创造的，并不是从已经积累起来的知识中生长出来的，如朗兹曼所说，而是与倾听行为本身密切绑定。朗兹曼在西新英格兰精神分析研究所露面时，就上演了一种拒绝和创造。按照计划，朗兹曼应该参与讨论一部有关纳粹内部发展的电影，但朗兹曼将其转变为一个事件：拒绝观看这部电影，并解释为什么这一拒绝会发生。正是在努力理解这一拒绝的过程中，才出现了真正的教学相遇的可能性，这种相遇打破了传统的理解模式，为那些试图从远处见证历史灾难的人创造了新的途径。

因而，朗兹曼在《浩劫》中，以及稍有不同地在精神分析学家面前的露面中，提供了一种言说的可能性，这种言说不简单是理解的工具，而且是尚未被理解之物的位点。它就是肖珊娜·费尔曼在文章（收录在第一卷中）对策兰诗歌所评论的，"它是这样的事件：为毁灭了一切言说可能性的历史经历的独特性（specificity）创造一个言说"。因此，它自身也是一个目标，即发现作为对裂口之传递的言说的悖论性基础：

> 在所有这些条件（德国的失业、纳粹灵魂，等等）和在一个毒

气室里毒杀三千人（男人、女人、孩子一起）之间，存在着无法通融的龃龉。根本不可能简单地从一个产生另一个。两者之间没有连续性的解决办法；更应该说，两者间存在裂口，存在**深渊**（abyss），而这一深渊永远无法桥接。("The Obscenity of Understanding")

对这一言说——在所有交流创伤性经历的努力中都会出现的言说——事件性演讲（the eventful speech），最终正是在它超出简单理解的方式中，打开了可以被称为真正的历史传递的可能性。

因此，进入一段创伤性历史的尝试，也是这样一个工程，在倾听个人痛苦的病理外，还要倾听一种历史现实，在其危机中，这种历史只能以无法吸纳的形式被感知。这种历史可以通过个体或共同体来讲述，正如凯·埃里克森（Kai Erikson）所阐明的，在自身的苦难中，这种历史不仅可能是破裂的地点，而且也可能是"它自身所有的智慧"的地点。本卷的所有文章都从不同的角度参与了这一历史倾听的艰巨任务。这些文章让我们意识到，这一任务不仅可能发生在我们与尚未得到认识的创伤性过去的关系中，而且如格雷格·波多维兹（Gregg Bordowitz）、道格拉斯·克里普（Douglas Crimp）和劳拉·平斯基（Laura Pinsky）有力提醒我们的，它也发生在我们与一种言说（an address）的关系中，这个言说试图从尚未结束的危机中呼喊出来。

【本译文为中国博士后科学基金面上资助项目"当代西方创伤理论与批评研究"（2019M661465）、上海市社科规划青年课题"创伤理论研究"（2020EWY012）阶段性成果】

（作者单位：埃默里大学比较文学系）
（译者单位：上海大学文学院）
学术编辑：刘　卓

事件的诗学:阿甘本与"奥斯维辛之后"命题

刘 欣

内容提要 奥斯维辛之后的诗学被灾异事件的阴影笼罩,事件逼迫诗学重新开始思考。阿甘本在《诗歌的终结:诗学研究》(1996)、《奥斯维辛的剩余》(1998)、《奇遇》(2015)等著述中一再推进"奥斯维辛之后"命题:文学本身在奥斯维辛之后获得了新的语言,一种死语言、非语言和沉默,它不寻求任何交流。从事件-奇遇的观点看,我们需将自己毫无保留地投入事件,在一切对奥斯维辛的解释、再现和反思中与其保持初次遭遇时的惊颤;最终在关于文学与希望的议题上,阿甘本将希望寄予爱的潜能,爱意味着毫无保留、无所顾忌地投身于奇遇和事件。阿甘本的沉思,有助于将理论转化为面对灾异事件的生活智慧与实践,但仍无法避免弥赛亚主义的保守性。

关键词 阿甘本 奥斯维辛 事件 沉默 奇遇

作为永恒的废墟和纪念碑,奥斯维辛(Auschwitz)成为纳粹主义无边罪恶的象征,并成为亲历事件的哲学家们无法回避的思想地平线。奥斯维辛后的诗学从此被灾异事件的阴影笼罩,我们不得不在事件之后的历史情境中,开始一种异质的文学与诗学实践。在与奥斯维辛遭遇后触发的记忆、遗忘、沉默和宽恕中,一种新的诗学伦理得以确立,它不再掩耳盗铃式的逃避非人的灾难,遁入审美乌托邦的绝对领域,而是试着重新思考文学的存在根基,寻找通向美好生活与未来政治的可能路径。从阿多诺(Theodor W. Adorno)经典的"奥斯维辛之后"命题出发,意大利哲学家阿甘本(Giorgio Agamben)直接触及诗学伦理的复杂面相,其细微处仍有待我们倾听与反思。

一、作为事件的奥斯维辛

奥斯维辛凝视着我们,以风化的废墟提醒我们某件不可发生之事却实实在在地发生过,它将启蒙理性的阴暗面与人类自身的怪物性放在眼前供后人直观。"之前"的文学和"之后"的文学在断裂的历史中被逼入绝境,阿多诺甚至在《文化批评与社会》(1951)中提出经典的"奥斯维辛之后"命题:写诗是野蛮的[①]。作为事件的奥斯维辛的独异性在于它是人们无从经验之事,不管人们如何哀叹"不可理喻""不应该""要批判、反思、超越",奥斯维辛如其所是地出场,它打断进步主义的幻想,将未来推入未知的领域,任谁也无法保证类似事件不会重现:"趋向形而上学的能力瘫痪了,因为实际发生的事情摧毁了思辨的形而上学思想与经验一致性的基础。"[②]反思性的思想面对的是不可化约的苦难,无从猜度的情感和以不同方式侮辱的肉身,它成为无法被诗化的"绝对否定性"。在晚期的《否定辩证法》(1966)中,阿多诺隐晦地"承认"奥斯维辛之后不让写诗也许是错误的,但这只是"也许":"奥斯维辛之后,在情感上,我们反对任何关于此在肯定性的空谈,反对此在无罪了牺牲者的肯定性的断言,反对从牺牲者的命运中榨出任何一种被如此耗尽的意义。"[③]阿多诺指向的是那些仅会宽慰、赎罪、神秘化罪恶的文学,奥斯维辛真正的启示在于启示的不可能性,它是同一性哲学、诗学无法对象化之物,任何主体在它面前都是有罪的,甚至是那些幸存之人。

阿多诺的追问在此处达到极限:奥斯维辛之后是否还应该活着?那些劫后余生的人,仅凭偶然得以幸存的极少数,依靠冷漠和遗忘继续生活,不能如此的人只能再次被它捕获。冷漠在阿多诺看来是资产阶级主观性的基本原则,又是奥斯维辛得以发生的根源,幸存者于是向施暴者偏移。不论阿多诺的意识形态批评是否过于激进,我们不得

[①] Theodor W. Adorno, "Cultural Criticism and Society", in *Prisms*, trans. Samuel and Shierry Weber, Cambridge: The MIT Press, 1981, p. 34.
[②] 阿多诺:《否定辩证法》,王凤才译,商务印书馆 2019 年版,第 413 页。
[③] 同上,第 412 页。

不承认慰藉、宽容、赎罪、正义等词在此时的浮夸。奥斯维辛之后直至当前的时代,在巴迪欧看来,见证了任何一种文化理念的失败,在对《否定辩证法》的解释中,他指出阿多诺的美学判断实际上是事关存在的判断:"我们只不过是在奥斯维辛幸存下来的人们。在这样的范畴中,鉴于存活的主体只是一个幸存者,而作为一个幸存者,他永远要被迫为死者哀恸,那么,正义是不可能归还给奥斯维辛的死者们的,他们的死亡只会是毫无意义的,不会得到任何救赎。由于正义不能被履行,有罪就变得不可避免。"①这就是客观的现实性,在奥斯维辛之后,世界已经彻底改变,除了每个幸存者尽力用行动抵抗类似事件的发生,其他的举动,尤其是审美活动,显露出无法掩盖的虚伪,甚至会因为无力理解奥斯维辛事件的本质,走向对它的遗忘和背叛。从否定辩证法得出的论断于是比之前更加决绝:"奥斯维辛之后的所有文化,连同对它们的急切的批判,都是垃圾。由于文化在其故乡中毫无抵抗地发生的事情之后得到了恢复,文化完全变成了对它曾潜在地所是的意识形态。"②

此时让我们回到诗学问题。诗化的语言可以穿透不可思之事吗?大屠杀文学、诗歌、回忆录、访谈、评论、历史叙述、证词、心理分析记录等文本形式可以在奥斯维辛之后赎回被遮蔽和遗忘的存在吗?当我们在风和日丽的一天,坐在书桌前舒适的人体工学椅上,冷静地或激愤地敲击键盘,搜肠刮肚地再现奥斯维辛时,我们的脸上显露的可能正是野蛮之相。于是文学成为被伊格尔顿和米勒称为"美学意识形态"的事物,因为我们需要将事件审美化,好让我们开始毫无歉意地继续偷生。面对奥斯维辛,来自德国的大师们许诺的"去蔽""澄明""绝对""理念之感性显现"等诗性神话失去信用,我们唯一还能用来支撑文学存在的只剩下见证的功能。成为见证者,似乎注定成为普里莫·莱维(Primo Levi)、让·埃默里(Jean Améry)等幸存者的宿命,他们的个体叙事与审判、历史编撰等行为一道构成对大屠杀的见证。在《否定辩证法》出版的同年,埃默里在《罪与罚的彼岸:一个被施暴者的克难尝试》(1966)中将自己的写作指认为"证词"而非解释,他试图从酷刑和死亡经验的细节中,贡献反思性的"启蒙"精神。他从具体事

---

① 巴迪欧:《瓦格纳五讲》,艾士薇译,河南大学出版社2017年版,第66—67页。
② 阿多诺:《否定辩证法》,王凤才译,第419页。

件出发,将事件还原为事件,不加任何"澄清(Abklärung)":"我反抗,反抗我的过去,反抗历史,反抗将不可理喻的事情以历史的方式冷藏,以让人愤怒的方式歪曲。没有任何东西愈合了。"①在难以卒读的《酷刑》一章中,埃默里以文字和沉思的方式再次走入曾令他崩溃的拷问室,还原用刑的过程和内心体验,而这就是他唯一能做出的反抗。

但集中营幸存者的见证同样存在危机。保罗·利科(Paul Ricoeur)指出:"一个见证要能被接受,它必须是适宜的,这就是说,必须尽可能地剔除那些会产生恐惧感的极端怪异之处。幸存者的见证是难以满足这一严苛的条件的。难以交流的另一个原因在于见证者本身同事件之间没有距离,他们都是事件的参与者,没有'旁观者'。"②而没有旁观者的第三方见证是无效的。于是我们虽然可以出于怜悯和同情去相信幸存者的见证,但这里的相信或理解又转变成了它从根本上反对的无仲裁的审判。但我们仍然需要文学语言的中介,因为连形成关于奥斯维辛事件的概念都来自叙述性的语言,历史中发生的事件只有在叙述中才能得到呈现,进而被旁观者理解。我们可以不信任某种历史编纂学,也不信任个体的灾难史叙述,更不去信任诗人的事后呓语,但除非通过他人的叙述,我们如何切近事件本身?如何反思性地理解这些不可能的见证?

这是由奥斯维辛事件开启的诗学空间。如德勒兹(Gilles Deleuze)所言,事件概念并不是指某个过去的事实,当"事实"产生对线性时间之流的扰乱,打开时空的锁闭空间,在与主体的相遇重新生成为事件时,我们才能思考一种关于事件的诗学。自柏拉图以来的西方哲学传统一直以追寻事物的本质和普遍性法则为目标,但在这种思路中,哲学能为突然发生的事件给出恰当的解释吗?突然发生的意外事件把时间及偶然性问题引入哲学的中心。事件构成时间的裂缝,让过去与未来之间的连续性显得可疑,它以全新的形式预示着分裂、混乱的时间线。胡塞尔指出了事件的悖论特性:"事件不会将自身作为

---

① 让·埃默里:《罪与罚的彼岸:一个被施暴者的克难尝试》,杨小刚译,鹭江出版社2018年版,第10页。
② 保罗·利科:《记忆,历史,遗忘》,李彦岑、陈颖译,华东师范大学出版社2017年版,第231—232页。

一个特定时刻整合到时间流之中,但它极大地改变了存在的整体风格。"①事件开启了过去与未来之间的差异,打开的是一个全新的世界。主体及其开启的事件向无限的可能性和偶然开放,人作为时间性的存在,在创造事件、逾越程式的活动中展开自己的命运:"对意外事件的开放对人类的存在而言是构成性的,这种开放性赋予了人类一种令其生活成为冒险,而不是按照程式的规划以既定的方式展开的命运。"②事件为诗学带来的正是这样一种震惊体验。

二、事后的沉默诗篇

在《奥斯维辛的剩余》(1998)中,阿甘本认为依赖文学见证事件的功能是徒劳的,策兰(Paul Celan)最切近地道出了诗歌的见证危机:"无人/为这见证/作证(Niemand/zeugt für den/Zeugen)。"③但他同时强调,幸存者所见证的是不可见证之物,支撑见证的是其核心中的空白(lacuna),说出或写下的语言在见证中是无力的:"为了显示支撑见证的不可能性,见证的语言必须让位于无言(non-language)。"④文学和批评的任务是从无言中听到声音,从不能承受之事中直面存在的裂痕,即移动在有罪与无罪、可见的历史叙述与不可见的事件本身、在场的见证者与不在场的我们之间,在人与非人、言说与沉默之间,窥见被奥斯维辛撕开的裂痕:"质询这裂痕,或者,更确切地说,去聆听裂痕。"⑤那么我们该如何聆听?阿甘本实际上仍然将文学的见证,他人的讲述视为必要的中介。

在莱维的讲述中,集中营囚犯中特权阶层"囚犯特遣队"

---

① 胡塞尔:《欧洲科学的危机与超越论的现象学》,王炳文译,商务印书馆 2011 年版,第 30 页。
② 达斯杜尔:《事件现象学——等待与惊诧》,孙鹏鹏等译,见汪民安主编:《事件哲学》,江苏人民出版社 2017 年版,第 109 页。
③ Paul Celan, "Aschenglorie", in *Breathturn*, trans. Pierre Joris, Los Angeles: Sun & Moon Press, 1995, p.179.
④ Agamben, *Remnants of Auschwitz: The Witness and the Archive*, trans. Daniel Heller-Roazen, New York: Zone Book, 1999, p.39.
⑤ Ibid., p.15.

(Sonderkommandos)引发了阿甘本的沉思。特遣队集中展现了集中营的"灰色地带":他们既是囚犯又是党卫军的"助手",他们的任务是维持囚犯秩序,负责毒气室和焚尸炉的日常管理,处理尸体等等,同时他们因为掌握着集中营中的真相,最终难免和大多数囚犯走向共同的命运。但因为有用,他们可以享受一些"特权"。让莱维印象深刻的是特遣队成员之一的尼兹利(Miklos Nyiszli),这位最终幸存的匈牙利医生讲述了在工作间隙,他参加的一场党卫军与特遣队之间的足球赛:"一队球员代表守卫焚尸炉的党卫军,而另一队球员代表特遣队。其他党卫军士兵和特遣队员观看着这场比赛,支持着自己的球队,打赌,鼓掌,为球员加油,似乎这场比赛不是发生在地狱的大门口,而是平常的村庄广场上。"①这在一般囚犯那里是无法想象之事。这场足球赛作为死亡阴影中的"平常一日",透露的共谋的默契,反常中的和谐,在阿甘本看来包含了奥斯维辛的全部秘密和最真实的恐怖。在尼兹利和莱维的讲述中,阿甘本得到的是真实的启示:奥斯维辛像这场真实举办过的足球赛一样,仍在进行,灰色地带近在咫尺,与每个人息息相关。每一个劫后余生者,如果不尝试理解这场足球赛中的掌声,听故事一样对他人的痛苦无动于衷,对暴力习以为常,我们就仍然活在奥斯维辛、南京、哈尔滨平房区、卢旺达、雅加达等带来的耻辱中,当事件卷土重来时,立刻做回当年那场足球赛中的观众,为成为非人而大声喝彩。

更重要的是,文学本身在奥斯维辛之后获得了新的语言,阿甘本称其为死语言、非语言,或沉默,可以说见证的可能性即诗歌的终结,事件的诗学从诗歌的终结处开始,用死亡的语言在意义的空白中发声,它不吁求任何沟通或交流。在《诗歌的终结:诗学研究》(1996)一书中,阿甘本讨论了意大利诗人帕斯克利(Giovanni Pascoli)使用"死语言"的方式。帕斯克利的诗歌中充满了被废弃的生僻词汇,语义含混到不可理解的拟声词,他在"正常"的诗歌语言之外,实践了一种新的诗学,去写诗或思考就是去体验这样的语言,即说出死去的语言。能赋予思想更强大生命力的正是死的语言。"直到……直到我飞入天空,在你们之间有人……也曾见过我",这样的诗句最终以不可解的"chio chio chio"作为结尾,语义清晰的诗句逐渐模糊,诗歌可见的意

---

① 普里莫·莱维:《被淹没与被拯救的》,杨晨光译,中信出版社2017年版,第52页。

义被纯粹的声音中断并走向终结。在另一首诗中,帕斯克利用生者和死者共用的名字结束诗篇:di Mong, Mosach, Thubal, Aneg, Ageg, Assur, Pothim, Cephar, Alan, a me! 这些人名既是拟声词又是逐渐失去其明确所指的字母组合,这些刻意选择的罕见人名,读者很难识别的声音,让诗歌的语言离开语义维度而回归原初的纯粹性。在无意义的字母组合构成的"黑点"中,完成了对声音与意义的跨越,阿甘本称其为"死语言"的诗学或拟声诗学:"字母位于声音的死亡(拟声词)和语言的死亡(语意不清)之间。"①

阿多诺同样指出艺术只有拒绝虚假的沟通才能保持完整性,在他看来,策兰作为奥斯维辛之后德国最伟大的诗人,使用的是非生物的语言:"他的诗歌充满一种愧疚感,一种源自无力体验或升华苦难的愧疚。策兰的诗歌尝试以沉默言说极端的恐惧,从而使其真正的内容化为否定性的。它们模仿一种潜藏在人类的无能唠叨中的语言,一种甚至潜藏在有机生命层次下的语言,属于石头和星星的死语言。"②在策兰诗中我们看到的是对母语的无言,带血的母语只能被隐喻遮掩,以致逐渐在扭曲中走向沉默,如这首《图宾根,一月》:"会来,会有人来,会有一个人进入世界,今天,留着/族长的/稀疏的山羊胡:他可以,如果他愿意谈论这个/时代,他/可以/只是咿咿呀呀,一个劲地,一个劲地/咿呀下去('pallaksch, pallaksch')。"词与物之间的决绝对立让声音逐渐隐去,浮出表面的是全新的、属于沉默的语言,"pallaksch"即荷尔德林精神失常后的口头禅。奥斯维辛之后诗人们的那些不可分辨的呢喃、咿咿呀呀或支支吾吾,阿甘本称之为"黑暗的、损坏的语言"③,文学只有以死语言,以沉默来告别古典的诗性话语,才能真正构成见证,即对见证之不可能性的见证。策兰等诗人用沉默和死亡的语言来创作并不是标新立异,形成某种所谓的独创性风格,实际上他们是不得不如此。对于他们而言,诗人的语言无法逾越奥斯维辛式的事件,如果诗歌在奥斯维辛之后还可以存在,那它必须是沉默的诗篇,因

---

① Agamben, *The End of Poem: Studies on Poetics*, trans. Daniel Heller-Roazen, Stanford: Stanford University Press, 1999, p. 71.

② Theodor Adorno, *Aesthetic Theory*, trans. Robert Hullot-Kentor, London & New York: Continuum, 2002, p. 322.

③ Agamben, *Remnants of Auschwitz: The Witness and the Archive*, trans. Daniel Heller-Roazen, New York: Zone Book, 1999, p. 37.

为事件带来的罪恶、耻辱和绝望早已超越诗化的语言,再用"之前"的语言进行创作,实际上意味着这场事件从未发生,也就是说意味着逃避与背叛,即阿多诺的"野蛮"。可以说,事件本身在改变诗歌的语言。

诗歌的语言作为人的独创符号,人类理性之光,现在只余灰烬。犹太诗人沃尔夫斯凯尔(Karl Wolfskehl)在《流亡之歌》中宣布奥斯维辛之后属人的语言已经死亡:"无论你们是否有千言万语:语言,语言已经死去。"①在语言的尽头,诗人陷入沉默。斯坦纳(George Steiner)认为诗人只有两种选择:"努力使自己的语言成为代表,表现普遍的危机,传递交流活动本身的不稳定和脆弱;或者选择自杀性的修辞——沉默。"②这就是非人的诗学,前者有贝克特的"无言剧",后者有策兰的诗歌,还有我们在卡夫卡那里看到的对奥斯维辛的预见。在《塞壬的沉默》(1919)中,卡夫卡重写奥德修斯的故事,塞壬的歌声不仅可以穿透水手耳中的蜡,甚至可以将沉默作为武器:"塞壬们如今有一种比她们的歌声更为可怕的武器,那就是她们的沉默。虽然未曾发生过,但也许可以想象,有人似乎曾经逃脱她们的歌声,但绝逃不过她们的沉默。"③但奥德修斯们却愚蠢地相信单凭自己的力量就能战胜塞壬,而他们之所以能逃出歌声的支配只是因为盲目和幸运,塞壬看到绑着奥德修斯的铁链和水手耳中的蜡,以至于忘记了歌唱,奥德修斯则自我催眠式地认定塞壬正在歌唱。理性的狡计暂时性地躲过一劫,但终究没人能永远抵抗塞壬的沉默,即语言本身的灰烬。

三、事件即奇遇

阿甘本进而通过《奇遇》(2015)一书,从对词与物、事件与叙述的诗学研究进入对诗与人的存在论探索。奇遇(aventure, âventiure)指向有奇迹意味的事件,在骑士传奇《狮子骑士伊万》中,"奇遇"被骑士

---

① See Adrienne Ash, "Lyric Poetry in Exile", *Exile: The Writer's Experience*, ed. John M. Spalek, Robert F. Bell, Chapel Hill and London: University of North Carolina Press, 1982, p.10.
② 乔治·斯坦纳:《语言与沉默》,李小均译,上海人民出版社2013年版,第60页。
③ 卡夫卡:《塞壬的沉默》,洪天富译,《卡夫卡全集》(第1卷),河北教育出版社1996年版,第398页。

定义为他所追寻（trover）的对象。阿甘本指出古法语 trover 一词不仅有寻找的意思，它最初是一个诗歌传奇中的惯用术语，指"作诗"，于是骑士在寻找奇遇，正如诗人在寻找他诗歌的主题，骑士的奇遇也是诗人自身的奇遇。奇遇可以是必然的命运或偶然的相遇，它可以是突然降临的事件也可能是可以预见的事实，但为我们所理解的奇遇总是首先构成一个语言本身的事件，仅在诗人的叙述活动中显现："奇遇在故事中间出现，因为它不像缪斯那样是一种在叙述之前存在并把言词赋予了诗人的神圣潜能；不如说它就是叙述，它只活在叙述中，并且只通过叙述而活。"[1]而能成为奇遇的就是事件。迪卡诺（Carlo Diano）的事件现象学认为事件并不是发生过的事情，而是对某人发生之事，无法预料之事在某处发生，但唯有当它是针对某人、为了某人而发生，并被某人在一个确切的地方察觉到它的瞬间，才有真正的事件。阿甘本进而指出与奇遇一样，事件总是语言的事件，是一场和表达事件的语言密不可分的奇遇，事件-奇遇本身要求被人说出，它不仅是骑士们的奇妙历险，同时也是诗人用叙述进行的冒险，对于既非主人公也非诗人的我们而言，事件本身在邀请我们进入其中，在诗人的叙述和主人公的命运中感同身受地展开冒险。

我们于是成为被事件和奇遇所召唤的主体。在阿甘本看来，不是我们自由地选择某个事件，投身其中并将故事引向终点，而是我们不得不卷入事件："对事件的欲求只是意味着，把事件感受为一个人自己的事件，在其中展开冒险。"[2]关于存在论意义上的事件概念，阿甘本的思考建基于晚期海德格尔的 Ereignis[3]。早在 1982 年论文《Se：绝对者与 Ereignis》中，阿甘本已经开始通过对海德格尔 Ereignis 概念的阐发，思考人类社会实践与事件的关联。Ereignis 作为一般名词，就是指事件，海德格尔将其用为动词 eignen（具有）和形容词 eigen（本已的）。在阿甘本的阐释中，这一概念在海德格尔的思考中存在着一种过渡："在《存在与时间》中，Ereignis 被定义为事件和存在的相互具

---

[1] 阿甘本：《奇遇》，尉光吉译，西南师范大学出版社 2018 年版，第 51 页。
[2] 同上，第 87 页。
[3] 汉语学界对海德格尔的 Ereignis 已有"本有""居有事件"（孙周兴译）、"自在起来"（王庆节译）、"本成"（倪梁康译）、"本是"（陈嘉映译）、"本然"（张灿辉译）、"成己"（邓晓芒译）、"自身的缘发生"或"自身的缘构发生"（张祥龙译），以及更为常见译法"生成事件""事件生成""生成""事件"。

有、共同归属,而在《同一与差异》中,存在与人又被引回他们的专有性。"①海德格尔在《同一与差异》中认为 Ereignis 不是一般意义上的事情、事件,而是独一无二的发生,事件超越了存在与存在者之间的存在论差异,投入事件意味着存在与人的相互"具有":"现在要紧的是淳朴的经验人与存在在其中得以被相互具有的这种具有(Eignen),即转投入我们所谓的事件之中。"②在本源处的不是存在或人这样的存在者,而是人和存在共同存在这一事件,对人而言,最切要的莫过于语言事件的发生。在阿甘本看来,我们在生存论的事件中讨论的最重要的问题就是人的生成事件:"事件,既是人类起源学的,也是存在论的,既和人的生成言说相一致,也和存在向着言语的降临,以及言语向着存在的降临,相一致。"③

借此我们可以理解海德格尔对诗与思的语言事件的沉思,语言不是工具:"而是那种拥有人之存在的最高可能性的事件。"④阿甘本进而指出事件与奇遇的类似性,事件和言语在奇遇中呈现自身,奇遇也总是需要被一个与其相遇的主体道出。所以阿甘本直接将奇遇(avventura)视为 Ereignis 一词的准确翻译,Ereignis 即奇遇,意味着生而为人者,一开始就被抛入存在的事件中,不仅作为一个生物存在,一个会言说的动物存在,它注定要投身于一场永不停息的、看不到结局的奇遇。我们在言说和行动创造的事件中生存,这意味着我们并不是完全凭借自己去创造自己的"命运",我们活在一切发生过的事件-奇遇之中。作为共同体,马克思所说的"类存在",我们本就与他人的事件-奇遇休戚相连。这奇遇可能是远离我们的历史事件,也可能是他人的生活故事,可能是对事件的叙述,或者是一首与历史无关的诗篇。与之遭遇后,他人的事件在我们的解释、理解和审美活动中持续发生,以至于成为先于我们,并内在于我们的事件,为我们自己"开创"的一切事件奠基,这遭遇本身就是我们的奇遇。可以说,事件-奇遇是一种馈赠,不论这礼物是好是坏,它提供让我们继续生活下去的智慧。

奥斯维辛同样当作如是观。在集中营中遭遇的一切对亲历者而

---

① 阿甘本:《潜能》,王立秋等译,漓江出版社 2014 年版,第 189 页。
② 海德格尔:《同一与差异》,孙周兴译,商务印书馆 2014 年版,第 42 页,译文有改动。
③ 阿甘本:《奇遇》,尉光吉译,第 93—94 页。
④ 海德格尔:《荷尔德林诗歌的阐释》,孙周兴译,商务印书馆 2000 年版,第 41 页,译文有改动。

言也是一场从未经历过的、超出想象的奇遇,他们的奇遇不是为了构成一场供人观看的悲剧而发生,他们只是不幸地被投入奥斯维辛。幸存的我们对其担负着伦理责任,我们应该将其视为我们自己的事件-奇遇。对于阿甘本而言,奥斯维辛就是一个曾经发生并一直持续到当下的事件。集中营不是监狱,就其本质而言是一个收容所,用来在战时对"非人"进行"处理"。1933年3月为了庆祝希特勒在选举中获胜,希姆莱(Himmler)在达豪(Dachau)创造了"政治犯集中营",并将其委托给党卫军,于是完全不受监狱法、刑法的监督之外的收容所诞生。显然它是在紧急情况下设立的制度,其中常规法律被悬置,即在正常的法律状态之外,制造出来的例外状态:"如果说,主权权力是建立在对例外状态加以绝断的能力之上的话,那么收容所就是例外状态在其中得到永恒实现的结构。"①在最高独裁权力的统摄下,例外状态可以无条件地变为常态,于是集中营对"非人"无休止地折磨和屠杀在"例外"中获得合法性,成为合法—非法、合理—不合理、人道—不人道等区分不再有意义的"无法地带"②。拜其所赐,在那里人类被完全剥夺做人的资格,真正的非人以民族国家行政主权、种族生物霸权的名义,将常人变为"非人",其中任何行为都不违法,绝对的权力将原本的公民还原为无任何政治身份的"赤裸生命"。阿甘本坚持认为,当现代民族国家政治体系产生危机,国家进而完全接管民族出身的生物学生命时,我们时代的收容所——集中营随之诞生,收容所于是成为现代政治本身的结构性事件,只是在不断变化着面貌的当代法则(nomos):它们是1991年意大利警方收容阿尔巴尼亚非法移民的足球场,是维希政府把犹太人移交德国人之前用来收容他们的环形跑道,是波黑内战中塞族与穆族建立的发生过大规模种族强奸的收容所。在其顶点处是1989年的蒂米什瓦拉(Timisoara)事件。这场导致罗马尼亚齐奥塞斯库政权垮台的事件,是叛乱的秘密警察与媒体的合谋,为了让旧政权的种族灭绝"罪行"成立,他们将刚入土或放在太平间的尸体取出并撕裂,将镜头下的所谓大屠杀现场装扮得格外逼真,通过西方媒体的"客观"报道后,结局自然是群情激奋,"革命"成功。阿甘本将其

---

① 阿甘本:《无目的的手段:政治学笔记》,赵文译,河南大学出版社2015年版,第51页。

② 阿甘本:《例外状态》,薛熙平译,西北大学出版社2015年版,第53页。

称为景观社会的奥斯维辛,并戏仿阿多诺的著名格言:"有人说奥斯维辛之后像原先那样写作与思考已是不可能,同理,蒂米什瓦拉之后,像原先那样看电视也将不再可能。"①奥斯维辛事件从未远离我们,它是我们正在与之遭遇的事件-奇遇,而我们与之遭遇的方式是将他人的奇遇视同我们的奇遇。将自己毫无保留地投入其中,就是承认我们仍然生活在奥斯维辛的阴影中,在一切对该事件的解释、再现和反思中与其保持初次遭遇时的惊颤,只有这样我们才能说"作为一个人我活着"。

四、爱的潜能

阿甘本对事件-奇遇概念的阐发,让我们同时见到事件本身的轻逸与沉重。我们与之遭遇的可能是奇迹般的创造性事件,如成全幸福人生的"幸事",打开生命深度的文学创作;此外我们也必然与不可承受、不可再现之事相遇,它们是曾经发生且仍在发生的灾异事件,全然非人的人类行动。生命已身处生成的事件之中,向着未来事件的降临而延展开去,这是一个我们不可预料、喜忧参半的未来。从奥斯维辛之后人类仍放任它继续发生的现实来看,阿甘本认为令它得以滋生的西方民主政治制度及其晚期阶段根本无力改变事件的结构性轮回。也许正是在绝对的无望之中,阿甘本将希望寄予爱(amore)的潜能,爱意味着毫无保留、无所顾忌地投身于奇遇和事件。

根据亚里士多德的《形而上学》,现实的存在具有两种本体论上的存在方式:现实(ενεργεια)与潜能(δυναμις)。在麦加拉学派及智者看来,现实指实际存在的现存事物,潜能指非现存的可能事物,两者是对立的,事物只有当它正在发挥功用的时候才具有"能",也就是说事物成为现实了才能说它具备其"能",于是"潜"能就成了一个伪概念,等于"不可能"。亚里士多德的反诘相当有力:如果说不存在"潜"能,那么凡是未曾发生的事情将不可能发生,称现在有某事或将来有某事的命题在他们看来都必然是假的,于是站着的人永远站着,因为他不具备坐下的"潜"能,这明显是可笑的机械实证主义,事物的运动与人的

---

① 阿甘本:《无目的的手段:政治学笔记》,赵文译,第111页。

创造被一笔勾销。在亚氏看来,现实与潜能虽然有别,但其观念无异:"事物之未'是'者每可能成'是',事物之现'是'者,以后亦可能成为'非是',其他范畴亦相似……凡事物之'能'有所作为者,就当完全具有实现其作为的能力。"①所以非现存的事物不能完全归入想象或愿望的对象,运动中的事物(潜在的)虽未实际存在,却将在其运动的过程中逐步成为实际存在,最终完全实现,这是事物自身"能力"(hexis)的体现。但在阿甘本对《形而上学》的释读中,亚里士多德学派潜能理论的关键在于它包含了一种主体性的考古学,它以"能力"为一个生命中的非一存在的命名,也就是说,潜能不只是能力的实现或持有,有某种潜能同时意味着有某种丧失(sterēsis),于是所有潜能都是非潜能,即不付诸行动的潜能:"人是持有自己的非潜能的动物,其潜能的伟大是被非潜能的深渊所度量。"②在阿甘本看来,潜能从存在论上不再依附于现实,它甚至比现实更具原初性。阿甘本的"爱"是人的纯粹潜能/非潜能,完全敞开自身置入事件,献身于爱之奇遇,成为灾异事件之后的生存希望。爱作为事实性的激情,被阿甘本视为可以阐明海德格尔Ereignis概念之物,爱的激情在自由中打开了此在的根基:"在爱中,爱者与被爱者在他们的遮蔽中,在一种超越存在的永恒的事实性中被阐明。"③在他的弥赛亚主义哲学中,爱的潜能/非潜能无法被抹除,正是微弱的存在具有抵抗灾变的力量。

似乎是在向中世纪象征寓意诗学的传统回溯,阿甘本用男女之爱寓托形而上之爱。在爱情中我们每每体验到自己无力去爱,而这恰恰是我们追逐爱情的动力。当爱人之间的秘密越来越少,以至毫无神秘感可言时,我们可能会感觉激情或爱情本身在逐渐淡去。但同样是在这样的时刻,诞生了"守护灵(genius)式的"神魔"(demon),它不是自我,而是居住在我们身体内而又最陌生的潜能,一种不受我们掌控的力量,④爱人间共享的神魔将他们带入一个更加幸福的生命形态,一种不属于动物、人或神灵的全新生命。所以我们应该不惜一切代价地忠实于自己的神魔,"诗化的生命是这样的生命:它,在每一场奇遇里,顽固地维持着它同某个东西的关系,而那个东西,不是一种行动,而是

---

① 亚里士多德:《形而上学》,吴寿彭译,商务印书馆1995年版,第174—175页。
② 阿甘本:《潜能》,王立秋等译,第300—301页。
③ 同上,第340页。
④ 同上,第8—9页。

一种潜能,不是一个神灵,而是一个半神"①。永恒的爱情总是无望的,但也只有在爱之中,希望才可能浮现。获得爱情和希望并不是以它在现实中的实现来衡量的,是我们对爱情的欲望和想象,让爱情早已如愿以偿。在最好的情况下,我们对爱情的渴望让神魔进入全新的生命阶段,爱的潜能在此超越了奇遇,这也是一切希望和救赎得以存在的逻辑。

拥抱奇遇或事件的爱在阿甘本这里成为突破生命政治的契机,即在一种现实的不可能性中寻找生机。与福柯历史主义的生命政治(biopolitics)概念相对,阿甘本的生命政治是一个更加绝望的版本:生命的政治化导向赤裸生命的普遍发生,当少数"异端"被驱离人类的政治生活共同体时,他们将旋即成为只有动物性的自然生命。在《神圣人》中,阿甘本指出希腊语中有两个词对应着英语中"life":"'zoē'为一切活着的存在(如动物、人或神)共有的'活着'这一事实;'bios'为个体或群体适宜的生活方式。"②赤裸生命诞生于 zoē 置入 bios 之际,即抹去个体肉身生命与其在群体中政治生命之间差异的时刻。奥斯维辛正是这种生命政治的"典范",而在奥斯维辛之后,它仍然结构性地存在于现代政治中,以至于现代人无不随时有成为赤裸生命的风险。换言之,奥斯维辛绝非偶发的事件:"集中营是一个当例外状态转为常态时敞开的空间。"③更进一步,阿甘本的激进性在于对当下状况的判断。他指出,在现代政治共同体中奥斯维辛的幽灵仍在游荡,至高权利对赤裸生命拥有生杀大权已成"常态"。于是,抵抗此种生命政治并使之无效,成为未来政治的关键。

无法得救与已然得救的正是同一个我们,放在奥斯维辛的背景下,阿甘本提醒我们的是在事件之后,在无望的希望中保持信心。希望的对象正是那些我们无法预知而又坚信不疑的承诺,此时阿甘本引述的是《罗马书》中的名句:"我们得救是在乎盼望;只是所见的盼望不是盼望,谁还盼望他所见的呢?(Romans 8:24)"显然阿甘本此处的逻辑是弥赛亚式的,祈向弥赛亚主义的救赎之神,将人类从历史暴力的轮回中拯救出来。必须指出的是,与一般意义上的乌托邦主义或

---

① 阿甘本:《奇遇》,尉光吉译,第 110 页。

② Agamben, *Homo Sacer*: *Sovereign Power and Bare Life*, trans. Daniel Heller-Roazen, Stanford: Stanford University Press, 1998, p. 1.

③ 同上, pp. 168-169.

终末论不同,阿甘本对爱之潜能的确信,对未来全新的共同体的希望,建立在救赎的事件正在到来且随时到来(the coming)的基础上。未来事件是无从预料、无法制造的当下现实的潜能,它随时可能与我们迎头相撞,打破一切人为区隔,确立 bios 融入 zoē 中的生命形式(form-of-life)。这是阿甘本独特的弥赛亚主义,诉诸于实践地改变政治生活的原初结构,用作为潜能的"来临中的共同体"对抗结构性的生命政治。

也正是在此处,阿甘本迎来朗西埃(Jacques Rancière)的强力批评。在朗西埃看来,阿甘本对奥斯维辛事件的思考是对灾难性事件在政治和艺术上的无限期延长,将其场景复现于当下的日常生活(如上文足球赛的例子):"这个情境似乎是本体上命运的完成,它完全清除了异议的可能性,也清除了未来救赎的希望,从而不再等待一场没有多大可能的本体上革命的降临。"①阿甘本是在谴责这种例外状态的常态化,并诉诸弥赛亚的随时降临。朗西埃激烈地批评了当前政治和艺术的此类"伦理转向",因为恰恰是对无法弥补之事的无尽哀悼,以及对不可希望之事的无限期等待,让事件本身的激进性荡然无存。朗西埃诉诸让政治和艺术回归不稳定、不明朗、充满歧义的差异状态,而所有执着于创伤性事件或弥赛亚式救赎的思想只是看似激进,实则趋于同一,因此在根本上是保守的。阿甘本式的爱终究无力在灾异事件中保护生命的周全,爱的潜能能让我们忠于自己,无畏地投身事件或奇遇,却无法做到对群体生命的基本维系。这也让在全球新冠疫情中大谈国家将例外事件常态化的阿甘本四面楚歌,甚至出现"告别阿甘本"的声音。

结语

阿甘本对"奥斯维辛之后"问题的推进表明事件性成为当代诗学无法回避的问题,正如沃尔夫莱(Julian Wolfreys)所论,重新思考事件就是要对发生之事的解释方式提出质疑,质疑"结构、空间、表达、事件

---

① 朗西埃:《美学中的不满》,蓝江、李三达译,南京大学出版社 2019 年版,第 136 页。

以及普遍的知识系统化观念"①,这意味着一种诗学观念的更新。事件的诗学邀请我们虚心聆听符号的声音,让被文学铭记和沉思的事件成为通向共同生活的道路,走向兼具记忆与遗忘、言说与沉默、爱与恨之能力的主体性。作为劫后余生之人,我们需要这样的诗学智慧来抵抗来临中的灾异事件。

【本文为国家社科基金后期资助项目"保罗·利科诗学中的'事件'概念"(19FZWB068)的阶段性成果】

(作者单位:杭州师范大学人文学院、文艺批评研究院)

学术编辑:赵彦芳

---

① 于连·沃尔夫莱:《批评关键词:文学与文化理论》,陈永国译,北京大学出版社2015年版,第90页。

20世纪西方文论中的中国问题

跨越中西思维的间距
——弗朗索瓦·于连论功效

吴 攸

内容提要 功效是全体文化所共有的思维,有关功效的思考体现在军事、政治及美学等诸多领域,中国和欧洲不同的功效观展现出彼此思维模式的差异性,中西思想的间距及对话的意义亦由此凸显。弗朗索瓦·于连(François Jullien)主张跳出西方的文明框架,绕道遥远的中国,更换一个视角去质疑并重新思考欧洲本身之逻辑定式,基于此能够发现效力的其他根源。从探讨功效出发,于连指出中国思维方式因其独特性在世界文明谱系中占据不可替代的重要地位,也只有中国才能成为反思欧洲传统的理想外部参照,这不仅彰显出中国思想之于西方的重要性,也反映出理想的中西交流路径不是对两种文化进行比较,而是使之相遇和对话。

关键词 功效 势 间距 中西对话 弗朗索瓦·于连

功效(l'efficacité)是全体文化所共有的思维,然中国和西方为实现效力所采取的"路径"(la voie)却大相径庭,因而有关功效的思考体现出中西所秉持的不同战略观,由此亦展现出中西思想的间距(l'écart)及中西对话的意义。[①] 法国哲学家、汉学家弗朗索瓦·于连主张,跳出西方的文明框架,绕道遥远的中国,跨越语言边界,打破思维的藩篱,更换一个视角去探测欧洲本身之逻辑定式并重新思考它们。在中国和西方的"间距"中蕴含着丰富的文化资源,基于此能够发现效力的其他根源。追溯欧洲和中国各自的文化根源,欧洲对效力的思考来自希腊传统,采用的方式是首先抽象出一个模型(modèle)并将

---

① François Jullien, *Traité de l'efficacité*, Paris: Le Livre de Poche, «Biblio essais», 2017(1996), p. 7.

之投射到世界上,以强大的意志力推动其作为有待实现的目标,代表着"手段和目的"(moyen-fin)、"理论和实践"(théorie-pratique)的传统,体现出崇尚建立计划和实现行动的英雄主义价值观;而中国实现效力的方式则是使效果自行达致,不是直接去瞄准目标,而是间接去孕育结果,不刻意去追寻效力,而如同收获一般使功效在过程中暗自施展,体现出主张顺应形势的自然演进价值观。①

一、势与功效:在中西思维之间

欲探讨功效,首先须厘清"势"(la propension)这一概念在中国文化语境中的含义,于连在《功效》(Traité de l'efficacité,1996)一书的前言中明确表示该书是对《势:中国的效力观》(La propension des choses: pour une histoire de l'efficacité en Chine,1992)一书中所探讨主题的进一步深化,旨在从战争、权力与言说三个重要场域探讨中西战略观的差异及功效的不同实现方式。正如于连多次指出,中国思想是典型的过程导向性思维(la pensée du processus),它不以"存在"(être)、"真理"(vérité)、"是论"(ontologique)等建构西方思想的"基元性观念"(notions de base)为支点,注重的是过程而非存有,崇尚的是两极互动而非二元对立,不囿于"实体"(le substantiel)而游走于"之间"(l'entre)。② "势"正是中国思想中典型的二元间概念,"势"摇摆于动静两极之间,在中国语境中具有"令人尴尬的暧昧性",可以被解释成"位置"(position)或"情势"(circonstances)等静止性状态,也能被理解为"权力"(pouvoir)、"趋势、势能"(potentiel)等活力性因素。③ 尽管其含义永远不够明晰,却对人的思维建构起到决定性作用;尽管它甚少按照可循的规则活动,而是在思维的底层运作,却建构了中国思维

---

① François Jullien, *Traité de l'efficacité*. Paris: Le Livre de Poche, «Biblio essais», 2017(1996), pp. 7 – 8.

② François Jullien, *De l'universel, de l'uniforme, du commun et du dialogue entre les cultures*, Paris: Éditions Points, 2011(2008), p. 134.

③ François Jullien, *La propension des choses: pour une histoire de l'efficacité en Chine*, Paris: Éditions du Seuil, 2003(1992), p. 10.

中最为重要的部分。① 可见,有别于西方理性思维方式往往基于抽象的二元对立,而忽略那些被遗留在二元之间的事实,中国思维则以打破种种二分法而见长。中国思想中的"势"正是一个处于持续变化之中、代表现实发展过程的概念——潜势状态在两极之间运作,趋势在交替作用之中显现——"势"因而成为中国文化中最具启发性的一个概念,这是欧洲传统中没有思考过的思想盲点,于连称之为"未思"(impensé)。

从"势"出发,人们可以体察到中国人对效力的直觉。中国和西方的思维模式无疑是相异的,欧洲思想善于用理性塑造世界,建立一个文化表相(eidos)的理想形式并以之为目标,将目光固定在模型之上,对势的概念的认知建立在动静对立之上,即将二者对峙起来;而中国思想的理性则依赖于内部的连贯性,没有非此即彼的二分法,崇尚"若即若离""往复来往""实则虚之、虚则实之"等互动转换关系。② 西方强调塑造模式并将之投射到世界上,通过人力的直接干预来实现既定的计划,从而将因果关系发挥到极致;而中国讲究因势利导,强调注重战略变化的过程,在情势持续的变化过程中,作为主体的人通过间接的方式介入情势,使得功效自现。③ 可见,西方的战略注重的是构思预设,其功效通过直接干预以"揭示"(révélation)的方式去实现;中国战略强调的则是顺应情势,其功效通过不断的变化适应在过程中以"调节"(régulation)的方式去达成。④

于是,西方思想建立在假设(hypothèse)和可能性(probabilité)之上,偏向单一、超验的极化,而不是相互之间的依存性和关联性,最终强调的是自由,而非自发性(spontanéité);与之相较,中国思维不关注任何终极目的(télos),而是从进程的内在逻辑和现实本身出发来寻找

---

① François Jullien, *La propension des choses: pour une histoire de l'efficacité en Chine*, Paris: Éditions du Seuil, 2003(1992), pp. 10 - 11.

② François Jullien, "A Philosophical Use of China: An Interview with François Jullien", *Thesis Eleven*, 56 (May) 1999, p. 119.

③ François Jullien, «De la Grèce à la Chine, aller-retour. Propositions», *Le Débat* 2001/4 (n° 116), pp. 137 - 138.

④ François Jullien, "A Philosophical Use of China: An Interview with François Jullien", *Thesis Eleven*, 56 (May) 1999, p. 120.

现实的诠释。① 这在中国和西方不同的知识生产、传承方式中亦可见一斑。正如安乐哲所指出的,西方思想发展基于"原子论"(atomistic)与"本质主义"(essentialistic)的承诺,即注重概念思辨和经验证实的碎片的、间断的思想发展模式,历史人物的重要地位往往体现在其相较于前人的"间断性"(discontinuity),如笛卡尔、开普勒、爱因斯坦之所以为人熟知是由于他们挑战了此前的现状,并独树一帜地开创了新理论;中国的知识传统与此恰恰相反,以"连续性"(continuity)为其知识生产的特色,中国哲人的重要性不体现在能独立于传统之外,而恰恰表现在沉浸于传统之中,并对先前的哲思作进一步阐释、深化和发扬,儒学几千年的传承和发展便是一个重要明证。② 于是,"过程性"(processivité)成为中国思想的中心意念,所有的真实只是过程,功效亦不必"寻求",不需要直接、有意识地去朝向它,而是在进行的过程中自然地流出(découler naturellement)。③ 更为吊诡的是,愈是有计划地对准目标,愈会使效力受损,也愈加彰显出自身实际效力的不足;刻意为之的目标,往往其成效格局也狭小,故而寻求效果的企图实质上会扼杀效果。④ 功效的达致需要透过一个过程,过程性是功效得以展布的条件,不可直接揠苗助长,而是要给予充分的时间;于是,策略在过程的上游便已经蕴含,而成效则是受召唤自行"到临"(à venir),它不是属于权力意志之下的英雄主义行为,而是受情势所载,依情势所演变,在情势中默默地转化,受引导逐步成熟,并不断地自我更新,趋于至臻之境。⑤

事实上,就"情势"这一概念而言,在西方,在"理论-实践"的褶皱(pli)中蕴藏着现代"西方"最具特色的"情势"(geste),即模型化的程序(modélisation),体现在革命家规划有待建造的城邦模型,军事家规划作战计划,经济学家则规划出有待实现的增长率,凡此种种均成为

---

① François Jullien, *La propension des choses: pour une histoire de l'efficacité en Chine*, Paris: Éditions du Seuil, 2003(1992), p. 15.
② Roger T. Ames, *The Art of Rulership: A Study of Ancient Chinese Political Thought*, New York: State University of New York Press, 1994, p. xx.
③ François Jullien, *Traité de l'efficacité*. Paris: Le Livre de Poche, «Biblio essais», 2017(1996), pp. 190-191.
④ 同上, pp. 191-192.
⑤ 同上, p. 191.

投射在世界上的图式(schémas),是一种理论指导实践的科学原则。①在中国战略思维中,功效亦与"势"密不可分,然而与西方直接对抗、正面交锋式的理念不同,中国智慧推崇的是因势利导、乘势而为,不是强制地进入,而是使形势渐渐地偏向,只有在逐渐获得的潜势累积所形成的时刻,才能释放出最大的功效。于是,在形势的不断发展过程之中,其"效果"会自然而然地显现:

> 中国式战略的核心就在于利用情境中既有的势态,并且借由它在事物的变化中承载自己,这样一来,就会排除在事先构想计划中来预先决定事件的发展过程,并把那当作一个仿佛即将实现,且或多或少已经决断的理想。②

于是,于连指出中国思想可以帮助欧洲摆脱这个褶皱,因为它不依赖于建构理想形式来模塑世界,而是立足于不断变化的过程、两极间的互动。比如,阴阳、天地、山水等便源于相对又互补的概念,彼此之间既相对又相连,在互动过程中两极之间能够相互转换并产生源源不断的活力,如此恒久的变化与自我更新实为中国思维的核心,人们可去摸索并掌握其中规律为我所用。③ 可见,中国思想中乘势而为的功效论跳出了西方所坚守的理论和实践的关系论,规避强制的色彩而引入演进的战略,不依赖于外力干预而基于内部情势流转,注重在一个持续变化的过程之中体察相关因素之间的互动关系,在不断流变之中确保其中的可行之道(viabilité)。④ 事物的演变过程谓之"道",有着万事万物变化规律之意涵,中国智慧集中在如何参与演变过程、勾勒出其内在之理并从变化中获益:

> 与其建构一个理想形式(une forme idéale),并将其投射至事

---

① François Jullien, *Traité de l'efficacité*. Paris:Le Livre de Poche, «Biblio essais», 2017(1996). p.18.

② 同上,p.42.

③ François Jullien, "To Kill the Horse to Reach The Horseman", China's Rhetoric of Obliquity, *Javnost-The Public*, 12:4,2005, pp.27-38.

④ François Jullien, *Traité de l'efficacité*, Paris: Le Livre de Poche, «Biblio essais», 2017(1996), p.35.

物之上,不如专注于探寻事物形态组合中的有利运作元素;与其为行动固定一个目标,不如任由事物变化的倾向来承载(se laisser porter)自己;简言之,与其将自己的计划强加于世界,不如利用情境中变化的潜势。①

同时,正由于势是游走于动、静二元之间的一个概念,因而需要跨场域对其进行追踪——势可体现为战略上"局势产生的可能性"和政治上的"势位",也可以表现为书法中字之形体所显露的力量或者绘画布局所揭示的张力,或阐释着历史演变的大势;这一概念在中国思想中到处出现,虽由于其介于动静之间的特质无法被概念化,却具有很强的可操作性。因而,无论是在战略上、美学上抑或历史观上,中国智慧与中国艺术的重要特点便在于有策略地运用势、发展势,从而在情势演进的过程中使其产生出最大的效力(un maximun d'effet)。②

二、战略上的功效(军事、政治)

在军事上,中国古代军事家将战争视为一个过程,高明的战略谋划需要不断根据战争进程、实况变化采取适合的应变措施,将各种因素相互作用的效果发挥到极致,从而在其中寻求最大可能性战果。中国的战略家并不囿于事先制定好计划,而是更讲求观察形势、配合事态的演变。正如孟子所言,"虽有智慧,不如乘势;虽有镃基,不如待时(《孟子·公孙丑》)",可见中国智慧十分珍视审时度势、把握时机的重要性。与其制定计划,不如利用情势的演变来达成自己的效果,这里的"势"远超过状况元素的组合,而是身处规律演变的逻辑之中,会自行发展,且可以承载(porter)我们。③

---

① François Jullien, *Traité de l'efficacité*, Paris: Le Livre de Poche, «Biblio essais», 2017(1996), pp. 36 - 37.

② François Jullien, *La propension des choses: pour une histoire de l'efficacité en Chine*, Paris: Éditions du Seuil, 2003(1992), p. 14.

③ François Jullien, *Traité de l'efficacité*, Paris: Le Livre de Poche, «Biblio essais», 2017(1996), p. 37.

西汉淮南王刘安及其门客编撰的杂家哲学著作《淮南子》①是于连十分看重的一部作品，他在探讨中国的势与功效的意涵之时多次引用此书观点。《淮南子·卷十五·兵略训》论及"势"之时言道："兵有三势，有二权，有气势，有地势，有因势。"气势，即斗志，表明勇气上的潜势；地势，即选择有利的地理条件，争夺地形上的潜势；因势，即善于窥伺敌人的间隙，如利用敌人的松懈、长途跋涉、立足未稳等。总结起来，中国军事家离开了模塑（model age）的逻辑，进入到一个演变发展（déroulement）的逻辑，中国战略不再磨蚀计划，而是创造态势，利用情境中的态势取得利益。② 同时，势的意涵远远超过顺应形势这一简单认知常识，更包含"有效力的布置"（la disposition）这一层含义，即合宜地利用外在条件进行部署方能产生最大的效能；且这一布置的功效只有在不断更新之下才能真正产生，正如《孙子兵法·虚实篇》所言"兵无常势，水无常形"，势必须像水一样行动才能"因敌变化而取胜"。布置能够交替作用并相互置换，这样的兵法理论与中国文化的最基本观念吻合，正如中国典籍《千字文》开篇所言"日月盈昃，辰宿列张。寒来暑往，秋收冬藏"，即"道"以大自然恒常更新之运转的效力为基础，日夜交替、四季轮回；兵法的理论亦是如此，由"道"所建构的绝对效能不局限于任何个别的特殊布置之中，而是持续更替、永不停滞，因此更有效力。③

有别于中国军事家将战争视为连续的过程，西方战略家则将战争视为点散的动作。比如，德国军事理论家和军事历史学家克劳塞维茨著有《战争论》，他便以交战为思考战争的出发点，将战争想成一个可以孤立的动作，而战争的相关元素则非战争本身，如战争的准备只是"武力的保持"（préparation au combat）；只有如此，他才能"依其概念"来思考战争，后者是可以孤立出来的纯粹的"动作"（l'acte）。④ 如此，

---

① 美国汉学家安乐哲同样十分注重此书，曾出版《主术：中国古代政治艺术之研究》（The Art of Rulership: A Study of Ancient Chinese Political Thought, 1993）一书，对《淮南子·卷九·主术训》进行研究分析。

② François Jullien, Traité de l'efficacité, Paris: Le Livre de Poche, «Biblio essais», 2017(1996), pp. 44 - 45.

③ François Jullien, La propension des choses: pour une histoire de l'efficacité en Chine, Paris: Éditions du Seuil, 2003(1992), p. 30.

④ François Jullien, Traité de l'efficacité, Paris: Le Livre de Poche, «Biblio essais», 2017(1996), pp. 85 - 86.

连交战的本质也有所变化,对克劳塞维茨而言,只有在行动的火光中交战才是决定性的,这使得胜负立分,方为战争的本质;而对中国兵家而言,交战只是顺势的结果,一个在上游进行的转化而产生的后果。①无疑,西方以交战的行动为出发点的军事理念推崇的是正面冲突,故而西方军事论著的主题其实就是"对峙"(affrontement),当对峙发展到无法解决的高潮之时,西方悲剧式英雄往往会以不可挽回的姿态抗拒比他强大的势力却不让步投降,成就英雄主义的悲剧;而中国兵法战略恰恰讲求避免正面冲突,兵法家必须懂得考察涉及的所有因素并善用形势,采取顺应之道。②

以势为基础的中国兵法和传承自希腊的"西方战略模式"之间的差异是显而易见的,中国兵法的主要目标是试图将敌我之间的力量强弱对比导向对我方有利的方向发展,而希腊式的战略理念却正如荷马史诗里描绘的一样,军队正面碰撞(choc frontal)方为决定胜负的关键。③欧洲现代战争的核心理念在于军队双方的直接对抗(l'affrontement direct),这一点在克劳塞维茨的著作中体现得淋漓尽致,他把战争当作一种技艺(art)来思考,将手段与目的(de moyen à fin)的关系这一西方哲学传统的思辨方式运用到战争领域,为了达到战争的目的需要使用一定的手段,因而是从目的性(finalité)的角度来建构战争理论;然而,中国兵法战略并非不使用手段,而是将手段融入事物发展的进程之中,"目的和手段"的关系是不显露的,由"势与利"的观念(notions de dispositif et d'efficacité)主导着一切。因而,中国兵法家推崇从形势及其能产生效力的条件的角度来审视战争,将战争的结局看作"不得不如此""自然而然产生"的。④ 于连认为,以势为基础的中国战略观具有优越性,因为势的观念恰恰处于西方人的"理论"和"实践"之间,从而能化解这两者之间的对峙关系,能够在情势发展的实践之中,自然而然、无损耗地执行着理论。⑤

---

① François Jullien, *Traité de l'efficacité*, Paris: Le Livre de Poche, «Biblio essais», 2017(1996), p. 86.

② François Jullien, *La propension des choses: pour une histoire de l'efficacité en Chine*, Paris: Éditions du Seuil, 2003(1992), p. 31.

③ 同上, pp. 31-32.

④ 同上, p. 33.

⑤ 同上, p. 34.

中国在政治上的战略与军事战略并无二致，均是要在一定情势之中取得最大的利益。如果在战场上的自然之势使得部署不断自我更新的话，那么在政治上政权部署的逻辑便是，维持统治秩序的永固而不衰竭。① 于连指出，政治管理上的功效亦来自势，这里势可以阐释为阶级层次的"势位"(position)，正如军事家用势来策划战略过程，政治家们将势视为建立政权的必要工具，即势作为一种"效力工具"(dispositif fonctionnel)。② 这一观点在法家思想中尤具代表性，正如战争的胜负不取决于兵力的多寡而在乎人们对局势的掌控和利用，政治上的管理也是"不恃其强，而恃其势；不恃其信，而恃其数"，即帝王的统治不仗恃他的强悍而是仗恃他的权力，不仗恃他的忠诚而是仗恃他的方法，其中君主的权力恰恰来自君主的地位(势位)。③ 于连指出，君主至上的势位可成为专制政体的统治工具，同时，对外军事战略之势和对内统治之势亦是相互作用的，统治者在面对外在敌人(军事上的势)时所持的王牌，正是由他在内作为君主面对臣民时拥有的权势(政治上的势)作为靠山的。④ 于连还进一步分析了权力趋势的"自动性"(l'automaticité)，权势既是人为制造的，却又很自然地运作，这两点的结合使之成为有效力的部署(dispositif)工具；于是，君主只要身处权势地位就能取得功效，他毋须施加任何压力，他所操纵的机制便会自行运作，运用君主之势位的唯一正确方法便是尊重势位的自主性，换言之，善待势。⑤

于连指出，在西方的思考中最早论及情势构成最完善的效力机制的作品是英国功利主义哲学家边沁(Bentham)发明的"圆形监狱"(panopticon)，又称敞视式监狱或全景式监狱，根据可视原则设计，由一个监视者便能监视所有的罪犯。福柯在《规训与惩罚》中对其作了推介，他评论道，"这是很重要的效力布置，因为他使得权力自行运作，

---

① François Jullien, *La propension des choses: pour une histoire de l'efficacité en Chine*, Paris: Éditions du Seuil, 2003(1992), p. 58.

② 同上, pp. 39 – 59.

③ 《商君书·禁使第二十四》，《商君书注译》(全四册)，高亨注译，中华书局 1974 年版，第 490 页。

④ François Jullien, *La propension des choses: pour une histoire de l'efficacité en Chine*, Paris: Éditions du Seuil, 2003(1992), pp. 44 – 45.

⑤ 同上, p. 48 and pp. 50 – 52.

且不受人的影响",无疑是政治权势的最佳定义。① 在于连看来,"圆形监狱"系统和中国法家的君主专制理论中双边不平衡的处境是相同的,即被监视者的透明化与监视者藏身的暧昧性,与法家所言的君主虽然离开皇宫仍可以保有他的"势位"有异曲同工之妙;所不同的是,中国理论家在古代社会就已经在施行这一发明了,且不是应用于小规模的监狱,而是由君主从上而下在全国向臣民施行。② 由此可见,"势"实为中国军事与政权深层运作的核心,无论是在军事布局还是政治部署之中,对功效的追求体现在总要在任何情势中取得最大的利益,体现出一种无形操纵的艺术。

三、美学上的功效(书法、绘画、诗学)

有效力的布局模式,不仅体现在军事和政治战略之中,还蕴涵于中国的艺术理想之中,展现出中国文化所推崇的含蓄和气韵之美,由势能的布置产生的美学功效在书法、绘画和诗词等艺术中得到了淋漓尽致的展现。有别于西方基于模仿(mimèsis)将艺术活动视为一种现实化(actualisation)过程的美学观,中国的美学思想则是用"势"的概念,将艺术看作是一种能产生功效的布置。③

艺术之势首先来源于形式,形式孕育出激情,从而产生出人意料的功效。正如书法中的汉字的骨架体现出势(又称笔势、字势),创作书法之人亦将自身之能力投入书法创作的过程(又称气势),上述种种之势能使得字形活跃生动,使其超越书法艺术的静止状态,而将内涵深化至永远蓬勃发展的动态活力。书法艺术的功效来自书法者运笔之时的布局,东汉文学家、书法家蔡邕曾总结出书法的"九势",即"落笔、转笔、藏锋、藏头、护尾、疾势、掠笔、涩势、横鳞",指出书法"势来不可止,势去不可遏"(蔡邕《九势》)。于是,中国书法可谓对中国过程性

---

① Michel Foucault, *Surveiller et Punir*, *Naissance de la prison*, Paris: Gallimard, 1975, «Le panoptisme», p. 202. (quoted from François Jullien, *La propension des choses: pour une histoire de l'efficacité en Chine*, p. 55.)

② François Jullien, *La propension des choses: pour une histoire de l'efficacité en Chine*, Paris: Éditions du Seuil, 2003(1992), pp. 55–56.

③ 同上, pp. 73–74.

思维方式的一个绝佳诠释,书法由于其线性的本质能够记录动作发展的时间性(la temporalité du mouvement),其生成的力量蕴含在写字的笔势和写成的字形这两个层面,证明一切正在运作(en cours)的力量就相当于变化生成(devenir),产生活力不断的功效。① 由此,书法中的笔画在两极之间不停地更新变化,体现出笔势的连贯性和交替性,汉字的笔画共同组合起来犹如产生一个磁场,能够使其张力达到极致并且显得和谐完美;书法艺术中的汉字则成为世界现实演进过程(grand Procès du monde)的鲜活象征,能够始终保持着平衡和圆融饱满的状态,书法的字形之中流淌着"生命的气韵"(souffle vital),因其能够自我调适而永远活泼常新。② 可见,势不仅是产生字形的内在力量,亦是由该力量营造出的张力效果,字形源于势,势又超越字形,成为一种充满艺术活力的效能布置。

中国绘画同样讲究布局的"得势"和"取势",推崇气韵生动,势无疑也是自然而然、自始至终贯穿画作的力量源泉。正如中国古典画论反复强调"画非画,真道也",于连在《大象无形》一书中比较了中西艺术传统的差异,指出中国画论强调一种存在的延续性过程和既现且退的内在性之"道",后者是无法被客体化的,故而中国绘画又被称为"非客体"。③ 此处,"大象"是不具备感官实在性的纯态势存在,"大象"之"大"所言说的是一种"去-终结"(dé-termination),代表着"至简"和无拘无束。④ 由此可见,中国画的功能是"畅神",不追求确定而明晰的临摹、再现,而是着力描绘一种"不可言说"和"虚实相承"的西方绘画无法捕捉之"气韵",实则是致力于在笔触里塑造不可测知的东西或贯穿形式的基底(Fonds),体现出一种势能。

山、水、树等中国山水画中传统的美学元素均能表现出绘画之中的势。比如,"群峰之势,若钿饰犀栉"(张彦远《论画山水树石》)是通过山景发挥远近高低的效果,"见得山势高不可测"(黄公望《写山水诀》)是营造出高不可测的效果,"一收复一放,山势渐开而势转。一起又一伏,山欲动而势长"。笪重光《画筌》则是用山的交替反差来达到

---

　① François Jullien, *La propension des choses : pour une histoire de l'efficacité en Chine*, Paris: Éditions du Seuil, 2003(1992), p.131.
　② 同上, p.77 and p.133.
　③ 同上, pp.11–12.
　④ 同上, pp.87–88.

功效;若山代表着稳定性,水则展现出生命的跃动性,唯有活水方能呈现出水势,画水的笔触力道强劲,让人体会到"其水势欲溅壁"之韵律;树木也可以造势,松树、柳树均是山水画中使用较多的意向,前者凌空孤立,往往使观者产生向往崇高之情,后者轻柔婉约,则带给观者柔性的美感。① 上述种种相对均来自虚实之间的对照和转换,正如于连在《淡之颂》中指出中国思想有别于西方的一个重要特点在于能够消解二元对立,将两极进行转换,从而开发出"之间"这一平衡、互动的空间,继而在艺术上生发出"淡"(fadeur)这一理念。② 中国书画追求的是稍纵即逝的"大象",音乐崇尚的是渐微之"遗音",诗学寻觅的是"味外味""景外景",孕育了中国美学传统的"淡"实则将对立的两极之间的互动与张力发挥至极,"淡"之美学体现出一种功效达致的方式。

书法与绘画美学布局之精妙,便在于运用了呼唤、张力和交流,在于"造势"。于连在论及山水在中西文化语境中的丰富意涵时表示,中文的"山水"用关联性(corrélation)道出了景观,欧洲语言的"山水"(paysage)则以"提升"说出景观;当大地因"势"变得紧凑起来的时候,当它的不同成分互动起来,形成两极而产生越来越紧凑的"势"(张力)的时候就有风景。③ 中国画论言"山川天地之形势也"(石涛《画语录》),中国的山水画通过两极互动、呼唤张力而造势,在书画艺术中,势为生命气韵所在,能够达到艺术"超越"(dépassement)的基本作用:

> 有了势,可见的布局形式能够传达出无限的可能,有形的世界因而具有了精神向度,视觉可察的极限因此具有了一切不可见的姿态。④

在空间与山水的布局中有大自然的元气在运行,势能传达出画作中生命气息流转的力量,产生能够超越有形和可感的美学效果,因而在欣

---

① François Jullien, *La propension des choses: pour une histoire de l'efficacité en Chine*, Paris: Éditions du Seuil, 2003(1992), pp. 81–82.

② François Jullien, *Éloge de la fadeur: À partir de la pensée et de l'esthétique de la Chine*, Paris: Le Livre de Poche, 2017(1993), pp. 131–132.

③ François Jullien, *Vivre de paysage: ou L'impensé de la raison*, Paris: Éditions Gallimard, 2015, pp. 145–147.

④ François Jullien, *La propension des choses: pour une histoire de l'efficacité en Chine*, Paris: Éditions du Seuil, 2003(1992), p. 82.

赏山水绘画之时,需要抓住景致之中的整体性运动。于是,"山水之象"实则"气势相生",中国山水画中蕴含着生命的气息,一幅山水画向无限的地平线敞开之时,一如生命活力流转循环、洋溢于画作四周,画家以基要元素勾勒出来的简约线条,生动地呈现出画作的主要架构,从而造势来概述现实世界,展现出继续蓬勃发展的充沛生命力,一幅画作须能呈现事物的整体面貌(totalité)方为实现了美学功效。① 换言之,在中国描绘山水是试图通过风景的轮廓,重新找到宇宙中持续不断的基本冲力(la pulsation cosmique),画面的轮廓呈现时会取得山水之形势,"势"是每一幅山水画所赖以"活现"(vivre)的要素,既是画作存在的基础,亦是美学功效涌现的源泉。②

与书法、绘画的美学功效相似,效力的布置同样可以应用到诗歌的创作之中。中国的山水诗与山水画的美学理念极为相似,诗作往往将距离缩短,使空间更紧密,从而描绘出比实际风景更为辽阔的诗学空间。比如,于连认为绝句是中国诗歌中最为精练的形式,并引用王夫之的诗评"墨气所射,四表无穷,无字处皆其意也",表达出字里行间的"气"(le souffle)能穿越诗作紧凑的空间,使得诗歌的"空白"充满意义,展现的张力传达出诗学上的气韵生动。③ 如此,势的力量成为诗歌的生命线(lignes de vie),绝句这一中国古诗的形式亦因此能够产生最大的功效。可见,中国古诗同样讲究有策略的布局,成书于唐代的《文镜秘府论》中便论及诗歌有"十七势",以"势"作为思考模式的出发点,可以跳出西方惯于沉溺于自身评论分类框架的思维模式,从而进入中国式的纵向展开、延伸的逻辑思维方式,后者的思维空间不是事先预设的,而是随着发展的进程日渐丰富的,成为一种有策略的言说布置(un dispositif *discursif*)。④ 于是,中国诗作以绝妙的布置体现出连贯的力量,诗歌传达出流动的气韵,诗歌之势通过"交替与变化"(tour et détour)、"回转和迂回"(mouvements d'expansion et de repli)等言说的布置体现出来,诗句之间转承启合的流畅发展变化带动了诗的生

---

① François Jullien, *La propension des choses: pour une histoire de l'efficacité en Chine*, Paris: Éditions du Seuil, 2003(1992), p. 96.
② 同上, p. 92 and p. 100.
③ 同上, pp. 102 – 103.
④ 同上, pp. 121 – 122.

命,诗的整体性与连贯性得以彰显,从而将诗意表达得淋漓尽致。①

无论是书法、绘画还是诗学,中国思想中有关美学功效方面的思考,不是以僵硬的、机械的、固定的形象运作的,而是以发展、变化为主导的。澄明事物变化之理不仅是中国美学观的常用主题,亦是中国思维的核心理念,在这一点上于连认为"龙"完美地诠释了中国美学思想,即象征着形状的潜能、难以捉摸的变化以及生命跃动的力量。②

四、更换一个视角:跨越中西思维的间距

西方文论中的中国问题是中西文化相遇的重要场域,秉承多元共生的文化理想促成"对话-共识"模式的形成,有助于建构顺应时代要求的"对话主义"跨文化研究立场。③ 更换视角,绕道中国,跨越中西思维的间距,无疑能够帮助欧洲反观其哲学成见,从而更上一层楼地领会自身的文化传统。从欧洲的视角来看,在中国和西方思维之间,一边是"自明性"(évidence),另一边却是"未思"。这些欧洲传统的思维前见在其内部难以得到充分反思,只有跳出熟悉的理论框架,来到异域中国寻求己之"未思",才能激发思维的创造力,故而"迂回—回归"的过程是一种方法,更是一种战略。④ 于是,中欧之间文化交流、思想碰撞的积极意义不言而喻,异质文化的相遇、互动使欧洲能从侧面以"迂回"的路径更加清楚地看到自己映射在中国这面镜子中的成像,进而从"外在性"与"相异性"出发去重新审视自己的思想文化传统。⑤

正如为了思考中国和西方的功效观,于连由希腊(欧洲)来到中

---

① François Jullien, *La propension des choses: pour une histoire de l'efficacité en Chine*, Paris: Éditions du Seuil, 2003(1992), pp. 141 - 142.
② 同上, pp. 149 - 159.
③ 曾军:《关于中西文论"对话主义"研究方法的思考》,《南京社会科学》2017 年第 10 期。
④ François Jullien, «De la Grèce à la Chine, aller-retour. Propositions», *Le Débat* 2001/4 (n° 116), p. 141.
⑤ 吴攸:《"多元共生"文化理想下的中西思想对话——以弗朗索瓦·于连的汉学研究为例》,《社会科学战线》2018 年第 2 期。

国,得到的是相反的参考坐标——希腊人以人的行动来思考自然的转化,正如亚里士多德的生物学著作中自然是人格化的,它也有一个计划,仍在手段和目的的关系里操作;反转过来,中国人则以自然的转化来思考人的功效,战略家使得情境向有利的方向发展,就好像自然使得植物生长,或河流不断挖空河床一般的自然。① 无疑,这是由两种相异的内在思维逻辑带来的不同功效模式,中国模式基于"从方法到目标"的过程关系,而西方模式则立足于"条件与结果之间"的因果关系;经由中国,折返欧洲,于连研究中国战略的目的是为了促使欧洲从中国这一外部视点出发,去质疑其行为与策略中的最深层的思维前见。② 于是,在探讨功效这一问题时,另一个问题逐渐浮现,它既不是存在(être)或认知(connaître)的问题,亦不是行动(action)的问题,而是有关效力条件(des conditions d'éffectivité)的问题。③ 由此,从烙有意志主义印记的"功效"问题,到通达内在本质的"效力"(efficience)问题,于连再次指出可以将思想放逐至异乡,即尝试对思想进行"移位"(décalage)。④

事实上,"移位"的研究路径是于连多次强调的方法论,又被称为"外部解构"(une «déconstruction» du dehors),其本质是对欧洲进行"去范畴化"(dé-catégorisation)的过程,借用中国这一他者的杠杆来撬动欧洲思想的根基,创造出进行远景思维的空间,从而推动欧洲的"再范畴化"(re-catégorisation)。这一过程包含两层含义:一方面,意味着相对于常规思维(思维习惯)进行某些移动,将一个框架挪移到另一个框架中去(从欧洲到中国,再从中国回到欧洲),从而重启思维动力;另一方面,"移位"也隐含拿掉楔子(enlever la cale)之意,以便意识到一些长期以来所依赖却阻碍思考的自身文化因素,并舍弃之。⑤ 可见,借助中西"间距"之间丰富的文化资源,通过"外部解构"的迂回路径,

---

① François Jullien, *Traité de l'efficacité*. Paris: Le Livre de Poche, «Biblio essais», 2017(1996), pp. 100 – 101.

② Paul Dragos Aligica, Efficacy, East and West: François Jullien's Explorations in Strategy, *Comparative Strategy*, 2007, 26: 4, pp. 325 – 337.

③ François Jullien, *Traité de l'efficacité*, Paris: Le Livre de Poche, «Biblio essais», 2017(1996), p. 8.

④ 同上, pp. 8 – 9.

⑤ François Jullien, «De la Grèce à la Chine, aller-retour. Propositions», *Le Débat* 2001/4 (n° 116), pp. 136 – 137.

欧洲可重铸自身的语言和理论预设,使其跳出自身的思维成见,而向另一种可能的可理解性敞开。①

在于连的哲思体系中,中国之于西方,既是研究"方法",亦是异域"资源",因而西方需要打破对中国思想文化的认知局限和思维前见。自带神秘异域风情的东方满足了西方的幻想,因而西方长期以来惯于以补偿的方式来消费东方,将之视为与西方对立的消极形象,比如认为老子主张的"无为"是西方英雄主义的反面,实则忽视其中教导人如何成功的大智慧。② 再比如,黑格尔认为就宇宙观而言中国思想可能停留在"童年期"(l'enfance),而未向以"本体论"与"神学"为代表的高阶形式演进,于连亦坚决反对这一观点。③ 于连认为即便中国思想不重视概念的形式化(la formalisation conceptuelle),却不得不承认中国思维方式底层蕴含着极高的一致性(l'extrême cohérence),可以使欧洲寻找到一个外在的视角解读自己的知识史,廓清自身先入为主的观念(a priori mentaux)。④ 同时,中国思维方式因其独特性在世界文明谱系中占据不可替代的重要地位,只有中国才有资质成为有别于以希腊-希伯来为轴线的欧洲传统的另一个原始(originaire)思想的发源地,因此也只有中国才能成为反思欧洲传统的理想外部参照。⑤

从宇宙观出发是中西思想比较与交流的重要出发点,美国汉学家牟复礼(Frederick W. Mote)曾称中西思想之间存在着难以跨越的"宇宙观的鸿沟"(cosmological gulf),集中体现在中国传统中没有创世神话(creation myth),即人不是被创造出来的,中国自我生发的宇宙观中没有造物主、上帝和终极存在的概念,宇宙万物自然而然形成并恒久存在。⑥ 身为汉学家的牟复礼自然认识到中国哲学的博大精深,无法认同黑格尔对中国哲学和中国思想的研判,他只是指出这一

---

① François Jullien, *Traité de l'efficacité*, Paris: Le Livre de Poche, «Biblio essais», 2017(1996), p. 9.

② 同上, pp. 138 – 139.

③ François Jullien, *La propension des choses: pour une histoire de l'efficacité en Chine*, Paris: Éditions du Seuil, 2003(1992), pp. 15 – 16.

④ 同上, p. 16.

⑤ François Jullien, «De la Grèce à la Chine, aller-retour. Propositions», *Le Débat* 2001/4 (n° 116), p. 137.

⑥ "The Cosmological Gulf between China and the West", in *Transition and Permanence: Chinese History and Culture*, pp. 3 – 21.

宇宙观深深地影响着中国思想的发展路向,既是中国思想的独特之处,也是中西思想的重要差别。受不同宇宙观影响,中西文化各方面存在着巨大的差异,中国思维注重关联性,西方思维则注重分析性;中国发展观是自然演进的,西方则是人力推动的;中国思想注重相对性,西方则注重绝对性;中国价值观是以美育为中心的,西方则是以逻辑为中心,不一而足。然而,在于连看来,中西文化、思维和传统之间既不存在无可逆转的对立,亦不存在根本性的相似,而是同为人类历史长河中极具影响力的文明范例,各自以不同的方式应对人类普遍存在的问题。上述种种中西文化差异的"间距"正蕴含着丰富的文化资源,恰恰彰显出中国思想之于西方的重要性。

于连曾指出在跨文化研究时应避免两种常见的错误,一是"天真的同观化"(l'assimilation naïve),即认为所有一切都可以简单地从一种文化移植到另一种文化之中;二是"简单的比较观"(le comparatisme simpliste),其运作方式是认为已有现成的适合框架,能够让人清晰看见所需比较问题的他者性(altérité)。① 因而,理想的中西思想交流的路径不是对两种文化进行比较,而是使之相遇,而中西文化"间距"蕴含的张力是中西思想交流的重要推动力,没有"间距",就无法相遇。② 间距使得多样性文化之间的"相异性"成为重要的思维资源,在文化和思想之间打开了互相反思的空间(un espace de réflexivité),它又以探险开拓作为志向,从而推动间距这一立体空间中蕴含的多样性文化与思想凸显为多姿多彩的丰富资源,成为不同文化互动、文明互鉴的活力来源。③

"间距"是一个充满活力、战斗力与孕育力的严谨概念,承认多样性文化的平等地位,并在此基础上创造出"间距",是保护文化多样性与活力性的重要方法。④ "间距"的活力体现在它重视的是"距离"(distance),文化间距的重要性在于使多元文化之间被隔开距离而生

---

① François Jullien, *La propension des choses: pour une histoire de l'efficacité en Chine*, Paris: Éditions du Seuil, 2003(1992), pp. 17-18.

② François Jullien, *Si près, tout autre: De l'écart et de la rencontre*. Paris: Grasset, 2018, p. 8.

③ François Jullien, «L'écart et l'entre. Ou comment penser l'altérité», http://www.msh-paris.fr-FMSH-WP-2012-03. p. 7.

④ 吴攸:《全球化时代的文化"孕育力"——基于弗朗索瓦·于连的中欧对话视角》,《南京社会科学》2018年第3期。

成张力,这一张力反过来成为外部观照和发起反思的思维动力。① "间距"也是一个意涵极为丰富的概念,其存在本身就意味着对话,多元文化之间的对话首先必须拉开间距,因而理想的跨文化研究路径应当是跨越间距进行锲而不舍的对话,于连甚至提出"无间距,不文化"(La culture ne vit que par écart)的观点。② 发掘间距,不仅是意味着脱离、分离、回撤、放弃自我,拉开间距的同时也代表着开辟另一条道路,借此可开阔眼界,发现与理解,并形成"主体"(sujet),正如绕道中国的策略,战略性地创造间距是一种哲学方法。③ 因此,在对话主义的文化立场之下,采用迂回的路径,从欧洲出发来到遥远的中国是方法论上的需要,绕道中国的文化之旅既不是源于异国情调的诱惑,也不是出于逃离现状的想法,而是去追寻本民族文化的"未思"反思自身传统,去发掘文化间距的资源找到重启思维的活力来源,去跨越思维的间距推动文化间谈。

【本文是国家社科基金重大项目"20世纪西方文论中的中国问题研究"(16ZDA194)阶段性成果】

(作者单位:上海交通大学外国语学院)
学术编辑:刘 卓

---

① François Jullien, *Il n'y a pas d'identité culturelle*, Paris: L'Herne, 2016, p. 35.
② François Jullien, «Du commun à l'universel», in *Autour d'une conférence de François Jullien: Le dialogue entre les cultures*, ed. by Le Huu Khoa, Paris: Les Indes savantes, 2015, p. 46.
③ François Jullien, *De l'être au vivre: Lexique euro-chinois de la pensée*, Paris: Gallimard, 2015, pp. 267–268.

雷德侯《万物》中的模件体系与中国古典艺术的创新机制

杨 光

内容提要 雷德侯在《万物》中认为"模件体系"在古代中国是一种较为普遍的生产方式。他将西方工业化以来的标准化生产设置为中国古代模件体系的对话对象，其用意在于引出有关批量化生产、个性化乃至艺术创造性的讨论。"再模件化"是中国传统艺术实现创造性的重要方法，正是在此意义上，其所依托的"模件体系"具有了创新机制的意义，而使得"模件体系"成为一种"创新机制"的原因在于其背后的思维方式。这引出了对中西两种文化中对于艺术自由、创造性的不同理解的讨论；同时这也体现了雷德侯的另一问题意识，即通过中国古代模件体系来回应西方世界中的艺术发展问题，并展开反思。在此意义上，中国模件体系是《万物》反思西方问题的路径和参照。

关键词 雷德侯 《万物》 模件体系 再模件化 创新机制

《万物——中国艺术中的模件化和规模化生产》(Ten Thousand Things: Module and Mass Production in Chinese Art, 2001)是德国著名汉学家、艺术史家雷德侯(Lothar Ledderose)的著作。本书从模件系统的视角出发来分析中国艺术，分别探讨了汉字、青铜铸造技术、兵马俑、漆器与陶瓷制造、建筑等诸多模件系统以论证自己的观点。他试图通过这种分析"探讨所有这些领域的技术进步与历史演变，以及模件体系对特定的制造者和社会整体的意义"[1]。最终则要讨论，"艺术在中国的定义"[2]。他还多次强调模件系统与中国思维的相关

---

[1][2] 雷德侯：《万物：中国艺术中的模件化和规模化生产》，张总等译，生活·读书·新知三联书店 2012 年版，第 4 页。

性,如作为模件系统之一的汉字"深深影响了中国的思维模式"①。"他们在语言、文学、哲学,还有社会组织以及他们的艺术之中,都应用了模件体系。确实,模件体系的发明看来完全合乎中国人的思维模式。"②那么艺术生产在中国有何特点,作为一种艺术生产方式,模件体系有何特别之处,其背后的思维方式又是什么?

本文的目的是在对"模件体系"的概念进行基本讨论的前提下,从一种"生产方式"的角度看待雷德侯著作中的"模件体系":"标准化"的生产方式在西方理论史中多有争议,并在许多时候被视为抹煞个性化的罪魁之一,而"模件化生产"作为一种"准标准化"的中国古典艺术生产方式,却在某种意义上生成了庞大且高质量的艺术产品体系。这条线索事实上也构成了雷德侯论述中的理论参照。换言之,他似乎具有一种利用中国传统的"模件系统"来反思西方工业理论的潜在问题意识。这一视角引出了一个重要问题,也就是常常作为"标准化生产"反面的创造性问题,同时这也是雷德侯论述中的一个重要落脚点。这也是本文的要点:"模件体系"带来一个反思西方法兰克福学派以来左翼批判理论的支点。那么,最重要的问题便在于如何经由"模件体系"产生创造性?这一现象又在多大程度上缘于"中国"?这是本文的主要问题。

一、"模件体系"的概念及其问题

那么第一个问题便是,何为模件体系?如雷德侯所言,"模件即是可以互换的构件",③而许多这样的构件便形成了"以标准化的零件组装成品的生产体系",④此之为模件体系。如汉字以有限的偏旁、部首组合而成;青铜器图案以众多的定式构成;中国的古建筑也是以众多的构件搭建,这些就是典型的例子。在这种体系之下,"零件可以大量预制,并且能以不同的组合方式迅速装配在一起,从而用有限的常备

---

① 雷德侯:《万物:中国艺术中的模件化和规模化生产》,张总等译,生活·读书·新知三联书店2012年版,第5页。
② 同上,第6页。
③ 同上,第22页。
④ 同上,第4页。

构件创造出变化无穷的单元"①。这也正是《万物》书名的来源:道生一,一生二,二生三,三生万物。"无限的进一步转换与变化,据说可以衍生'万物',亦即宇宙中无穷无尽的种种现象。"②雷德侯本人在书中引用了周敦颐《太极图说》中的句子进行说明:"万物生生,而变化无穷焉。"中国人通过这一系统生产的产品"产量极高而且品种多样"③。于是,雷德侯对于中国人的这一生产系统给予了热情的赞誉,但他对于模件系统深层背景的讨论似乎过于拘泥于生产与社会结构,而未充分讨论其相应的思想背景。

不错,模件体系生产的成品物美价廉,在实际应用上有其强大的功效和切实的好处,如应用在宗教上,"同样的字一再地出现,但是通过组合,逾千的不同佛号得以形成"④。模件体系生产也有其现实需要和合理性,"中国人在千百年来运用模件体系的过程中发展起来的能力与社会道德,将会再次证实自身的价值:满足绝大多数人口的需要,他们惯于生活在闷密紧绷的社会结构之中,同时也习惯于通过充分投入人的聪明才智与劳动,将自然资源的消耗降低到最低程度。"⑤不过,似乎并不仅仅如此,深究起来这种现象背后还会有更深的思想背景。雷德侯引用的周敦颐的句子实际上更多的是一种道家宇宙论式的观点,它固然可以引申来说明具体生产中的境况,但其本质是一种对于"道"、对于"真理"的寻求方式。真理、道是无法直接获得的,只有通过媒介进行指示,然而媒介总是有限的。所以道家发展出了"得意忘言""得鱼忘筌"的观点。而退而求其次,若无法完全废言,只有设法通过有限之物尽量表达尽可能多的内容。故而,《周易·系辞(上)》有言:"子曰:书不尽言,言不尽意。然则,圣人之意,其不可见乎?子曰:圣人立象以尽意,设卦以尽情伪,系辞焉以尽其言,变而通之以尽利,鼓之舞之以尽神。"在这里,书、言、象都是为了求取"圣人之意"。而"万物"不过是"道"的分有与万千化身。雷德侯也引用了《周易》在西方传播的故事,"西方的知识分子即沉醉于其中的二进制模式……

---

① 雷德侯:《万物:中国艺术中的模件化和规模化生产》,张总等译,生活·读书·新知三联书店 2012 年版,第 4 页。
② 同上,第 5 页。
③ 同上,第 4 页。
④ 同上,第 6 页。
⑤ 同上,第 7 页。

期待：中国将成为全球科学研究机构中的主要的成员"①。不用说，西方知识分子的这一期待在相当长的时间内未曾实现，而他们对《周易》的使用恰恰产生了一种有趣的偏离。二进制以 0 和 1 表达是与非两种情况。然而这一二元对立的结构恰恰未曾给介于二者之间的其他情况留出了空间。而之所以二可以生三，三可以生万物，恰恰是因为多余的三是多出的可能性。中国的阴阳不同于 0 与 1，它们是运动且相互交流的，于是给新事物的诞生留出了可能。这也正所谓"变化无穷"，而不是像 0 和 1 一样，具有一个结构上的固定位置。雷德侯的分析似乎恰恰停留在西方知识分子对《周易》衍生出的二进制心醉神迷之处，本质上是一种分析型的思维。而中国的哲学确实强调有限生无限，确实有着模件化系统，但在模件的裂隙中生成之物，才是中国文化更推崇的东西。

另外，这种试图以有限表达无限的例子在雷德侯讨论的绘画、汉字中都出现了。如中国的绘画画山水往往不是面对具体的山水，而是试图画出山水的普遍性，试图画出"道"。而单就中国的汉字系统而言，雷德侯讨论了汉字系统的优势，其表意结构较表音结构更易于流传的特点。这都与事实相符。不过试问，字母文字由多个字母组成，不也是一种"模件系统"吗？它们与汉字的差别在哪里呢？这一点雷德侯并未区分。不过，对照上文"二进制"的例子我们可以发觉一个共同点。表音文字，如英文单词，其每个字母在结构上占据的空间大小是固定的。一个字母占据一个格，而一个单词的空间则有长有短，理论上是可以无限延伸的。汉字则又不同，理论上说，标准字体的每一个字其大小一致。无论简繁，其占据的空间则是一定的。如此一个模件的大小并不一致，其组成的单元却是有限而固定的。于是汉字在视觉形象上便形成了诸多意义尽皆纳入有限空间中的境况。试图以有限把握无限便是这些现象背后的重要思想根源之一，也是中国文化的哲学源头一直存在着的对于真理、道与整体性的渴求。此种对整体性的求索正是中国思维方式的重要部分。

回过头来看，诚然相较于思想观念、哲学背景而言，雷德侯的讨论更多集中于生产方式，但从一种"模件体系""生产方式"的角度来看待

---

① 雷德侯：《万物：中国艺术中的模件化和规模化生产》，张总等译，生活·读书·新知三联书店 2012 年版，第 5 页。

中国古代文化产品的制造恰恰是雷德侯为"万物"带来的新内涵。这种对于标准化、分工的生产方式的关切和热衷恰恰是一种在西方式的目光下更容易显现的内涵,其本质上来源于工业社会对生产方式的敏感。或者说,这是一种完全"现代性"的目光。这种生产方式与大工业时代的生产力的结合才形成了机械化批量制造的初步形态,同时这为我们提供了一个视角,可以从生产方式以及艺术质料的层次来分析理解中国古代的艺术现象。如此,进一步将"模件体系"作为一种生产方式来讨论或许是有必要的。

二、作为一种生产方式的模件体系

雷德侯对于中国的模件体系生产方式大加称赞,并指出:"欧洲人热切地向中国学习并采纳了生产的标准化、分工和工厂式的经营管理。"[1]此处的重点在于,雷德侯将中国的模件体系与西方现代体系作了勾连,其问题意识中暗含了与西方大工业背景下生成的大众文化对话的意味,这为我们利用中国古典艺术的生产境况重新审视西方现代大众文化提供了契机和重要的理论视角。

在雷德侯看来,模件体系生产出来的产品物美价廉。"在此还应考虑那些恶名昭彰的顾主的要求,他们期望价格低廉而质量非凡,并且限定极为苛刻的工期,借以大获其利。模件体系最适合达到所有这些相互冲突的目标。"[2]这段话中暗含了一个观念,即规模化的生产往往造成数量与质量的不可兼得,然而中国的模件体系却结合了这两种不同的目标,那么这是如何实现的呢?这可以视为《万物》中的一个潜在问题意识,而这一问题很容易使我们想起同为德国学者的早期法兰克福学派以及其后的许多学者对于大众文化的批判。

在早期西方工业时代的文化产品,被认为是无个性化的重复性产品。而个体在整个大众文化体系面前不值一提,必然经受异化。如阿多诺所言:"拙劣的作品常常依赖于其他作品的相似性,依赖于一种具

---

[1] 雷德侯:《万物:中国艺术中的模件化和规模化生产》,张总等译,生活·读书·新知三联书店2012年版,第7页。

[2] 同上,第4页。

有替代性特征的一致性。在文化工业中,这种模仿最终变成了绝对的模仿。一切业已消失,仅仅剩下了风格,于是,文化工业戳穿了风格的秘密,即对社会等级秩序的遵从。"[1]又如鲍德里亚所言:"垄断和差异在逻辑上是无法兼容的。它们之所以可以共存,恰恰是因为差异并不是真正的差异,它们并没有给一个人贴上独特的标签,相反它们只是表明了他对某种编码的服从,他对某种变幻的价值等级的归并。"[2]在他们看来,即便文化工业产品存在着表面上的差异、个体之间有所不同,这种不同、个性化也是虚假的,而只是对系统中范例的差异的遵从。有意思的是,雷德侯也提到了中国模件体系与中国社会结构的同构性:模件体系有利于生产层次分明的产品体系,这对应了中国古代的等级体系。这又与消费社会中利用产品区分个体的现象何其相似?

围绕阿多诺、鲍德里亚的批判、论争已经汗牛充栋,在此不再赘述。我们感兴趣的是,如何看待阿多诺等人的理论与雷德侯对中国模件体系的言说?这里的问题存在于两对概念间:一对概念是在批量生产与质量之间。雷德侯认为中国人可以做到物美价廉,这里谈论的更多的是物质层面。另一对概念之间的矛盾,也就是标准化与个性化生产之间,针对的主要是精神层面、文化层面。对此,法国哲学家埃德加·莫兰在上世纪60年代早有清晰的论述:"文化产业必须经常克服它的官僚主义化的——标准化的体制和它应该提供的产品的独特性(个体化和新颖性)之间的根本矛盾。它的运转本身就是通过在下述两组对立面之间的过渡实现的:官僚管理体制—艺术创造,标准化—个性化。"[3]不过,这并不意味着利用生产线制造的文化产品一定会失去个性,一来,传统的艺术也有惯例、程式:"艺术创作的规则、惯例、样式提供了作品的外部结构,而情景模式和角色模式提供了作品的内部结构。……文化产业以它的方式向我们示范着这一点,把重大的想象的主题标准化,再将这些原型制成铸模。"[4]"标准化本身并不必然引起非个性化,它可能是艺术的古典'规则'(如规定戏剧创作的形式和主

---

[1] 霍克海默、阿多诺:《启蒙辩证法》,渠敬东、曹卫东译,上海人民出版社2006年版,第117—118页。
[2] 让·波德里亚:《消费社会》,刘成富、全志钢译,南京大学出版社2001年版,第82—83页。
[3] 埃德加·莫兰:《时代精神》,陈一壮译,北京大学出版社2011年版,第19页。
[4] 同上,第19页。

题的三一律)在产业化艺术中的对等物。"①如此可知,文化产品的生产也有其范式,而一个范式必然有其草创、发展、成熟、败落的历程。所以产品的质量不好未必便是范式本身有问题,可能恰恰是由于草创期的范式未曾充分发展。"劳动分工和标准化本身都不是实现作品个性化的障碍。事实上它们同时趋于抑制作品和完善作品:文化产品愈是发展,它愈是要求个性化,但它也趋于把这个个性化标准化。"②后来美国蓬勃发展的电影、电视工业证明了莫兰的论断。美国向全球输出了大量的影视作品,其中有许多精良之作。而美国影视行业恰恰是极端程式化的,因此有一些艺术家在行业内充当工具而没有机会从事创造性工作:"他们并不给你提出观念的自由。他们对于自己想要什么基本上知道得很清楚,他们不希望你把它搞乱,所以你只要按要求做就是了。"③而"为了达到最快的速度(一年30集),或者说完成更工业化的写作模式,系列剧开创了一种新的制作方式:故事由'独立'作家提供,之后它会被套入由'本家'编剧们预先设定好的格式里"④。好莱坞电影也是如此。长久以来,它慢慢形成了某些叙事模式,有着固定的套路和结尾,就拿英雄类影片而言,"通过一部又一部的影片,好莱坞建构了一个英雄类型的模式,随着时间的推移,也就建立了一个不可超越的规范"⑤。但是,单纯从这里看,这里的影片如果出现问题,有多少是由于生产方式造成的呢?一个影片沉迷于陈词滥调多数时候是由于固守既定范式不知更新,这与"模件化"生产关系未必很大。美国著名编剧罗伯特·麦基谈到这一问题,区分了"原始模型"和"陈规俗套","原始模型故事挖掘出一种普遍性的人生经验,然后以独一无二、具有文化特异性的表现手法对它进行装饰。陈规俗套故事则将这一形式颠倒过来:其内容和形式的匮乏势所难免"⑥。"陈规俗套故事故步自封,而原始模型却会不胫而走。"⑦

---

① 埃德加·莫兰:《时代精神》,陈一壮译,北京大学出版社 2011 年版,第 26 页。
② 同上,第 26 页。
③ 维奇·迈耶等编:《生产研究:媒介产业的文化研究》,杨光译,河南大学出版社 2016 年版,第 69 页。
④ 大卫·比克斯东:《电视系列剧:形式、意识形态和制片模式》,杜卿译,商务印书馆 2015 年版,第 42 页。
⑤ 同上,第 36—37 页。
⑥⑦ 雷吉斯·迪布瓦:《好莱坞:电影与意识形态》,李丹丹等译,商务艺术馆 2014 年版。

事实上,我们讨论的"模件化"的生产不完全等同于阿多诺等的批判对象——虽然也被包括其中。后者的批判对象中很大一部分包括了福特汽车式的产品,他们固然也是生产线,也是模件化,但是最后的成品却是完全一致的无个性化、无区别的产品。模件化的文化产品却非如此,包括好莱坞的电影、包括兵马俑,事实上模件化产品在保证了他们迅速完成产品的同时,恰恰保证了它的个性化。正是因为整体被拆分为诸多的零件,才可以迅速地调整部分,形成区别,达成个性化产品。兵马俑的诸多形态正是通过有限的组合形成的,某种意义上讲,好莱坞电影的区别也是通过不同结构元素的改造拼贴而成的。所以,雷德侯意义上的"模件化"生产反而有助于形成个性。下面将对这一点进行展开讨论。

三、"再模件化":创造性的实现手段及其思维方式

对于阿多诺、鲍德里亚而言,文化工业与消费系统值得批判的重要一点在于整个系统对于消费者的压制。这一点斯图亚特·霍尔等已做过反驳。其中约翰·菲斯克的出发点尤其值得注意,他认为,消费者可以利用系统生产出来的产品作为自己改造的资源。如人们可以将千篇一律的产品进行改装,以得到自己想要的样子。菲斯克的观点不同于"接受美学"等理论中对于读者的强调,在他这儿,消费者或说接受者是切实地改造了文本的物质存在形态,从而真正参与了文本意义的生成,并非仅仅作为作者的预设形象而被纳入文本体系之内。

至此时,消费者已经不再仅仅是消费者,而是在某种意义上变成了生产者。其实,面对模件体系这一系统,消费者也不再仅仅是传统中被动接受信息的形象。面对系统中复杂多样的产品,消费者必然要进行挑选、比对的操作,这一过程模糊了消费者与生产者的界限;消费者更多地扮演一种遴选者的角色,而生产者也需要从事遴选这一活动。通过排列组合,个体从系统中选取自己需要的因素,再生产为自己想要的产品。当然模件系统中存在着重复性劳动的情况,但这难以完全避免,事实上任何艺术创作活动中可能都或多或少包含一些低创造性但必不可少的准备性活动。系统中的创造性则体现为对各种模件进行排列组合。这一过程中个体必然需要对产品进行遴选、评价、

对比乃至或多或少的改造。对于模件的重复性生产兴许不产生文化价值——而在未来，随着科技的发展，这一过程大概也会完全被自动化技术取代，从而避免了对劳动者的压制——但是对于多个模件的重新铺排并构建成产品却必须投入智性力量。

如果说个体对来自诸系统的模件重新组合以组成新产品的过程体现了个体的主体性的话，那么这一过程中有一步骤是必不可少的。那就是将单个的模件，甚至完整的产品重新"模件化"以构成另一产品，亦即将一个模件甚至是完整的产品重新视为材料。当代艺术史上曾有着关于"现成品"的长久讨论，其实这一过程中存在着将"现成品""再模件化"的步骤。经此一步之后，"现成品"也便不再成其为"现成品"，而成了有待改造的质料。正是这一至关重要的步骤体现了主体视角的转变，从而构成了主体改造系统的重要步骤与方法。而这一过程实际上是将"现成物"从其原来的"语境"中剥离，再将之与新事物关联的过程。主体需要不断地寻找某物与他物可以建立关联的连接，从而实现这种新的关联。其背后需要一种关联性的思维，同时也是一种整体性思维。试图围绕某物建立新的关联，意味着目光超出其自身之外而将整个语境都纳入其中。一个系统对于此种个性化的"再模件化"行为的包括正是其能够容纳创新性并进而成为创新机制的重要条件。

回到《万物》的论述中，中国的艺术品或文化产品的创作恰恰是运用了此种方式。兵马俑通过对局部个体模件的改造完成了创新，最终出土的兵马俑形态各异，气象万千。书法绘画更是如此，艺术家需要在范式中发明新的笔法，体现自己的不同，"恰似书法家一样，所谓的文人画家必应广泛地研习先辈大师的作品，但是在某一方面，他必须发现能够显露出自己独特个性的风格"[①]。而中国古典文坛上的诸种复古运动，诸种学习、点化、运用传统的方法论（如黄庭坚的"点铁成金""夺胎换骨"法）正是此种方式的实践，也从侧面反映出了中国传统文化中对于整体性、关联性的重视。而古代画论中的经典命题，"外师造化、中得心源"，也体现了这种特征。一方面，其中包含一个主体内心对于诸种外在事物的综合的过程，体现了试图整体把握对象的愿望；其二，这种内心的综合也正是将外物"质料化"的步骤。其他例子

---

① 雷德侯：《万物：中国艺术中的模件化和规模化生产》，张总等译，生活·读书·新知三联书店2012年版，第264页。

当然还有《诗经》修辞中的"比"、古典文论中的"取譬联类"、中国传统文化对于历史的重视、对于典籍不厌其烦的注解等等。

从某种意义上或可说,"再模件化"是使得"模件体系"成为一个创新机制的重要步骤,而其背后所依托的整体性思维以及由之带来的"因地制宜"与对适用性的重视才是使得"创造性"得以生发的根本原因,是其源于中国之处。那么,至此,我们自然而然地会生发出一个问题,这种模件系统是由中国所独有的吗?如果不是中国所独有的,那么由此推导出的中国的思维方式是否准确呢?事实上,早已有研究者从此角度提出过质疑。[①] 雷德侯也坦然承认:"模件体系并非中国所独有:可资比较的现象也存在于其他的文化之中。然而,中国人在历史上很早就开始借助模件体系从事工作,且将其发展到了令人惊叹的先进水准。"[②]其他民族也存在同样的生产方式,但未曾达到同样的高度,从而或许便难以达到影响文化思维的地步。正如我国古代在《墨子》中也出现了形式逻辑,然而毕竟未曾成为漫长的文明史中的主流思维方式。出现某一现象与该现象大规模出现并不是一个概念,这一点很容易理解。而就中国而言,"确实,模件体系的发明看来完全合乎中国人的思维模式"[③]。我们的论证与案例也可从侧面证明他的论断。

而雷德侯最着力之处还在于通过"模件系统",最终对中西方"创造性"的问题提出自己的看法。在他看来,"声称以造化为师的中国人,向来不以通过复制进行生产为耻。他们并不像西方人那样,以绝对的眼光看待原物和复制品之间的差异"[④]。对于中国人而言,创新永远是基于传统之上的;而自由也是规则之内的有限自由。所谓"从心所欲不逾矩",建立在对于规则尺度的清晰把握上,是戴着镣铐的舞蹈。正如传统的诗词格律。他举出的波洛克的例子尤为有趣:"一个人观看波洛克(Jackson Pollock)作画,却不能准确记住自己前十秒钟见到了什么,也难以预知这位抽象艺术家下一步会做出些什么。有一些批评家宣称:现代的行为派画家们已感受到了与使用毛笔的东亚艺术家的契合之处,且指望以此获得灵感与合理性。如此的宣言者若

---

① 王菡薇:《模件化与整体特质——两种当代欧洲中国书法史研究的考察》,《江苏社会科学》2016 年第 4 期。
②③ 雷德侯:《万物:中国艺术中的模件化和规模化生产》,张总等译,生活·读书·新知三联书店 2012 年版,第 6 页。
④ 同上,第 11 页。

非惘然无知,就是不愿承认中国的书法家们由始至终都需要严格的训练。"①这里值得注意之处是,波洛克或引文里的批评家将"自由"或"创造"理解为完全的不可控,且以为这是东方式的"自由"。事实上,东方式的"自由"是庖丁解牛式的自由,是艰难训练后的"唯手熟耳"。其背后是对于整体的清晰把握和范式的精确掌控,而那溢出的一点点才是自由与创造。"运笔挥毫的潇洒自如进而受到一个悖论的限制,那就是书法必须在艰苦的训练下缓慢地写成。"②这一矛盾正说明了中国艺术创造在规约与自由之间的张力。而此处的论述体现了双方对于自由、创造的不同理解。在西方,或许更多时候创造被理解为不可控的、激越的破坏性行为;而中国的创造性行为其潇洒自如的背后更多的是对范式的熟练把握。

"看起来西方人好奇的传统根深蒂固,热衷于指明突变与变化发生的所在。他们的意图似乎在于学会缩短创造的过程并使之更加便捷。在艺术中,这种勃勃雄心可能造成一种结果,那便是习惯性地要求每一位艺术家及每一件作品都能标新立异。创造力被狭隘地定向于革新。而另一方面,中国的艺术家们从未失去这样的眼光:大批量的制成作品也可以证实创造力。他们相信,正如在自然界一样,万物蕴藏玄机,变化自将涌出。"③这段话清晰地概括了双方创造性观念之不同。值得注意的一点在于,文中暗暗指出,西方的艺术品求的是"新",是变化,是未有之物。而中国的艺术事实上并不以此为要,而是试图表现万物的"玄机",正如我们开头所指出的,在于表现整体性、表现"道"。前者更多的是一种技法、技术上的突破,后者则着力于一种哲学意义上的成功。在雷德侯对波洛克的引用以及对于中西双方创造性的引文中,不难看出,雷德侯隐隐然有一种对西方创造性进行批判的意味,似乎在暗指这种一味求新求变的创造性真的没有问题吗?而看《万物》的前言我们不难从雷德侯的写作时间、问题意识中寻找到端倪:雷德侯自述了幼年时用以玩耍的拼图游戏,而这一游戏来自中国。当他再次回想起这一问题时是在 1960 年代,当时他与瓦迪姆·叶利塞耶夫(Vadime Elisseeff)一起从事研究,后者是中国青铜器研究

---

① 雷德侯:《万物:中国艺术中的模件化和规模化生产》,张总等译,生活·读书·新知三联书店 2012 年版,第 261 页。

② 同上,第 262 页。

③ 同上,第 11 页。

专家,并向雷德侯强调了中国青铜器的要点:"中国人首先规定基本要素,而后通过摆弄、拼合这些小部件,从而创造了艺术作品。"①后来作者又与著名艺术史论家欧内斯特·贡布里希(Ernst Gombrich)讨论过这一问题,贡布里希表示完全清楚他的意思,并建议他采用英文词"module"作为德文词 Versatzstcüke(大约为移换道具之意)的对应英译。② 这段话透露出几个非常重要的信息:一,至少在上世纪 60 年代,中国艺术中此种利用模件构建产品的现象已经被业内相关学者所明了,但或许更多地集中于某个方向的研究,如青铜器、书法等。二,1960 年代在西方艺术史上是一个非常重要的时期,新的艺术流派不断崛起,抽象表现主义开始出现在历史舞台上,波洛克正是其代表人物(这大概可以理解为何书中会以波洛克作为一个重要参照)。而诸种流动不居的艺术范式的转换,让人兴奋、迷惑甚至恐慌,大概雷德侯正是基于这样的观察来对西方艺术的创造性进行反思。而大概也正是在这种背景之下,中国艺术的创造性成了对西方当代艺术创造性进行反思的思想抓手。

当然,也有研究者指出,雷德侯分析的更多的是中国"工艺",然而在副标题中以"艺术"做题目,是否合适?③ 这一点确实有其道理。但雷德侯并没有错。中国传统艺术不仅仅是利用模件体系生产,而是以此为基础,并试图通过"再模件化"的过程实现对模件体系的超越。这一点恰恰是中国文化最提倡的,也是最能体现中国文化精神之处。能否实现这一转换,正是"匠"与"艺"的区别,"富于个性的艺术手法,正是文人画家的作品区别于工匠的特质所在:在不断变化的细节描绘中发挥无穷无尽的创造热情"④。但反过来讲,这一体系又给二者提供了交流渠道。正如《庄子》中的悟道者往往是木匠、屠夫。而以"艺术"为题,恰恰说明了那溢出体系的创造性与整个体系的纠缠:"对于中国的文人画家而言,模件体系与个人特性,竟是一枚硬币的正反两面。

---

① 雷德侯:《万物:中国艺术中的模件化和规模化生产》,张总等译,生活·读书·新知三联书店 2012 年版,第 2 页。
② 同上,第 2—3 页。
③ 王菡薇:《模件化与整体特质——两种当代欧洲中国书法史研究的考察》,《江苏社会科学》2016 年第 4 期。
④ 雷德侯:《万物:中国艺术中的模件化和规模化生产》,张总等译,生活·读书·新知三联书店 2012 年版,第 280 页。

这枚硬币的名字便是创造力。"①

结语

  归结起来看,模件系统在古代中国是一种较为普遍的生产方式,而这种生产方式与中国思维中对整体性、关联性的追求有关。这有别于西方的分析性思维,有助于更为全面地把握事物。而通过对"现成物"的"再模件化",可实现视角的转化,将之置于语境关联中,重新视为创作的质料。这一过程能够在系统中实现个体的自由并形成对系统的反抗,进而使得"模件体系"能够成为一种稳定的创新机制。从这一视角出发,我们可以反思西方工业革命后出现的文化工业现象及其理论。在中国传统艺术实践中,这种对于系统的局部改造被视为创造性的体现,其哲学根源在于试图通过有限的艺术符号来表现无限的道。如此,有别于西方求变、求新的创造性观念。这一点固然可以令作为西方人的雷德侯欣赏,但对身处中国传统文化中的我们而言,或许是值得反思的。当古典中国的"模件体系"一旦成为一个在很大程度上能够"自给自足"的庞大系统时,它只需要通过微小的改进便足以解决问题并产生新产品(还是在既有框架下的新产品)时,这必然会带来一个问题,即对于激烈的"西方式创造性"的抗拒。这种行为乃至行为方式自然降低了单次解决问题的成本,但长久以后也会造成整个体系的僵化。这个时候一种提倡"破坏性"的西方式创新精神对我们而言就显得弥足珍贵了。

【本文受国家社科基金重大项目"20世纪西方文论中的中国问题研究"(16ZDA194)资助】

(作者单位:湘潭大学文学与新闻学院)
学术编辑:刘　卓

---

① 雷德侯:《万物:中国艺术中的模件化和规模化生产》,张总等译,生活·读书·新知三联书店2012年版,第280页。

阅读与评论

读杜威《艺术即经验》(七)

高建平

1. 如何为艺术分类？这个问题与对艺术本质的认识有着密切的关系。此前的艺术分类，大都强调艺术的物质性。我们区分视觉的、听觉的，以及语言符号的艺术，就是将艺术依照媒介的特点分为三种类型，此后再由这三种类型进一步分化和综合，形成了各种类型的艺术。也有人从空间与时间来对艺术作区分，实际上也是着眼于艺术媒介的特点。杜威所做的，是将艺术与人的活动联系起来。

2. 在这一章的第一句，杜威说："艺术是一种做与所做之物的性质。"①这句话看上去令人费解，其实很关键。当一个事物摆在面前，我们会习惯地就事物本身物质特性来对它进行分类和分析，然而如果在我们面前的是艺术品的话，这种做法会带来误导。艺术与人的活动联系在一起，是关于人的活动及这种活动结果的性质。

3. 艺术是这种活动实施的过程中出现的某种性质，同时也是从活动的角度来考虑的物的性质。不仅如此，由于这些活动，作为活动结果的物，还可以加上对这种活动的感知，感知物之时返回到活动和激发相似的活动，这些性质都可称为艺术。与这种活动相联系，就有了艺术作品。反之，如果没有这种与活动的联系，光从物的角度看，它们只是艺术产品而已。

4. 从这个意义上讲，"物"是为"我"而存在的。这不是说，存在就是被感知；而是说，存在是"我"存在于其中，这就是"大自然仅仅存在于我们的生活里"②的意思。

5. 杜威还特别指出：这时，艺术与其说具有名词的性质，还不如说具有形容词的性质。这样，当我们说一物是艺术品时，我们是取名词化的形容词的用法。

---

①② 杜威：《艺术即经验》，高建平译，商务印书馆2010年版，第248页。

6. 对艺术的分类,不能像动物的分类一样,按照其固有的属性来区分。艺术的生命活动之流中的变异,但它也依活动的对象和媒介而确定。如果只是内在的活动,就无法分类。生命的活动本身无法进行分类,而只有在生命活动碰到不同的材料,使用不同的媒介时,活动才能被区分开来。打羽毛球与踢足球不同,不在于活动本身的区分,而在于用不同的球,在不同的场地,遵循不同的规则而活动。石匠、木匠、铁匠各不相同,也不在于活动本身,而在于用不同的工具,作用于不同的材料,做成不同产品。

7. 事物的性质本身无法离开事物而进行分类。性质总是事物的性质,依赖事物而存在。当我们说红、黄、绿、蓝等各种颜色,只是抽象的对色彩总的命名。实际上,人们所感受到的,只是某次接触到某物时所感受到的色彩。我们说玫瑰红、桃红、枫叶红,这是存在于经验中的红,离开了这些,没有一种抽象的红。所谓的颜色,总是某物的颜色。由此推广,所谓的性质,总是人们所感到的某物的性质。对此,杜威说:"这是因为红总是那个经验材料的红"[①],说的就是这个意思。

8. 其实,还不仅如此。色彩还是在某种光线下的色彩。同样的事物,在不同的光线的照耀下,也呈现出不同的色彩。因此,"红还是那个经验材料在那个光线的照耀下的红"。

9. 这里呈现出逻辑学与艺术的区别。逻辑学寻找一般,在谈到颜色时,倾向于将之抽象化,表示一般性的红色。艺术则寻找个别,此红色不等于彼红色。杜威甚至认为,在画家的笔下,"不存在两片完全一样的红色"[②]。

10. 语言都是一般化的。"红"这个词不能穷尽各种红色。像杜威所说的那样,列出物质的列表说明玫瑰红、桃红、枫叶红,或者落日红,等等;但即使如此,也不能穷尽人的眼睛所看到的颜色。早晨、中午、黄昏时分的枫叶也各不相同。面对自然呈现给人的多种面貌,语言无法描绘。言不尽意、词汇贫乏,说的就是如此。但是,这不是要否定语言,说语言面对复杂多样的人对自然的经验时无能为力。实际上,语言起的是另外一种作用,这就是操作性。语言不是在复制经验,而是指示在经验中的人如何操作。从这个意义上讲,语言服务于理性的和科学的目的。

---

①② 杜威:《艺术即经验》,高建平译,商务印书馆2010年版,第249页。

11. 然而,语言还有另一种作用:这就是召唤有活力的反应。由此,语言不仅是理性的,也是感性的。语言不只是描述事实,而本身就是一种操作性的。这种操作性,可以是指示人们去做什么,还可以是通过语言使人产生什么感觉、感受和情感。

12. 杜威引用了豪斯曼的诗,说诗"更是身体的,而不是理智的"。① 这句话有意思,但不一定对。如果说诗是"身体的",那就与理智无关了。杜威的意思是诗不能成为一件事物,而是"该事物呈现的符号"。② 诗是理智的超越,而不是理智的否定。超越理智的意思是,将理智的因素吸收进了"通过属于生命体的感官而被经验到的直接的性质之中"。③ 对于今天的身体美学盛行之时,这一点非常重要。杜威重视身体和感性,但是这种身体和感性是将理智因素吸收在内的,而不是对理智的否定。

13. "定义"有两种:一种是为定义而定义,即定义成为目的本身,这是一种坏的定义;另一种是将定义作为工具,这是好的定义。这种好的定义,能给我们指出方向,迅捷地获得经验。例如,物理学和化学的定义,向我们指出事物如何造成,使我们能预见事物的出现,检验它们的存在。文学艺术的定义,常常缺乏这一点,陷入为定义而定义的状态。这些定义努力去找事物的"本质",从而属于旧哲学的形而上学。

14. 定义是难的。要获得一个排它性定义,即严格的,将从属于一个类别的内容放进去,将其他的东西区分开,这样的定义很难获得。杜威甚至说,这只是错觉,是不可能的。事物多种多样,无法下定义。但是,如果换一个思路,就可以发现,定义是有用的。或者反过来说,我们有一些或多或少有用的定义。所谓的"有用",是指它将注意力指向连续表述的过程之中的重要的倾向。我们将事物分类,通过分类来思考,这都是由于这么做"有用"。

15. 对艺术进行精确而系统的分类,这是许多人进行研究的目的,这其实是不适当的。詹姆斯说,对总是处于融合和变化着的情感进行分类,是一件枯燥无味的事,对艺术进行精确的分类也是如此。人们常常对艺术进行列举性的分类,说明存在着各种艺术的门类。但

---

①② 杜威:《艺术即经验》,高建平译,商务印书馆2010年版,第250页。
③ 同上,第250—251页。

艺术的价值存在于单个的艺术品之中,而不是存在于这种类之中。欣赏艺术,所欣赏的只能是单个的艺术品,而不是类。只有关注单个的艺术品,注意力才能放在审美上的重要之处,否则就会产生误导。

16. 流行的依照感觉器官对艺术所进行的分类,存在着一定的局限性。康德将艺术材料限制在"高等的"理性感官,即眼与耳之中。但是,人的感觉器官是人整体活动的前哨而已。就像哨兵不等于整个军队一样,视觉、听觉的感觉器官不等于人的感知整体。

17. 以诗这种体裁为例,诗原本是听觉艺术,吟游诗人唱,观众听,诉诸的是耳朵。后来有了书写和印刷术,诗成为可读的艺术。在一些印刷品中,诗的排版、插图,都与诗歌的阅读有关。由此,诗转化为了视觉艺术。这并不等于说,诗在发展过程中从一类转为另一类。

18. 将艺术分为空间艺术和时间艺术,也是外在的分类,只是说明其外在的形式。这种分类对理解艺术的审美内容没有什么作用,不能指导人们去看,去听,去欣赏。空间艺术中也有节奏,时间艺术也有知觉性,这些原本各种艺术所共有的艺术性,被空间与时间,被视觉与听觉隔裂开来了。

19. 视觉印象的同时性,实际上也包括了时间性。我们并非瞬间把握审美对象的全部细节。知觉的形成实际上具有时间性。我们可以一眼就看到鲁昂大教堂,但真正对它的知觉,依赖于我们在它前面走来走去,进进出出,将各种对它的感受转化为知觉。因此,知觉是具有总体性的,包含了各种感觉器官的综合作用。

20. 作为一个物质产品,它就放在那里,但我们不能将之等同于审美对象。审美对象是我们在知觉中将之当作对象,它包括一次又一次的知觉,看了再看,知觉的经验实现了累积。一件艺术品具有无穷尽性,就是指每一次看,都有新的发现,都实现知觉的积累。观看成为一个过程。一个无时间性的物,作为审美对象时,就有了时间性。

21. 瞬间知觉是不可能的。瞬间的知觉只是部分感知后用想象来补充。所补充的,只是知觉者的大脑的产物,而不是对审美对象的经验。这种知觉就缺乏累积性的相互作用的持续展开过程。如果我们对事物看一眼就知道,所知道的只是我们自己用想象所补充的东西。如果我们对艺术品,只是随意一瞥,也不能进入对艺术品的欣赏之中。

22. 以上的论述,说明空间中有时间,时间中有空间,将艺术区分为空间艺术与时间艺术,要看到这种区分的局限性。下面要说的,是另一种区分,即再现艺术与非再现艺术。一般说来,建筑和音乐不是再现艺术。这种区分所带来的二元主义也需要超越。亚里士多德在谈音乐时,认为音乐具有再现性。这不是指音乐在模仿自然界的声音,而是指音乐表现了情感,从而重现了情感印象。通过声音,重现了人在生活中所遇到的喜怒哀乐。同样的情况也出现在建筑之中。是否再现,要看如何理解再现。建筑并不模仿外在世界的形状,人们一般并不让建筑模仿山峰、大树、巨石的形状。但是,它们要使用和再现自然的重力、压力、推力,它们还通过表现人们集体生活的价值,再现了人们建造这些建筑的需求。建筑是服务于人们的需要的,这正是建筑所要再现出来的东西。教堂、宫殿、城堡、民居、会场、市政厅,各有各的需求,建筑要服务于这些需求。在中国也是如此,宫殿、官邸、民居,客家人的围屋、土楼、碉楼,等等。产生这种形制的房屋都有实际的需要。这是对建筑构成制约的因素。在这些因素的基础之上,才出现对各种自然的形式和几何形式的运用。

23. 这种对再现与非再现的区分,还会破坏艺术间本来就有的历史联系。例如,绘画、雕塑和建筑,原本是联系一起的,只是后来,作为建筑中的装饰物的雕塑,作为建筑里的墙壁上的图画才获得独立的要求。同样,音乐与歌唱联系在一起,服务于各种事件:生老病死,婚丧嫁娶,祭祀战争,饮宴娱乐,等等。每种艺术都有着自己的媒介,更加充分利用这种媒介,从而使这门艺术获得独立,这本身也表明,再现与非再现,并不是一门艺术追求的目标。

24. 不仅艺术的分类是如此,美的分类也是如此。关于美的种类,例如崇高、奇异、悲剧性、喜剧性、诗意,等等。这些都具有形容词性,是一种"向着某一限制的运动被感受到的性质"[①]。其实,这种性质是无所不在的,存在的只是程度而已。一段天气预报不是诗,但是,连缀在一道的地理名词的朗读,也能具有诗意。中国相声中,有演员能一口气报出许多地名、菜名、历史人物名,也能使人发笑,形成受人赞赏的表演,说的也是这个道理。

25. 所有的美的种类,也都是用某一个概念对多样的现实生活现象的约束。举例说,笑,有各种各样的笑:欢愉时笑,得意时笑,轻蔑

[①] 杜威:《艺术即经验》,高建平译,商务印书馆2010年版,第260页。

的笑,窘迫的笑。或者像人们所说的,愉悦时的微笑,兴奋时的大笑,冷笑、奸笑、怪笑、坏笑,等等。再多的词也无法穷尽经验的丰富性,而只是对经验的有限的描述而已。

26. 反对依据材料和媒介来分类的最后一个理由,是这种分类不可避免地形成评价标准。合乎分类,就是好作品,而不合乎分类,就被排除在外。新的文学艺术创作,如果超越这种分类的话,就会被当作异端而排斥,绝大多数的艺术家就会为了保险起见而不敢越雷池一步,不利于艺术上的创新。

27. 当然,分类并不是不可能。媒介很重要,每种艺术都要有适合自己的媒介,而媒介就会成为分类的依据。但是,正像我们能够区分在连续光谱中不同的颜色,但同时要承认,光谱是连续的,我们无法说出一种颜色结束而另一种颜色开始的准确位置。同样,声音也是如此。

28. 从表现媒介的立场看,还有一种对艺术的区分,即自动的与造型的艺术的区分。所谓自动的艺术,是指以艺术家的身体组织,即精神-肉体为媒介的艺术。它包括舞蹈、唱歌、传奇讲述,甚至包括纹身、运动员肌肉展示、社交场合中人的风姿,等等。所谓造型的,是指利用身体以外的材料为媒介的艺术。绘画、雕塑、建筑属于这一类。这一类在过去由于与劳作联系起来,因而在古代社会不被重视,被看成是工匠的工作,而不是自由的艺术。在现代社会,由于这些艺术的产品能永久地存在,有更大的受众面,因而更受重视。

29. 对于这种区分,杜威同样加以反对。他认为,那些技术性艺术门类的艺术产生也带入自发与自动的艺术,它们的美是由这种人的自发与自动的活动的程度所决定的。机器操作不能带来美,而个人的身体运动进入材料的改造之中时,就产生了美。美是在人的身体运动推动下形成的。

30. 这种"自动的"与"造型的"之分,或者说是人的身体的与外在机械的之分,其实也在相互作用。讲话如果配上节奏和乐器,讲话内容和形式都会改变。同样,印刷术深刻地改变了文学,使它从听的文学变成了阅读的文学。原来口头的文学得到整理,为了书写和印刷而将原来散乱的口头材料进行删节、精炼、组织,从而有利于传播。

31. 材料与媒介不同。材料是外在的,当材料成为表现的器官时,就成了媒介。每一件艺术品的创作过程,都是一个将材料化为媒介的过程。所谓艺术，就是这样一种活动及其完成后的结果。

32. 前面讲述了各门艺术之间的绝对区分是错误的，它们之间有着相互性。同时，那种将所有的艺术熔铸到一起的做法也是错误的。这里就对克罗齐的那种艺术不可分类，作出了批判。杜威这里没有提到克罗齐，而是提到了"一种对佩特的阐释"，即"艺术都总是趋向于音乐的状态"①。他不是说佩特说错了什么，而是说一些批评家在阐释佩特时，强调了错误方面。佩特说，每一种艺术都在转入某种其他的状态之中，这一点是正确的。但是，将音乐看成是艺术的终结状态，并且认为只有在音乐中，才最完善地实现了形式与内容的完美结合，仍是用一元的思想来统一各种艺术门类。

33. 每一门艺术都只是强调性地，而不是排他性地表现了某种性质。不同艺术门类之间有着相互联系，有着从一种媒介向另一种媒介发展的趋向，但是，艺术的门类区分还是存在的，那种艺术不可分类的思想是错误的。

34. 例如，建筑的媒介是相对生糙的自然物及其能量。它所使用的是自然的材料，但扭曲这些材料以适应人类的欲望。所有的"造型"艺术都是如此。只是绘画、雕塑所使用的材料有限，而建筑则使用各种各样的材料。同样，建筑也使用自然的能量，例如压力和张力、冲击与反击、重力、光线、内聚力等等，在这方面的使用，是远远高于其他艺术的。建筑所表现的，是存在的稳定性与耐久性。

35. 建筑的这些特点，与它们的审美特性联系在一起。建筑具有实用性，对人的生活具有意义，这包括给人以居住和活动的空间，从而显示人的生活的价值。那种持美就是无功利的观点的人，是不能理解建筑之美的。建筑固然有炫耀权力、显示政府的权力和权威，家庭关系中的长幼有序，等等的作用，在今天，也以楼层超高、形状奇特的建筑，及位于险要之地或跨江跨海的桥梁，形成建筑奇观。这些具有实用作用的建筑与审美之间并非完全绝缘。正好相反，材料和人的目的都会有机地进入建筑结构之中，其本身也形成审美价值。那种看到所建成的建筑和设施有用，就将之排除出审美对象之外，是奇怪的想法。建一个房子不能住人，建一座桥不能通行，造一架飞机飞不上天，由于它们不能用，就会成为审美对象，这种想法的可笑性显而易见。我们

---

① 杜威：《艺术即经验》，高建平译，商务印书馆2010年版，第266页。

正是由于人所建造的一些事物功用强大,而对之产生美感。只是,美感不能等于最直接的实用,还有其他丰富的内容。

36. 对建筑的欣赏,包括两方面的内容,建造的工艺、技术能力,巧妙的设计和构思,以及由此形成的建筑结构,是一个方面,但光有这方面还是不行,其中还要有"人"。人在建筑中的活动,人的欲望、情感、信仰在建筑中的凝聚,建筑与自然的亲和度,建筑的历史感,这些附加在物质性的建筑之上,成为审美价值的有机构成因素。

37. 雕塑与建筑一方面似乎具有不可分离性。雕塑存在于背景之中,它或者在一所房子之中或之上,或者在房子之前,也可能是在公园中,在马路的拐角处。雕塑总是放在让人们去看的地方,在观看时当然也感受到其周边的环境。一座雕塑搬动了地方,人们对它的感受也会不同。希腊雕塑大多是神像,是放在高处让人仰视的,现在放在博物馆里供人平视,就不能出那样的效果。当然,如果放高一点,使参观博物馆的人去仰视它们,也许会好一点,但也达不到原来的效果。原来是放在神庙里的。埃尔金大理石群雕放在极高的帕台农神庙的山墙上。我们在大英博物馆里看到它,效果完全变了。

38. 然而,从另一方面看,雕塑也有着自己的独立性。雕塑比建筑更强调记录和纪念性的一面。建筑虽然也有记录和纪念性,但建筑更强调它对人的生活的直接实用性。雕像具有纪念性,纪念一个人、一段历史,从而传达一种精神,也致力于对时间的超越,从而获得永久性或不朽性。雕塑与建筑还有一点不同。雕塑和建筑都致力于表现统一性,但建筑的统一性由多种材料和因素构成,雕塑则不同,一般说来,雕塑用同一种材料。

39. 建筑必须与它所参与的人的事务联系在一起。那种建筑是"凝固的音乐"的说法,只是说了建筑的动态结构,而不是建筑的内容效果。建筑是集体性的,建筑供人居住或在其中活动。在教堂、官邸、剧院和博物馆,人所参与的活动,是与建筑的意义联系在一起的。因此,我们不能离开这一切来将建筑抽象地,只就其形式来观赏。"凝固的音乐"的说法的问题就在于此,它将建筑抽象化了。

40. 雕塑与建筑不同。雕塑所表现的情感,是个性化的,同时又是长久性的。文学和音乐所能够表现的瞬间的、变动中的情感,并不适合雕塑去表现。雕塑,无论是神像、人像,还是某个带有场景性的群雕,都表现某种固定的、具有长久性的情感。雕塑会有自己的限制,要去除许多不适合雕塑来表现的琐碎的生活事件及其相伴的情感，也要去除那种转瞬即逝的模糊朦胧的情感。雕塑放在一个地方，是要强化人们对某事某人的记忆，而将此事此人在此地得到突出的强调。

41. 其实，在中国佛教造像也是如此。主佛要庄严慈悲，罗汉要个性突出，但都要具有典型性。如果说，对艺术典型性的要求，对有些艺术门类不太适用的话，那么，对雕塑来说，是明显适用的。

42. 雕塑也表现运动，例如《带翅膀的胜利女神》表现向上运动的姿态，但是，雕塑所表现的，只是暗示运动，就其本身而言，仍是中止。雕塑所适合表现的情感，是"结束、凝重、休止、对称与平静"①。

43. 不仅如此，杜威还对希腊雕像作出了一个评价，即理想化倾向。在希腊雕塑家那里，这没有问题。希腊雕塑家适应当时的环境，使这些艺术本身很精彩，但是，对后世来说，就是一个很沉重的负担。学习这种风格，会造成浮华而浅薄，成为理想观念的图解。

44. 光在艺术中所起的作用，是由于绘画的发展而受到重视的。雕塑也重视光，古希腊雕塑还着色，就是要利用光的作用，但是，只是由于绘画的出现，才有了景象或景观。景观是活的存在物通过眼睛与光线的相互作用产生的。不仅绘画，诗歌、散文和戏剧也能达到一种生动如画的效果。意象派诗歌也提供如在目前的效果。然而，绘画本身主要的功能就是提供图像，就像文学要讲故事一样。超出了这种效果，是一种对媒介自身的超越。

45. 在谈到绘画时，很难离开对象来谈论。当然，这不是仅仅说画得像与不像，而是说，绘画离不开对象。绘画提供一个景观，这个景观要简单而连贯，有对过去的总结和未来的揭示。绘画是对对象的阐释，自然的景象可以有多方面的呈现，而绘画上每一个重要的进步，都体现在视觉可能性的发现和利用上，例如荷兰绘画揭示室内画中家具的陈设及其间的透视关系，塞尚揭示一种动态的结构，由不稳定的部分的恰当的适应构成整体的稳定性。

46. 关于音乐的本质，与建筑同样，杜威不愿秉持纯形式的立场。他认为："耳朵是以视觉与触觉行动所提供的背景为当然事实，使我们

---

① 杜威：《艺术即经验》，高建平译，商务印书馆2010年版，第272页。

将变化当作变化来认识。"①这是一种将音乐与视觉、触觉联系起来的立场。他认为,"声音永远是效果"②,是各种自然力的效果。因此,音乐所表现的,是"震惊与不稳定,冲突与解决",是"紧张与斗争具有其能量的聚集与释放,其攻与防,其强有力的战斗与和平地相遇,其抵抗与解决,音乐用这一切来织它的网"③。这种观点是在表明,音乐是在表现,表现生活的一个侧面,而绝不是一种抽象的运动,不是一种纯逻辑的结构。

47. 同时,音乐也与雕塑正相对立。雕塑表现"持续、稳定与普遍",而音乐则表现"激动不安、运动、存在的特殊性与偶然性"④。

48. 声音与图像相比,对人更具有直接性。杜威引入对动物和原始人的听觉能力来思考,说明声音与人的关系的紧密性。对于动物和原始人来说,听到声音,或者行动时不发出声音,是性命攸关的。听觉与视觉不同之处在于,看到某种东西,会激发我们的好奇心,而听到某种声音,会使我们跳起来,有直接的反应。由此,视觉有一定程度的间接性,依赖于阐释,而听觉更具有直接的生理性特征。

49. 亚里士多德将视觉与听觉说成是理智的感官。其实,听觉分两种,与言语相联系的听觉理智程度高。语言的体系与交流的惯例性带来了很高的理智性。人们用语言来思考,在很大程度上是用声音来思考。但另一方面,声音又具有直接性,这源于声音对人的直接效果。

50. 音乐的感染力,可以是直接的,流行音乐的音乐会使人发狂。但是,一些高雅的音乐,只有受过特殊训练的人才能听得懂。同样是音乐,可以是最低的使人产生生理反应的声音,也可以是最高的使人产生理智反应的声音。前者是最具有实践性的,直接作用于感官,后者是形式性的,离实践性的关注最为遥远。

51. 关于文学,我们今天所熟悉的是印刷品,但它的原初形式还是声音,只是它与音乐不同,是作为声音的语言。人在生活中,到处都在使用语言,有感叹和惊讶的词,也有命令祈使的词。这些都是语言。语言是文学的素材,正是由于这个原因,文学中有一种不同于其他艺术的理智的力量,也有一种近似于建筑的集体性。

---

①② 杜威:《艺术即经验》,高建平译,商务印书馆2010年版,第274页。
③④ 同上,第275页。

52. 莫里哀笔下的人物不知道他一生都在说散文,我们也是如此,只要张口说话,与人交流,就在从事一门艺术。这种与生活的联系是文学发展的取之不尽用之不竭的源泉。文学从属于"美的艺术",这给文学带来了自身的传统,也带来了陈规旧习。与日常语言的接触,是它在审美上得到更新的动力源。文学史上的例子一再证明,文学发展到一定的程度就会僵化,要不断地从日常语言吸取营养,使文学得到更新。

53. 语言中体现了意义和价值的连续性。这是语言能够被理解的基础。科学家们努力用通行的语言表述自己,文学家的语言也是可以理解的,甚至老祖母所讲的"很久很久以前"的故事,也在传达意义和价值。

54. 诗歌与散文之间没有截然的区分,但从程度上看,是可以区分的。诗歌语言精炼,每一个词都具有表现力。诗歌追求表现力,其中每一个词都具有想象力。散文也具有这种性质,但受到日常生活的磨损。它的那种在日常生活的磨损之前的想象力,就是语言的诗意。语言所描绘的,不仅有当下的现实,也有理想。

55. 无论是音乐,还是绘画,都具有直接性。如果它们离现实太远,就显得软弱无力。文学则不同,由于它带有观念性和想象性,允许更多的理想化的内容。或者用杜威的话说:"只是通过语言,这些事物与事件才有了一种处于严酷的存在之流之上的本性。"①我们通过语言,对情境和人物的一般性有了深层的了解,从而到达事物的"本性"。

56. 最后,回到这个问题来,杜威强调了媒介的意义。艺术不能离开媒介,那种艺术表现不依赖媒介的观点是错误的。每一种媒介都拥有自己的力量,从而具有独特的特点。媒介是现成的事实,对于各个门类的艺术来说,这是所遇到的事实,要利用它,也受到它的限制。

57. 艺术的本质还在于"交流"。"交流"不是"宣布",而是创造参与的过程,是将原本孤立与独特的东西拿出来共享的过程。这是一种参与,即将意义提供到说话者的经验之中,实现经验的分享。

58. 从这个意义上讲,文学高于其他艺术之处在于,文学通过交

---

① 杜威:《艺术即经验》,高建平译,商务印书馆2010年版,第283页。

流而形成了意义与善的参与。文学是在交流中形成的,而艺术则是提供事实和事件,期待交流的实现。

(作者单位：深圳大学美学与文艺批评研究院)

学术编辑：张 冰

沃尔夫冈·韦尔施：《超越美学的美学》

陈 敏

《超越美学的美学》是高建平先生主持的"新时代美学译丛"著作之一。丛书的"总序"写道,通过译介与我们生活在同一时代的国外美学家的著作,吸取国外同行的思想,从而更多地思考自身,建立既是当代的,又是中国的美学。① 本书收录了德国美学家沃尔夫冈·韦尔施(Wolfgang Welsch)近二十年的一些重要美学论文,这些文章围绕"超越美学的美学"这一主旨,讲述传统美学如何面向当代的艺术实践与生活实践,探索美学的新出路。书中讨论了传统美学被超越以后美学怎么办、非定形绘画的回归"感性"之美学意义、认识论的审美化、艺术中的一种超越人类中心主义的趋向、艺术与哲学的关系、审美与非审美之间的辩证逻辑、电子媒介世界及其影响、体育与美学、建筑与美学、当代艺术和文化因以娱乐为准则而堕落等一系列的问题,并提出了自己的设想。

本书作者沃尔夫冈·韦尔施是德国耶拿大学退休哲学教授,当代德国美学界乃至国际美学界最重要的美学家之一。他的主要研究领域涉及美学和艺术理论、认识论、人类学、文化哲学、亚里士多德和黑格尔,在最近的研究中他又提出了进化论的美学观点。出于对德国美学的历史与现状的反思,与对德国美学未来走向的关切,自 20 世纪 80 年代起,韦尔施推出了自己的美学构想,呼吁美学应当突破自闭于艺术哲学的陈旧格局,拓展研究领域,向感性活动领域全面开放。在这一思路的指引下,他陆续提出了"认识论的审美化""审美与非审美""横向理性"等一系列理论命题,并注重理论与实践的结合,对日常生活审美化等当今时代的美学问题进行了探讨和分析。在他的众多著

---

① 沃尔夫冈·韦尔施:《超越美学的美学》,高建平等编译,河南大学出版社 2019 年版,"总序"。

作中,《重构美学》①和《我们的后现代的现代》②已有中译本,在国内引起了较大反响。

本书收入的十一篇论文,出自韦尔施在国际美学大会上的一系列重要演讲,和一些重要的学术论文,其中一半以上是首次被译成中文。这些文章均围绕"超越美学的美学"这一核心主题,涵盖的内容可大致分为以下五个彼此紧密相关的话题。

第一个话题,是美学的超越与回归。一如书名所显示的,"超越美学的美学"是全书的主旨,第二篇文章《超越美学的美学》可视为统领全书的文章。本书的书名 Undoing Aesthetics,曾被译为"重构美学"③,这是符合原意的。本书采用"超越美学的美学"的译法,突出了"超越"二字,也指明超越美学之后仍是美学,由此引出的问题是:超越什么?为何超越?如何超越?超越后如何?韦尔施在书中一一作了回答。

在韦尔施看来,所要超越的是以艺术为核心的美学理解。韦尔施指出,传统将美学界定为"艺术哲学","传统美学的核心问题之一是它甚至没有履行其职责。它不能公正地对待艺术作品的特性。美学的目的被转向了普世性的、恒久的艺术概念的建立"。④ 传统美学预设了一种单一的艺术本质,对这一普世的艺术本质进行分析,而不把详细研究单个艺术作品视为必需,如谢林就宣称艺术的哲学仅须处理"这般的艺术"以及"绝非经验的艺术"。⑤ 然而这一传统策略早已遭到艺术家的反对。韦尔施认为,艺术本质一类的东西根本不存在。自限于艺术哲学的传统美学,所依赖的是对艺术这一概念的根本性误解。那么,如何对之进行超越?韦尔施主张以维特根斯坦意义上的"家族相似"(而不是所谓的本质同一性)来理解与对待艺术概念,从对艺术的单一概念式分析转向对艺术的不同类型、不同概念的考察。而更重要的,也是韦尔施该文中心观点的是:对美学进行重组,除了要求上述传统的美学框架即艺术学范畴内的范式变化以外,还须更进一步,超越这一传统框架——美学与艺术学的传统等式,把美学学科的边境扩

---

① 沃尔夫冈·韦尔施:《重构美学》,陆扬、张岩冰译,上海译文出版社 2002 年版。
② 沃尔夫冈·韦尔施:《我们的后现代的现代》,洪天富译,商务印书馆 2004 年版。
③ 陆扬、张岩冰所译《重构美学》一书的书名即是 Undoing Aesthetics。
④ 沃尔夫冈·韦尔施:《超越美学的美学》,高建平等编译,第 30—31 页。
⑤ 同上,第 31 页。

展至超越艺术的问题。韦尔施分析了这种拓展的两组理由。第一组理由关涉当下对现实的审美形塑,即全球审美化。今天我们生活在一个前所未有的对真实世界的审美化之中,修饰(embellishment)与造型(styling)随处可见。这为当代美学提出了新的问题与任务,也对传统美学产生了批评性作用:全球审美化所带来的后果并未如传统美学所期望的那样"完成我们在世间的任务,实现人类的终极幸福"[1],而是截然相反。传统美学对美进行全盘颂扬,阻止了我们考察审美化的负面影响。对美学的拓展的第二组理由,关涉当下对现实的理解,即当下存在着意象及审美模式的一种显在支配,这延伸到了我们对现实的基本理解。这体现在三个方面:其一是现实去真实化,即媒体影响了我们对现实的态度与理解,使得我们不再严肃地对待现实,或者不那么看重真相;其二是对感性的重构,即传统的"视觉优先"的感觉阶序被改变,听觉、触觉等其他感觉引起了新的关注;其三是非电子经验重新生效,即"电子的无所不在唤醒了对另一种在场的渴望:对此地此时(hic et nunc)的不可重复的在场的渴望"[2],带来了一种同时追求媒体魅力与非媒体的双重性。以上三方面也正是"超越美学的美学"的三个具体领域,构成了当代美学的重要问题。

  然而,超越艺术学之后又怎么可能是一种美学呢?对此,韦尔施诉诸"美学"一词本身就具有的超越艺术的含义:"aesthetics"一词的希腊语词根,在未具有任何艺术含义之前,通常意指感情与感觉的表达方式。然而,从一定程度上说,传统美学并未把感情与感觉作为主题,而是往往将自己限定于艺术学之内。事实上,"美学之父"鲍姆加登在设想美学这门新学科之时,旨在建立的是"感官认知的科学"。经康德、黑格尔和谢林等人,美学飞速地变得哲学化,开始被视为仅仅是艺术的哲学,这成为随后的若干世纪里人们对美学的支配性认识。尽管美学史中存在着一些逆趋势,却并未改变这一基本的学科格局。为说明为何美学学科应理解审美(the aesthetic)的所有维度与意义这一要求在概念上是正确的,为何一种真正综合性的美学在概念上是可能的,韦尔施借助了维特根斯坦的"家族相似"来处理"aesthetic"一词的多价性、丰富性:不同的意义可以通过"家族相似"彼此相连,而无须

---

[1] 沃尔夫冈·韦尔施:《超越美学的美学》,高建平等编译,第36页。
[2] 同上,第44页。

归于一个一元性本质,因此,"aesthetic"一词的不同含义之间的家族相似,提供了实现美学学科中的连贯性的思路。

那么,超越后如何?对美学的拓展有什么益处?除了有跨学科性和体制性的好处以外,韦尔施还有说服力地论证了,超越艺术哲学的美学反而是有益于艺术分析的。对美学这样的延伸所带来的学科的结构,韦尔施认为会是跨学科的。可以看出,韦尔施所说的"Undoing Aesthetics"并不是取消美学,而是要超越传统美学自闭于"艺术哲学"的狭窄范围,回归感性学,拓展美学的研究领域,将感知的方方面面全部囊括进来,诸如日常生活、科学、政治、艺术、伦理学,等等,予以美学更大的任务和使命。超越是为了回归。正是在这一指导思路下,本书展开了其他几个相关话题。

第二个话题,是感性。韦尔施挑战了传统的逻辑式的感性事物观念,呼吁一种真正的感性,认为感性的东西自身承载着并显示着意义的全部标志。在《在感觉的边界——非定形绘画(杜布菲)的美学视角》一文中,韦尔施以杜布菲的绘画为例,对非定形的造型艺术类型的特点及其在美学、哲学上的重要意义进行了分析。杜布菲的美学兴趣,是一种对不确定之物、对不显示明确的特定形式的东西、对无定形之物的兴趣。这类作品不是简单地定居于感觉的领域之中,而是跨越了感性的边界。韦尔施认为,这类作品构成了一种追问:对那种被我们视为意义的东西的状态和界限的追问。非定形绘画这种艺术方向的特点是:它不仅仅要破坏对象,而且还要破坏形式;它发出了身体的和敏感神经的吁求,这种吁求深入惯常感受的门槛之下,以微观的区分真正地将感性效价释放出来,并由此让那些作品对强烈的生命做出表达,这些生命超出了形式和简单规定性的界限。表面上,非定形绘画反对的是几何抽象和纯粹的形式主义,即反对康定斯基和蒙德里安式的绘画——他们将艺术置入确定性、清楚明了性、绝对的纯粹性和完整性等理性观念之下。但事实上,韦尔施指出,非定形绘画与其反对的"几何抽象和纯粹的形式主义"有着一个共同点:都是对感性特征的发掘和激活。二者的差异只不过在于:结构主义的标记是一种逻辑标记,而非定形绘画处处是在试图破坏感性之物的这一逻辑母体。因此非定形绘画真正反对的其实是那种传统的感性事物观念——这种观念的目光是彻头彻尾逻辑式的,它不是一种照亮感性事物的活动,而是一种以逻辑-理性方式为感性事物赋予结构和进行装备的活动。古典的哲学感性学（Aisthesiologie）正是如此被拟定的。在韦尔施看来:"西方哲学发展出了一种感性逻辑学（Aisthesio—logie），而非一种美学。"①杜布菲的活动的意义和重要性，就在于与这一传统及与之相伴而来的古典美学之基本状态的对立，"让造型艺术从其逻辑夹板中彻底解放出来，完成了向感性事物的前逻辑固有状态回归的一步"②。"杜布菲的作品意图夺取这个迄今为止被排挤的感性微观世界，按照其自身生命将其变成艺术表现的方法和对象。这些作品从那些惯常的、具有逻辑特点的感觉状态回归到更为原始的、内容更丰富的以及最内在的感性敏感性，这种敏感性是原本（eigentlich）的审美敏感性，就此而言，杜布菲和非定形绘画的作品应该被视为真正审美的……"③参照非定形绘画这类作品，韦尔施对感性事物几种主要特征进行了细致的勾勒，力图说明，从这些绘画出发去更精确地体验感性的东西，不仅会使我们窥见感性的东西是一种存在方式，而且会最终表明，感性的东西并非是意义的他者，而是在天然状态上就是与意义统一不可分的。"非定形绘画转向感性的真理"④，这种真正感性的对世界的经验，其实与前苏格拉底时期的哲学家还能把握到的那种古老的、前形而上学的真理形式，是很相似的。这种思想形式在西方被排挤到了边缘，但从未彻底消亡。

第三个话题，是认识论的审美化。在提倡美学回归感性学的基础上，韦尔施进一步提出了"认识论的审美化"这一命题。认识论的审美化并不等同于当今流行的那种美的或艺术的审美化，而是认为审美性是哲学的核心。第三篇文章《当代思想中的审美性基本特征》集中探讨了这一点。韦尔施从柏拉图将诗人驱逐出理想国，谈起哲学与审美性的关系。而后，按照标准语义学考察了"审美的"所包含的三种含义：艺术的、感性的和美而崇高的。然而，韦尔施指出，审美性的爆炸力并不存在于上述列表中，而是通过现代的动力，审美性成为一种具有潜在普遍性的类型。在向作为类型的审美性过度的过程中，关于审美性的首要谓词已经变为"诗""想象""虚构"和"表象"，等等，它们把审美性标记为存在方式。传统上，人们把审美性的存在方式视为一种

---

① 沃尔夫冈·韦尔施:《超越美学的美学》，高建平等编译，第 173 页。
② 同上，第 173 页。
③ 同上，第 174—175 页。
④ 同上，第 183 页。

个别的、次要的存在方式,但在现代,审美性出现了一种原则化和普遍化。认为现实不是某种给定之物,而是一种创作,这种唯心主义-浪漫主义观点,尤其助长了这种理解,尼采则是把审美性理解为一种既根本又总括性的存在方式的范式性作家。审美性的这种新式扩张也成了批判的焦点,例如哈贝马斯批判了尼采对审美性所做的普遍化及这一策略的后继形式。审美性概念如何变成了现实的和我们的认识的基本概念?韦尔施表达了一种猜测:现实和思想的根本性审美化其实从康德那里就开始了。康德在《纯粹理性批判》中将审美称为"先验"的,指出了审美性成分对我们的认识的基础性意义。其实,早在鲍姆加登对美学的最初规划中就已经含有认识诉求,他把美学定义为"感性认识的科学",其美学构想从一开始就是与知识相关的。康德所迈出的一步是"把鲍姆加登那里还是经验-人类学的对审美的嘉许理解为先验的"①。尼采在康德所奠定的基础上推进,尼采认为,现实在总体上(而不仅仅在其先验结构上)是被创造性地制造出来的,是通过虚构手段构造出的。"鲍姆加登开辟了道路,康德第一个在这条路上前进了一段,尼采则将其推向了极致。"②而在20世纪,认识论的审美化取得了成功,认识和现实具有一种根本的审美性这一意识已经渗透进所有科学之中,如自然科学的大量研究者承认科学的内核中含有审美要素。作者还援引了尼采、海德格尔,尤其是维特根斯坦——他发现了思维的一种审美式的基本状态——来说明这一点。韦尔施指出,柏拉图本人似乎就具有一种哲学与诗结合的特点。最后的结论是,美学不仅是认识论的一个分支,审美性侵入了哲学的核心,在基础层面上直接从属真理和知识。

第四个话题关于艺术,包括两个方面:艺术中的一种超越人类界限的趋向,以及艺术与哲学的关系。在第一篇文章《超越人类界限的艺术——通向超人类的姿态》中,韦尔施讨论了艺术的一种超越人类中心主义的趋向,尤其是20世纪艺术在超越人类界限上所做出的种种努力。艺术实现超越人类界限的途径有多种,总体可分为两类:其一,参照非人之物,来打破封闭的人类世界;其二,是更为深远的一种可能性,即把我们引至一种超越人类限制的姿态,因为前一种尝试仍

---

① 沃尔夫冈·韦尔施:《超越美学的美学》,高建平等编译,第81页。
② 同上,第81页。

然受制于人类姿态。后一种途径主要是唤醒我们对自己与广大生命领域的连通性的意识,如人与世界的深层次的连通性。如建筑中与自然连接,日本的花园将"人工地"布局的自然与其后面的真正的自然合为一体。韦尔施借助亚洲艺术的例子,说明这样一种整体观在东方要比在西方远为自然。在此,韦尔施指出,与西方观点中人被视为是与世界根本对立的不同,东方意识更强调我们与世界的深层次连通性。不过,韦尔施也强调,他是在一种非常自然的意义上接受这一观点的,即他认为体验与所有存在的连通性是一件与身体紧密相关的事情,丝毫不是要把感官经验置于脑后。他强调他的建议还是西方性质的,绝非像东方那样的"自我的消除"。他还指出,在东方思想中也并不是完全没有主体-客体分离的,即使是根据东方思想,落入到一种对立性的、纯粹以人类为中心的观点也是一种永恒的威胁。所以,从主客分离的观点转向世界连通性的观点,是一项持续的、必需的任务。韦尔施的意图是,克服人类中心主义,实现从主体-客体视野到一种与世界相连的视野的转换。如果借助非人,则到了一定程度,人与非人的对置会倒塌,非人的范畴退出,达到一个场域,在这里这种对立不再适用,对人类状况与世界特征之间的深度连通性才是最重要的。韦尔施的这一观点在当时引起了国际美学界的广泛关注,"超越人类中心主义"也由此被国际美学协会确定为今后工作的指导理念。[①]

韦尔施还重点探讨了艺术与哲学的关系。第四篇文章《哲学与艺术——多变的关系》指出,相信哲学和艺术之间存在一种根本性的关联,这一信念是失败的,且是18世纪后期才形成的。两千多年来,人们并未认为哲学与艺术之间有任何本质的关联,没有哲学的支持,艺术也照样蓬勃生长,哲学也不需要艺术理论的反思;只是到了现代,由于艺术自律带来的负面效果,艺术需要哲学来作为其宣传代理,以治疗艺术脱离社会的孤独处境。但是,哲学美学对艺术的推广失败了,它并没有使艺术重新进入普通大众的意识,或者对他们具有意义。问题出在哪儿?就出在这个学科内部:艺术哲学根本就不是为了艺术,而是为着特殊的哲学目的去研究艺术的。也就是说,美学不是服务于艺术,而是服务于哲学。艺术哲学的本质,是说明哲学高于艺术。在

[①] 参见王卓斐:《美学回家——沃尔夫冈·韦尔施的美学理论研究》,山东大学博士学位论文,2010年,第12页。

古典-现代的艺术哲学和美学哲学的伟大开端,曾经有过两个策略。第一个策略是,艺术被用作哲学的帮手。如康德在三大批判中为了寻求哲学的统一,将美学当作沟通纯粹理性与实践理性二者之间鸿沟的手段。沿袭这一视角,席勒把美学作为实现人的完整存在的途径,德国唯心主义将美学作为重建社会的统一的手段,谢林将艺术作为服务于哲学的工具。第二个策略是,艺术作为展示哲学理解的优势的对象,如黑格尔认为,艺术——与宗教和哲学一起——是展现绝对精神的一个表现形式之一,但艺术只能以感性异化的形式呈现出艺术的真实,相比之下,哲学能完完全全地实现对艺术的阐释。韦尔施指出,在这两种策略中,艺术要么为了哲学的统一的目的而被功能化,要么被认为远逊于哲学而被扬弃,总之,艺术没有被正确地看待。"传统的艺术哲学——看似赞扬艺术——实际上是一种彰显哲学之荣光的行为。"① 这一艺术形而上学对于理解实际的艺术完全无效。韦尔施认为,要改变艺术哲学超越和占有艺术的局面,就必须放弃以下两个看法:第一,艺术的真实与哲学具有相同性,因此与后者具有通约性;第二,艺术的纯感性的真实通过过渡到哲学概念,就能从这个异化中解放出来。这两种看法正是黑格尔持有的,结果却导向艺术的衰落。对于后现代认为哲学和艺术之间有着根本的不可通约性的观点(例如阿多诺、利奥塔),韦尔施也不同意,他举例说明哲学和艺术还是具有很多相似性。韦尔施主张一种居中的解决办法:今后的艺术和哲学之间宜保持一种非常宽松、具有弹性的关系,艺术不应为哲学的仆人,艺术尤有其光芒和特性,具体的艺术应得到关注。

第五篇文章《镜子的符号:柏拉图对艺术的哲学批评和列奥纳多·达·芬奇对哲学的艺术超越》通过柏拉图和列奥纳多的镜子比喻的对比,来分析艺术和哲学的关系。柏拉图与列奥纳多都将画家的创作与镜子的功能相类比,但镜子的含义却大相径庭。柏拉图认为,绘画只是表现了现象而非存在,现象是愚蠢的、表面的和假象的东西。而列奥纳多却认为绘画表现的自然现象本身就是真实,物的可见性、现象性就是真的,是首要的真理。在列奥纳多的镜子比喻里,镜子的再现其实不是再现,而是吸收。列奥纳多把镜子看成如此主动,它不是冷漠的反映,而是适应一切可见元素的杰出感官——画家的精神、

---

① 沃尔夫冈·韦尔施:《超越美学的美学》,高建平等编译,第121页。

理智和意识应该无限地随可见世界的状态而不断变化,完全适应对象的千差万别,完全吸收它们。列奥纳多认为绘画是哲学,甚至超越了哲学,因为哲学不可能达到艺术所创造的那种完满的真实。韦尔施指出,在与镜子符号相关的这一变化的深处,是基本哲学的一种改变:从理念之真向现象之真的转变。此外不容忽视的一点是,艺术中的哲学内涵自古以来就一直被关注,这提示我们不能绕过艺术去做哲学思考。

第五个话题,是日常生活审美化的批判与疗救。本书的第七至第十一篇文章,对当今时代的一些具体美学问题——审美与非审美、电子媒介世界、建筑、体育以及当今艺术和文化的娱乐化等——进行了探讨,并给出许多新的建设性意见。《论审美与非审美》一文的论点是,美学应不仅仅考虑审美性,还要考虑审美性(Ästhetik)与非审美性(Anästhetik)的双重形象。韦尔施首先从当下的、现象学的事例来揭示审美与非审美之间的辩证法的现实形式:我们生活在一个审美化的时代,从消费态度到个人时尚乃至城市塑造,然而,这种审美化正在突变为一场巨大的非审美化,从所有这些异彩纷呈和精致漂亮中最终只产生出了单调,审美鼓动变成了麻醉。今天不管建筑学还是媒体都表现出一种法则:审美越多,非审美就越多。如今,非审美的策略恰恰能够产生拯救审美的作用。接着,韦尔施梳理了在西方传统中是如何与这种审美与非审美的双重状态打交道的:形而上学在一种从感性领域向超感性领域的升华中寻求人类的福祉,即在非审美化中寻求一切福祉;现代时期则与之相反,把审美宣告为人类的典范和理想,抱持审美之梦。韦尔施认为,我们今天所需要的,似乎是既不单纯地为审美辩护,也不单纯地主张非审美,而是关注审美与非审美的结合、互动和交织。事实上,在感觉心理学和感觉现象学的诊断、文化基本图像和现代艺术中,可以发现,非审美就来自审美内部。"一切审美的东西本身就已经不可避免地——不过通常是不被发觉和注意地——与非审美的东西联结在一起。"[①]为了反对现代的那种总体性审美文化的乌托邦,韦尔施主张一种盲点文化:哲学美学应该把非审美变成自己的主题当中的一极,建立对非审美有清醒意识的美学。极简艺术、约翰·凯奇的音乐与解构主义建筑等艺术,就体现了对非审美的充分

---

① 沃尔夫冈·韦尔施:《超越美学的美学》,高建平等编译,第209页。

运用。

《人造乐园？对电子媒体世界的思考——兼及其他世界》一文集中探讨电子媒介世界的特征及其引起的哲学反思，以及对于非电子经验世界的影响。作者认为，在现代哲学的视域中，自然世界与人造世界的区分已不存在，整个世界被视为是建构的，从本质上讲，所有的世界都是人造的。更为自然的世界与更为人造的世界之间的区隔只是相比较而言的。今天的电子媒介世界的现象学特征，使得传统本体论关于现象与本质之间的区隔，在电子世界里失效了。媒体经验带来了哲学中的反思：传统形而上学所梦想的纯粹的、不受符号制约的意义是一种幻象。媒体世界也影响了我们对日常现实的理解与对世界的日常体验，这种影响不仅体现在对现实的一种去真实化，也体现在电子世界经验作为一种对照而引发了肉身性、个人性的非电子经验形式的重新生效。韦尔施认为，电子与非电子经验世界是彼此不可替代的，它们之间存在着转换与相互影响的关系，他主张二者之间的互补，而不是简单对立。

在《空间塑造人》一文中，韦尔施揭示和论证了具体的空间会如何塑造人，并对建筑师提出建议。以前的规则是，建筑首先想到宇宙，然后从宇宙出发回到建筑，韦尔施则极力主张，在今天，建筑要首先考虑人的存在模式，把存在调整的视角放在建筑学的首位。而考虑的总标准应是：能够呼吸，即建筑空间塑造应为人们带来生命的气息或至少强化这种气息。

《体育：审美化——甚至被视为是一门艺术？》一文提出，在艺术和体育今天的条件之下，体育作为艺术是可接受的。韦尔施从现代艺术概念的发展与当代体育的艺术特征这两方面进行了论证。韦尔施认为，体育在当代很好地实现了日常生活中对艺术的需求，但它并不能取代艺术。他主张区分两种艺术：一种是精英艺术，是绝不迁就的艺术，应保持晦涩、精英和实验的状态，不屈从于大众的品位；一种是日常生活审美化，或称娱乐艺术，而体育隶属于其中。韦尔施提出一种在区分的基础上的互补性——精英艺术与日常生活审美化，这两者可以通过互补来达到互惠互利。如此，可使现代艺术回归它本来的任务，把反对当代的审美化作为其任务中确定的一部分。

《娱乐社会中精神、文化和艺术的堕落》一文批判性地反思了当今艺术和文化以娱乐为准则而导致的一种堕落的困境，并提出了解决方案——主张文化的多元性。韦尔施表示,人们常说当今艺术和文化陷入经济和科技囹圄中,这种通行的看法他不能同意。他认为,艺术堕落的困境不是来自外部即经济和科技,而是来自内部。并不是外部的恶的力量压迫了艺术和文化,罪恶的源头其实首先在于艺术和文化本身,是艺术本身以娱乐为准则导致的结果。文化转变为娱乐这一现象背后的推动力量之一是媒体。韦尔施的立场非常明确:这种娱乐文化是一种侮辱和灾难。当代娱乐文化是快速娱乐、娱乐的简单化,它对那些在日常生活中已经存在了的生活模型不断重复和印证,而不是扩展、批评或超越(而这正是文化的理解性功能)。因此,它太过乏味和庸俗,抛弃了文化的两个基本功能,即差异性功能和扩展理解力的功能。对此,韦尔施提出的建议是:主张文化的多元性,既有快乐的文化,也有严肃的文化,彼此互补交织。

以上五个话题,彼此联系,相互说明,按照一定逻辑有序推进,依次展开。全书所收录的文章紧密围绕着"超越美学的美学"这一中心主题,既有高屋建瓴的构想与分析,也有具体问题的专门论述,显示出编者精心合理的编排。本书的翻译也很值得称道,细致谨严,尽可能地避免了错误,准确地把握了韦尔施的思想。例如本书将Anästhetik 译为"非审美",与韦尔施提到的反审美(Anti-Ästhetik)、无审美(Un-Ästhetische)和不审美(Nicht-Ästhetische)等其他概念区分了开来。文字流畅易读,洗练优美,没有落入玄奥晦涩。本书装帧的简约、雅致,清新风格,也带给人很好的阅读体验。

从思想内容来看,本书具有如下亮点:

第一,正如其书名"超越美学的美学",本书很大程度上是对传统美学的一种批评与超越,这种超越是由于看到当下实践为哲学美学提出了新的任务,传统美学显示出其局限性,因而倡导拓展传统美学的阈界——美学不能仅仅研究艺术,不能仅仅研究审美,还应涉及方方面面,与日常生活结合。书中许多思想具有很强的解构主义的色彩,真正做到了超越传统美学的狭隘格局,同时探讨了美学的新问题、新建构和新使命,涵盖的内容十分丰富,观点非常新颖。

第二,作为一名美学家,韦尔施具有对当下时代的高度敏感性,密切关注着当代社会与当代艺术中的新变化、新动态、新趋势,并力图从美学来对之做出反应,即思考美学应采取什么行动,做出什么调整与反思。可以说,韦尔施的美学研究是面向广阔的当代现实生活的,体现了鲜明的当代性,且注重理论与实践的结合。

第三,本书体现了多元性的思想特点。面对美学在当代社会中的危机、日常生活审美化的弊端,作者给出的解决方案,往往是多元化的——不是非此即彼,而是提倡多元、松散的结合。例如,提倡开发美学学科的跨学科结构,在审美与非审美、精英艺术与日常审美化、电子世界与非电子世界等辩证的关系上,作者也往往提出一种互补、结合与交织——而这种多元化的解决方案的提出,并不是简单地套用公式,而是深入认识到多重性在历史和现实中的辩证形式以及给彼此带来的作用而合理地提出的,令人信服。

第四,卓越的分析能力、严密的逻辑推理,与生动丰富的案例相结合。韦尔施来自德国的思辨哲学背景,而他在论述分析时又常援引许多具体实例来说明他的发现,这就使得本书既具有深刻谨严的思辨特点,又鲜活有趣,毫不枯燥空洞。

第五,本书具备强烈的批判与省思意识。对于当代审美的一些问题,如全球审美化的趋势,艺术和文化以娱乐为准则导致的堕落,以及电子媒介世界,等等,韦尔施并不是对时代的变化进行附和,而是表达了切中肯綮的批判性思考,并积极地寻求疗救方案,显示出一位美学学者的责任感与担当精神。

需要指出,这本书也存在着一些局限。首先是韦尔施的美学思想自身的局限性。有学者说:"他所倡导的种种命题犹如一个没有体系的星丛,零散且缺乏中心。"[1]的确,韦尔施将形形色色的美学理论置于同一平面,这或许会导致一种缺失,从而无法获得一个特定的高度来有效地把握美学的整体全貌。这是值得思考的一个问题。其次,作为韦尔施一段时间内论文和演讲的集子,本书收入的论文彼此联系紧密,造成一定的重叠和重复。譬如,当今的审美泛化、电子媒介对人的影响,以及艺术与哲学的关系等话题,在不同论文之间稍有重复。此外,韦尔施的论述中涉及大量对具体艺术作品的精彩、细致入微的分析,但本书并未将原文的插图收入进来,这可能是一个小遗憾。尽管作者也谈到他使用的插图是黑白的复制品,效果有限,故力图以语言来再现。[2] 但对于读者而言,有图片终归要直观、生动许多。不过,瑕

---

[1] 王卓斐:《美学回家——沃尔夫冈·韦尔施的美学理论研究》,第124页。
[2] 沃尔夫冈·韦尔施:《超越美学的美学》,高建平等编译,第160页。

不掩瑜,这些局限之处并不影响《超越美学的美学》成为一本独到而深刻的美学佳作。

最后,韦尔施的这本美学论文集,对于当代中国的美学研究,可能具有什么现实意义?我认为至少有以下三个方面。

第一,阅读这本书,有助于我们了解西方美学思想的当代革新。韦尔施是与我们生活在同一时代的美学家,并且,他的美学思想与传统美学之间有着一种特殊的、密切的关系:他的美学思想的形成与成熟,是在对传统美学的不断发问中达到的。因此,透过韦尔施的美学思想,我们既可以看到西方美学史的变迁轨迹,也可以把握西方美学思想的当代转变。本书凝集了韦尔施近二十年最新的美学思考,对于我们了解西方美学思想的最新变化大有裨益。

第二,本书所讨论的问题,也切中了中国当下的重要问题,有助于我们吸取其思想,借鉴其解决方案,从而更多地来思考当前中国美学的问题征候和今后的建构使命。正如丛书总序中所说,虽然韦尔施试图解决的是他那个语境下的问题,但有一些问题是我们共同面临的。譬如当代艺术中的一种超越人类中心主义的趋势、审美的无边泛滥、电子媒介等问题,也正触及了中国当代美学所需面对的问题,因而对我们具有启发和借鉴意义。

第三,这本书有助于我们对美学的超越与回归问题有更准确的了解和更深入的思考。2013年韦尔施于波兰的第十九届世界美学大会上宣读的《超越美学》("Aesthetics beyond Aesthetics"),表达了"超越美学"与"美学回归"的思想。这在中国美学界得到了高建平教授的积极呼应,后者提出美学在中国的复兴,在国内学界引起了广泛关注。① 美学的超越与回归是当代中西美学共同面临的问题。对于韦尔施的这一主张,国内存在着一些误读。② 这本书的出版,有助于我们更全面、准确地了解韦尔施的美学精神,澄清一些误解,在此基础上推进

---

① 参见高建平的两篇论文:《美学的超越与回归》,《上海大学学报》2014年第1期;《美学在当代的复兴》,《文史知识》2014年第11期。高建平在这两篇文章中的观点,在国内学界引起了广泛关注。与韦尔施的审美回归认识论不同,高建平所倡导的是美学理论层面向日常生活的回归,强调美学介入艺术与日常生活,参与世界的改造与社会的发展。但二人的共识是,美学的最终结果是要改变异化的社会现实,提高人类生活水平。

② 例如王建疆的《别现代:美学之外与后现代之后——对一种国际美学潮流的反动》(《上海师范大学学报》2015年第1期)一文,对于沃尔夫冈·韦尔施的"超越美学"与"美学回归"的观点,存在一定的误读。

我们对于中国当代美学未来发展的思考。

（作者单位：深圳大学人文学院）

学术编辑：何兰芳

【[德]沃尔夫冈·韦尔施：《超越美学的美学》，高建平等编译，河南大学出版社 2017 年版】

何为浪漫的绝对——述评《浪漫的律令》

黄 江

现代诗的全部历史,便是对简短的哲学文本所作的无休止的评注:一切艺术都应成为科学,一切科学都应成为艺术;诗和哲学应该合而为一。(Die ganze Geschichte der modernen Poesie ist ein fortlaufender Kommentar zu dem kurzen Text der Philosophie: Alle Kunst soll Wissenschaft, und alle Wissenschaft soll Kunst werden; Poesie und Philosophie sollen vereinigt sein.)

Friedrich Schlegel, *Kritische Fragmente*, 1797

现就职于雪城大学的弗雷德里克·拜泽尔(Frederick Beiser)早年在剑桥师从以赛亚·伯林和查尔斯·泰勒,接续了二者承自洛夫乔伊以降的英美思想史研究路径,其多年来系统性的德国思想史著述工作始终致力于桥接英语和德语两个学术世界,并借此在 2015 年获得了德意志十字勋章。这项桥接工作在德国浪漫主义领域的先声由华盛顿大学的恩斯特·贝勒尔在文学层面所发[①],拜泽尔在《浪漫的律令》[②]当中试图将其全面拓展至整个思想史领域,并对这种传统的文学理路反戈一击。与之相较,德国的谢林及浪漫派研究专家曼弗雷德·弗兰克继承自亨利希的形而上学专门化研究则始终难以突破德国学术界的门户之见,拜泽尔在其书中专辟一章来回应以二者为代表的德式浪漫派研究。需要指出的是,这一粗略的判教本身就是拜泽尔在书中所坚持的思想史分径方式,更进一步的辨析还需留待后文进行,我

---

① 参见贝勒尔:《德国浪漫主义文学理论》,李棠佳、穆雷译,南京大学出版社 2017 年版。

② 参见拜泽尔:《浪漫的律令》,黄江译,韩潮校,华夏出版社 2019 年版。

们由此可以将拜泽尔这本书视为一次对施莱格尔"浪漫的律令"之响应,践行了其所要求的对于哲学和文学的综合,而这对于如今恰逢通盘反思多年来学科专门化所带来诸多弊病的中国学术界而言不啻为一次他乡遇故知。

就本书体例与核心思想而言,《浪漫的律令》由十篇论文汇编而成,全面涉及18世纪末名为早期浪漫派(Frühromantik)的德国智识运动,这场运动通常与英年早逝的诗哲诺瓦利斯及其友人施莱格尔兄弟、施莱尔马赫与谢林的早期著作联系在一起。拜泽尔认为,这些青年浪漫派所共有的思想无非是一种试图改变世界的政治哲学纲领(除却开篇所引施莱格尔著名的"浪漫的律令"外,这也同样体现在黑格尔、谢林与荷尔德林三人的未尽之作《德意志唯心主义最早的系统纲领》[1]中)。

在试图确定这一伟大使命的写作意图时,我们立即遭遇到了最先的挫折,即无论是"律令"还是"纲领",其未完成(未闭合)的断片形式都让人们在理解上如坠雾中,似乎证实了后现代的判定[2]。这一施莱格尔所要求的断片形式却承载着这般宏大叙事,如此的张力不断泛出反讽的力量。在其中,我们发现看似傲慢的律令戴上了一层谦逊的面具。实际上,浪漫律令的有效性正是源于其反讽中的谦逊。我们应该注意到,诗歌和哲学的统一,作为一个无限的目标,有限的我们所能取得的成就始终不是宏大的,而只能是最细微的。如断片所暗示的那样,两个智识活动真正统一的前提是谦逊——我们也许只能以小窥大,见微知著。

这也是拜泽尔在书中所坚持的历史主义诠释学方法,就此而言,《浪漫的律令》却又立刻显得太过谦逊而又不够谦逊。在这本书中拜泽尔试图纠正在他看来此前的学术研究未能解决和理清的德国早期浪漫主义哲学的问题——"其认识论,形而上学,伦理学和政治学。"

---

[1] 可参见拉巴尔特、南希:《文学的绝对》,张小鲁、李伯杰、李双志译,译林出版社2012年版,第16—17页。

[2] 参见 Alice Kuzniar, *Delayed Endings: Nonclosure in Novalis and Hölderlin*, University of Georgia Press, 1987, pp. 1 - 71; Paul de Man, "The Rhetoric of Temporality," in *Blindness and Insight*, 2d ed., Minneapolis: University of Minnesota Press, 1983, p. 216. 中译本见《时间性修辞学》,《解构之图》,李自修译,中国社会科学出版社1998年版,第35页。

拜泽尔认为，先前的学者们没有听从施莱格尔统一诗歌和哲学的呼吁，他们专注于文学而牺牲了哲学，因此给人一种印象，即哲学之于浪漫派并不重要，甚至与其文艺宗旨相矛盾。书中的论文最初是在过去数十年中的各个时间点撰写的，旨在使读者了解早期德国浪漫主义被忽视的哲学面相。本书并非以系统性的连续方式写就，这使其也带上了断片集的性质，但从总体背景和目标的概述，到其解决相关哲学问题的更具体尝试，各章节的确在复杂性和细节性方面都有不同偏重，最终也如拜泽尔所言的共同致力于一种可望不可即的系统性整体任务[①]。

拜泽尔一开始将本书定位为"入门，试图引导英语阅读者穿越陌生领域"。在此无疑他太过谦逊了，从首章"浪漫诗的涵义"开始，他的书就是针对专业研究者的，他不仅想将陌生的德国浪漫主义哲学介绍给陌生的英语世界听众（如今还有中文世界），而且还想重新考量其在当前学术研究中的遗产，对他来说，这意味着削弱甚至抵消我们从保罗·德曼和吕克·南希等人那里继承来的关于德国浪漫主义的文学理解。当他将德曼或拉巴特和南希的"文学的绝对"定性为"片面且时代错误"时[②]，他不经意间排除了上述施莱格尔所设想的可能性，即文学（或诗意的）也应当是哲学的。这也是贯穿全书的一抹阴影，即当拜泽尔批判早先的文艺学理路没有公允充分地对待浪漫派的哲学议题时，他也同样未能公允充分地对待当代关于早期浪漫派的后现代文艺哲学解释。

如果拜泽尔对此书的介绍性描述太过谦逊，那么另一方面，在某种程度上而言，他通过广泛的哲学—历史概述"重建早期浪漫派的个性"的主张则还不够谦逊。这一概述性方式的总体论据没有足够关注细节，甚至是支持这些论据的文本细节。为了连贯的哲学论证，它牺牲了对于德国浪漫派作家个人文本的具体关注。有人可能会争辩说，要想向陌生的读者传达陌生的想法，就必须对一般问题给予关注，而非纠缠于专门的细节。但是恰恰对于早期浪漫派来说，这种关注文本的必要性就显得是一个重要问题。对于早期浪漫派而言至关重要的是，它在传达思想的斗争中与寻找传达思想的适当形式的斗争捆绑在

---

① 参见拜泽尔：《浪漫的律令》，黄江译，韩潮校，第15页。
② 同上，第12页。

一起。以这种高度浓括性的方式来介绍德国早期浪漫主义,既不会暴露它在语言和形式上的挣扎,也无法展现这种挣扎为其哲学方法带来的美妙嬉戏,人们不能通过从大量文本中分离出连贯的哲学观点来充分欣赏拜泽尔尝试完成的任务所具有的艰巨性。当然,配合拜泽尔清通的文笔,这样带来的阅读体验要更为轻快,而更精细具体的文本描述可以在其《德国唯心主义》①这本大部头中看到,但相比之下,作为导论性质的书籍,就专注于具体文本的展开而言,弗兰克在其《德国早期浪漫主义美学导论》②中做得更好,只可惜又不免失于晦涩。

就此而言,书中唯一的例外是首章关于浪漫诗(Romantische Poesie)的论述,其精细绵密的程度令人叹为观止。拜泽尔直言"浪漫诗"对早期浪漫派而言意味着什么,这一问题"绝非易事"。正如他告诉我们的那样:"我将撇开所有有关其词源的疑问,并悬搁对其哲学基础的任何讨论。我现在要做的只是对这个短语的含义提出一个非常基本的问题:它适用于什么?或者简而言之,当青年浪漫派言及浪漫诗的时候他们在谈论的是什么?"拜泽尔认为"浪漫诗"的概念对于早期德国浪漫派至关重要,提供了重要的"切入点"。他希望通过这样的澄清,以表明早期浪漫派的传统研究方法是在对"浪漫诗"太过狭隘的理解下进行的,导致对"基本的形而上学、认识论、伦理和政治思想的严重忽视,而这是早期浪漫主义的真正基础"。③ 拜泽尔认为,"浪漫诗"的适用范围比通常用于处理它的文学框架要广泛得多:"首先,[浪漫诗]不仅指文学,而且指所有艺术和科学。实际上,没有理由将其含义局限于文学作品,因为它也适用于雕塑、音乐和绘画。其次,它不仅指艺术和科学,还指人类、自然和国家。早期浪漫主义美学的目的确实是使世界本身浪漫化,以便人类、社会和国家也可以成为艺术品。"④ 将"浪漫诗"理解为一种特定的文学形式(无论是散文还是诗歌),这具有误导性,而将其理解为仅仅是界定特定文学时期的历史概念,也同样具有误导性。拜泽尔认为"浪漫诗"是一个范导性概念,是施莱格尔

---

① F. Beiser, *German Idealism: The Struggle against Subjectivism, 1781 - 1801*, Cambridge, MA: Harvard University Press, 2008.
② 参见弗兰克,《德国早期浪漫主义美学导论》,聂军等译,吉林人民出版社 2011 年版。
③ 拜泽尔:《浪漫的律令》,第 10 页。
④ 同上,第 11 页。

浪漫规划的一部分,旨在使哲学、诗歌、科学,甚至人类研究的各个领域相互接触。这是早期德国浪漫派"追求整体性"和"渴望统一"的一种表达,是浪漫事业的一部分,它的奋斗与渴望是在拜泽尔所谓的"整体精神"的支持下,旨在重建"所有艺术和科学的统一",以及重建"艺术和生活的统一"。在著名且经常被引用的 116 号断片中,施莱格尔宣布"浪漫诗是一种渐进的总汇诗"。浪漫诗是一种范导性理想,它始终处于永不实现的生成状态。值得注意的是,拜泽尔在其关于浪漫诗的界定过程中,延续了其左右开弓的方式。一方面他在首章通过梳理并驳斥文学理路,详尽地回应了洛夫乔伊、艾希纳及韦勒克一脉相承的"经典解释",从而突显了浪漫诗背后的哲学基础;另一方面则在专论施莱格尔的第七章当中通过进一步的辨析,来反对惯常认定的浪漫诗受席勒感伤诗启发而成,针对亨利希和弗兰克将费希特认作康德与黑格尔之间真正榫卯这一点[1],突出了施莱格尔的浪漫主义转向及其浪漫诗理想恰恰来自对费希特基础哲学的失望这一新见。[2]

于是,我们似乎可以在这种逊与不逊之间,来大致进行一次判教工作,以期初步厘定法国后现代、德国观念论和英美思想史在入手同一浪漫派议题时何以三家分晋。就书中而论,拜泽尔将弗兰克和伯林都一股脑地判定为后现代主义者,因为他们似乎都将浪漫派理解为一种对于启蒙理性主义的"非理性"反动,而拜泽尔自己则通过对于浪漫派背后所矗立的柏拉图主义的再度发掘与强调,将早期浪漫派定位在一种诉诸"理智直观"的极理性主义上。单就此还不足以充分展现出拜泽尔的完整立场,恰好在同年一并被译介过来的《狄奥提玛的孩子们》与《黑格尔》[3],共同为我们展现了拜泽尔所支持的前康德式德国理性主义传统。在此传统中,真善美的三元序列还没有经过《判断力批判》而断裂,世界还在整体论中和谐融贯。我们可以说,就其师承而论,拜泽尔在接续伯林思想史研究方法的同时,其精神内核却是泰勒式的,亦即一种古典理性主义基础上的社群主义理想。这恰恰使得他在某种意义上忽视了伯林同样在浪漫派中找到多元主义的最初形态,

---

[1] 参见亨利希:《在康德与黑格尔之间》,乐小军译,商务印书馆 2020 年版,第 68、294 页。
[2] 参见拜泽尔:《浪漫的律令》,黄江译,韩潮校,第 187 页。
[3] 参见拜泽尔:《狄奥提玛的孩子们》,张红军译,人民出版社 2019 年版;拜塞尔:《黑格尔》,王志宏、姜佑福译,华夏出版社 2019 年版。

而径直将其业师判定为一种后现代式的非理性相对主义。同样,不论弗兰克在其《个体的不可消逝性》中如何应对后现代对于个体性的解构,①由于其所保有的海德格尔以降的存在论立场,拜泽尔都认为这种去中心化的方式依旧是骨子里的后现代(这条从浪漫派经由尼采、海德格尔最终至于德里达的线索更为清晰具体地展现在贝勒尔的《反讽与现代性话语》中②)。至于后现代诸君基于浪漫派特有的文体形式,而强调这一形式(反讽与断片)与现实的同构性所造就的"文学的绝对",即所谓的现实并非真实的"所指",只是一种能指的构建,而这类构建最终都只是断片式的"文学的绝对"。这种将世界能指符码化的绝对文学态度,对于坚持整体融贯性的拜泽尔而言不啻为天方夜谭,也是他无法理解和决不能接受的立场。如果我们抱有某种哲学进化史观,当然可以在线性序列上将拜泽尔、弗兰克,以及后现代们进行排布,但这无助于真正地看到问题的核心所在。我们要问的是,三家所分的究竟是哪个"晋"。回到浪漫派们所处时代的原初语境中,这一结论呼之欲出,"绝对"在道路的尽头熠熠生辉。对于拜泽尔而言,这一永恒的绝对始终在启蒙理性的光芒万丈中瑕不掩瑜。而弗兰克经由海德格尔、伽达默尔、亨利希等人的理路,认为"绝对"只是藏匿于个体性中的"微暗的火"。至于后现代,"绝对"之于他们,就是"绝对没有绝对",所谓文学的"绝对",就是绝对没有现实的"绝对"。换言之,只有一种同一性,即绝对差异的同一,即永恒的差异与重复。这三种哲学立场也同样对应着政治谱系上从右到左的排布,借此我们便可以理解为何拜泽尔如此强调政治哲学之于文学的奠基地位,为此他甚至不惜淡化确由浪漫派所强调的"审美现代性"中的"文学自律"。虽然这一审美现代性的最终达成还要等到王尔德和波德莱尔那代人,但文学自律的诉求在浪漫派这里已经崭露头角,拜泽尔对这一问题的经典划分便是审美主义和唯美主义③,即浪漫派将优先性赋予美,只是作为真和善的 ratio cognoscendi[认识根据]而非 ratio essendi[存在根据]。

在拜泽尔看来,早期浪漫派对政治和道德的关注不只是体现在他们对教化(Bildung)的重视上:"因此,青年浪漫派面临的根本政治问

---

① 参见弗兰克:《个体的不可消逝性》,先刚译,华夏出版社 2001 年版。
② Ernst Behler, *Irony and the Discourse of Modernity*, Washington: University of Washington Press, 1990. 中译本《反讽与现代性话语》,黄江译,上海三联书店即出。
③ 参见拜泽尔:《浪漫的律令》,黄江译,韩潮校,第 65 页。

题是……为德国人民准备了高尚的理想。通过对他们进行道德、政治和审美教育来实现共和国。"也许更为重要的是,他们对理性的范导体系仍旧抱有理想。拜泽尔承认浪漫主义者发现哲学体系具有局限性,尽管如此,他们仍然"坚定地认可了体系的精神,因为一个完整的体系是必要的,即便是无法实现的理想"。拜泽尔进一步认为,为了理解早期浪漫派对于教化和理性的兴趣,我们必须重估其与启蒙的关系。浪漫主义远非启蒙运动的终结,毋宁说是其目标的延续,特别是关于"个体自决的权利"和教化。而应对这二者之间的张力,便是浪漫主义的缘起,借此早期浪漫派发展出了一套柏拉图主义式的整体论解释框架。从这个角度来看,青年浪漫派的审美理念与其说是一种关于"存在之谜"的朦胧意识,毋宁说是某种形式的自然哲学,企图通过理解理性自身的生产能力来提供对自然的整体解释。换言之,拜泽尔将早期浪漫派的审美主义解读为"本身就是一种理性主义形式"。由此他得出的结论是:"早期浪漫主义和启蒙之间的差别充其量是两种形式的理性主义之间的差别,而不可能是审美主义和理性主义本身之间的差别。"①

我们也许会认为这样一种浪漫派理解在很大程度上是黑格尔主义的,但拜泽尔明言黑格尔反倒是浪漫派式的。② 作为第三方,客观来说,拜泽尔基于其特定的理性主义立场似乎在浪漫派问题上走得太远,以至于他几乎很难解释假若浪漫派原初就是一群抱有"理智直观"态度的"极理性主义者"的话,由之而来的审美现代性和文学自律这一整个思潮是何以达成的。后现代也许过度强调了早期浪漫派的文体形式这一有限的"建构性"特征,但拜泽尔是否也同样过度强调了其无限趋近的"范导性"追求呢?

问题就此到达了更深的层面,而我们也必须再度引入弗兰克和拜泽尔的分野,来试图进一步厘清这一问题。当然,弗兰克和拜泽尔在浪漫主义思想的某些方面达成了共识。他们认为浪漫主义与费希特和黑格尔的唯心主义截然不同,并试图将浪漫主义者从"黑格尔的遗产"中拯救出来。③ 两者都表明了黑格尔对浪漫主义的判定是不准确的(即所谓对费希特主观唯心主义的诗意夸张),并且不同意黑格尔对

---

① 参见拜泽尔:《浪漫的律令》,黄江译,韩潮校,第92页。
② 同上,第102页。
③ Frederick Beiser, *German Idealism: The Struggle against Subjectivism, 1781 - 1801*, pp. 9 - 11.

于浪漫主义关系的自我理解。此外,他们都认为浪漫主义思想有着持续的当下意义。尽管他们以明显不同的方式说明了它的当下相关性,但都一致认为浪漫主义可以为当代问题提供启迪甚至是答案。① 最后,弗兰克和拜泽尔不仅仅致力于阐述浪漫主义思想的哲学方面,他们更认为德国浪漫主义是一种哲学运动。浪漫主义者们首先是哲学家,他们的其他作品和兴趣与他们的哲学思想直接相关并深受其影响。

尽管有这些基本共识,但分歧仍然是明确的。弗兰克和拜泽尔的浪漫派解释的一个主要区别是浪漫主义与唯心主义之间的关系。弗兰克的观点是,早期德国浪漫主义从根本上是一场怀疑主义运动,其根源可以追溯到尼特哈默尔圈子对第一原理的批判,以及雅可比对康德先验哲学的批判。② 这一继承自亨利希《在康德与黑格尔之间》的看法存在几个问题,其中最引人注目的是他对浪漫派的"绝对"概念及其与"存在"关系的理解之模糊性,弗兰克似乎对绝对的本体论或存在论状态摇摆不定。因此,在《德国早期浪漫主义美学导论》中,他似乎暗示了"绝对"是一种本体论实在:"浪漫的绝对与海德格尔的存在具有强烈的平行影响:两者都是世界启示的基础。"③他在《无限趋近》中提出了类似的观点,然而,他同时也指出,对于浪漫主义者来说,"纯在"(pure being)是"康德意义上无法企及的[范导性]理念"④。

弗兰克的浪漫派诠释的第二个更明显的困难在于他对浪漫主义和唯心主义的区分。首先,浪漫主义者常常自称唯心主义者,并称其哲学方法为"先验唯心主义"。其次,弗兰克在浪漫主义和唯心主义之间的划分在很大程度上是基于对第一性原则和系统性的态度问题。尽管早期谢林确实试图以第一原理为基础来建立知识体系,但这并不

---

① 弗兰克的兴趣主要集中于浪漫派的自我意识理论与当代心灵哲学及后现代的自我概念间的关系,可参见 *Das individuelle Allgemeine*, Suhrkamp, 1977; *Das Sagbare und das Unsagbare*, Suhrkamp, 1989; *Selbstgefühl: eine historisch-theoretische Erkundung*, Suhrkamp, 2002. 拜泽尔的研究旨趣可以参见拜泽尔:《浪漫主义今昔》,《浪漫的律令》,黄江译,韩潮校,第 7—15 页。

② 参见 Manfred Frank, *The Philosophical Foundations of Early German Romanticism*, trans. Elizabeth Millán-Zaibert, SUNY Press, 2004, pp. 24 - 33.

③ Manfred Frank, *Einführung in die frühromantische Ästhetik*, Suhrkamp, 1989, S. 128.

④ Manfred Frank, *Unendliche Annäherung*, Suhrkamp, 1997, S. 662 - 689.

意味着浪漫主义者(诺瓦利斯和施莱格尔)是反唯心主义者。换言之,唯心主义并不等同于基础主义,同样,针对基础主义的怀疑主义也不意味着就是浪漫主义。最终,弗兰克在浪漫主义者和唯心主义者(尤其是谢林)之间的区分破坏并且忽视了他们之间思想和关注点上的亲缘性。

与之相反,拜泽尔将浪漫主义重置于唯心主义的传统之内,称他们为"绝对唯心主义者",与康德和费希特的"主观唯心主义"相对。①他强调,对于浪漫主义者而言,"绝对"是一个有机的理性整体,它是根据最终目的而发展的,"符合某种形式,原型或理念"②。换言之,"绝对"就是一种唯心的实在(即黑格尔意义上的"一切的实体都应当是主体"),借此浪漫派便顺理成章地是唯心主义者。这样,拜泽尔便以此来试图解决谢林到底属于浪漫派还是唯心主义的长期疑难,即浪漫派就是某种形态的唯心主义者。

但是拜泽尔对黑格尔与浪漫主义之间关系的解读仍然含糊不清,并在某些方面存在问题。正如他在《德国唯心主义》开始时自称的那样,他的目标是将浪漫主义研究从"黑格尔的遗产"中解放出来。因此,拜泽尔质疑黑格尔对哲学史的解释,认为黑格尔之所为与包括谢林在内的浪漫主义者们迥然不同。拜泽尔写道:"没有一个黑格尔的主题不可以追溯到他在耶拿的前任,以及许多早先的思想家,黑格尔和黑格尔学派对这些思想家要么采取了贬低的态度,要么则干脆无视。绝对唯心主义真正的父执是荷尔德林、施莱格尔和谢林。"③由此而言,拜泽尔试图削弱黑格尔自我宣称的意义。但是,他接着便提出了一种德国唯心主义历史观,描绘了从诺瓦利斯和施莱格尔到谢林(因而隐含到黑格尔)的发展,进而指出:"在荷尔德林、诺瓦利斯和施莱格尔那里只是零碎的、早期的和暗示性的,在谢林那里变得系统性、有组织和明确起来。"④我们惊异地发现,尽管拜泽尔试图消除黑格尔对哲学史的理解,但他无意间提供了一种解释,间接证实了黑格尔对于哲学发展及其哲学(或谢林的哲学)处于唯心主义高潮的线性

---

① Frederick Beiser, *German Idealism: The Struggle against Subjectivism*, 1781 - 1801, p. 349.
② 同上, pp. 851 - 857.
③ 同上, p. 10.
④ 同上, p. 467.

观点。①

与弗兰克时常将重心放在浪漫派的自我意识学说不同,贝瑟关注浪漫的形而上学,特别是浪漫主义的绝对概念,它是客观存在和主观精神的基础,他将其判定为斯宾诺莎的"实体"。然而事实上,拜泽尔也许过分强调了斯宾诺莎的重要性。在他看来,浪漫主义者试图"联姻"费希特和斯宾诺莎,以缔造出一种"自由的实在论",但他的解释却过于频繁地转向斯宾诺莎②,忽略了浪漫主义者对自我、自由、知识的本质,以及思维在与自然的关系中积极的创造性作用,最终弭平了二者间的张力,将浪漫派在很大程度上化约成了斯宾诺莎主义。

至此我们就发现了问题的有趣之处了,弗兰克沿袭亨利希的理路,一直致力于发掘费希特所未尽的"主体哲学",以期对抗后现代关于自我消亡的理论。而拜泽尔始终坚持的那种古典理性主义立场,最终也如雅可比所言,"唯一自洽的理性主义只有斯宾诺莎"。另一方面,弗兰克和拜泽尔的浪漫派解释之间明显的"主体哲学"和"实体哲学"的差异可以概括为他们对"后康德唯心主义"概念理解上的差异。弗兰克认为它意味着遵守批判哲学中规定的理性限制,接受理性的对立本质,并认为理性无法提供彻底的透明性和完整的系统性知识。拜泽尔则认为,"后康德"诞生于对康德哲学的前提及结果的不满从而引发的一次对批判哲学的批判性遭遇。我们能从弗兰克和拜泽尔对于绝对概念的解释中最清楚地看出这种差异。双方都同意绝对是浪漫派规划的核心思想和动机性原则,但是弗兰克逐渐趋向认为"绝对"等同于康德的范导理想,因此是主体哲学意义上的认识论范畴,但拜泽尔显然认为,对于浪漫主义者来说,"绝对"是实在论意义上存在和认

---

① 这种从克朗纳而来的"从康德到黑格尔"(von Kant bis Hegel)的思路(中译见《论康德与黑格尔》,关子尹译,陕西人民教育出版社2016年版),一直到晚近舒尔茨试图将谢林而非黑格尔认定为唯心主义的完成形态(中译见《德国观念论的终结:谢林晚期哲学研究》,韩隽译,中国人民大学出版社2019年版),都忽视了早先亨利希《在康德与黑格尔之间》中的态度,即不应当将唯心主义视作一场肇始于康德的线性发展路线,而应当在本雅明"星丛计划"的启发下,将他们视为针对一类共同问题而交相辉映的星座。而这也正是施莱格尔那代早期浪漫主义者们试图通过断片的"协同写作"力图实现的遥不可及的目标。

② 参见拜泽尔:《浪漫派的形而上学悖论》,《浪漫的律令》,黄江译,韩潮校,第188—214页。

识的本体论基础。① 如果像上文所说的那样,拜泽尔在将浪漫派推向理性审美主义中走得太远,那我们也必须要看到,如果说黑格尔是 19 世纪斯宾诺莎主义的最大复兴,那么拜泽尔在不经意间试图复活的那种早期理性主义的最终归宿也依旧是披上了斯宾诺莎外衣的黑格尔,他所期待的分层化市民社会的最终完成形态只能是黑格尔的永恒国家。而这一政治光谱上的右转,才是拜泽尔对整个后现代的文学态度及其最终的政治后果彻底不满的原因所在。

尽管弗兰克和拜泽尔各自的贡献对于早期浪漫主义的研究非常宝贵,诚可谓推陈出新继往开来,但站在二位巨擘之间的我们,也必须要意识到康德与黑格尔之间的浪漫派问题的复杂性和暧昧性,这在某种意义上使得"绝对"显露出其"雅努斯"的双重面向,它在有限与无限之中、建构与范导之间,不断地露出反讽的微笑。而对于德国浪漫派的研究之所以还在今天保有鲜活的生命力,恰恰是因为它们代表了一种不可充分化约和完结的居间性,这份浪漫派的纠结也正是我们如今所在的处境。

(作者单位:安徽师范大学文学院)

学术编辑:何兰芳

【[美]弗雷德里克·拜泽尔:《浪漫的律令》,黄江译,韩潮校,华夏出版社 2019 年版】

---

① Frederick Beiser, *German Idealism*: *The Struggle against Subjectivism*, 1781 - 1801, p. 13.